高等教育"十三五"规划教材·工科专业平台基础课程系列

电工电子学

（修订本）

李 光 主 编

王腾霄 辛志萍 副主编

北京交通大学出版社

·北京·

内 容 简 介

本书根据教育部电工学课程指导组拟定的电工电子技术系列课程教学基本要求编写。全书共 13 章，涉及电工基础、电机学、工程供电、电气控制、模拟和数字电子电路等方面的内容。本书文字简练，叙述深入浅出，通俗易懂。知识点有机整合、循序渐进，逻辑严密，注重实践和理论教学相结合。

本书可作为高等职业院校、应用型本科院校、成人高校的电工电子学教材，也可供相关工程技术人员参考。

版权所有，侵权必究。

图书在版编目（CIP）数据

电工电子学／李光主编. —北京：北京交通大学出版社，2015.1（2020.9 重印）

ISBN 978 - 7 - 5121 - 0722 - 9

Ⅰ.①电…　Ⅱ.①李…　Ⅲ.①电工学　②电子学　Ⅳ.①TM1　②TN01

中国版本图书馆 CIP 数据核字（2015）第 015854 号

策划编辑：刘　辉　刘建明
责任编辑：刘　辉
出版发行：北京交通大学出版社　　　　　　电话：010 - 51686414
　　　　　北京市海淀区高梁桥斜街 44 号　　邮编：100044
印 刷 者：北京时代华都印刷有限公司
经　　销：全国新华书店
开　　本：185×260　印张：17.25　字数：431 千字
版　　次：2020 年 9 月第 1 版第 1 次修订　　2020 年 9 月第 4 次印刷
书　　号：ISBN 978 - 7 - 5121 - 0722 - 9/TM·64
印　　数：4 001～5 000 册　　定价：45.00 元

本书如有质量问题，请向北京交通大学出版社质监组反映。对您的意见和批评，我们表示欢迎和感谢。

投诉电话：010 - 51686043，51686008；传真：010 - 62225406；E-mail：press@ bjtu. edu. cn。

前　言

　　电工电子技术是工科非电专业的一门重要的技术基础课，培养学生掌握一些必要的电学知识，具有较强的实用性和技术性。

　　本书内容是根据教育部电工学课程指导组拟定的电工电子技术系列课程教学基本要求编写的。编者为长期从事教学一线工作的高校教师。在多年教学实践的基础上，针对以往教材学科型教学模式学时长、实用性差的弊端，我们在编写过程中主要注意了以下几个方面：

　　（1）在编写过程中以实用性为原则，以知识够用为度作为标准来编写本教材，突出学生重点掌握内容。

　　（2）以基础知识为基本，以专业培养为方向，注重实践教学和理论教学相结合，删除复杂的理论推导。

　　（3）本书涉及电工基础、电机学、工程供电、电气控制、模拟和数字电子电路等方面的内容，力求做到精选内容，有机整合，循序渐进，前后知识相连贯。

　　（4）全书文字简练，叙述深入浅出，通俗易懂。并编入一些工程应用实例及习题，针对性、应用性较强，以培养学生理论联系实际的能力。

　　本书由李光担任主编，王腾霄、辛志萍任副主编。具体分工如下：李光编写第1、2、9～11章，王腾霄编写第4～7章，辛志萍编写第3、12章和附录，艾丽娜编写第8、13章。全书由李光负责统稿。在编写过程中，得到石家庄铁道大学王金明副教授的大力支持，在此表示衷心的感谢！

　　同时，本书在编写过程中参考了许多相关方面的书籍，借本书出版之际，对所参考书籍的作者表示感谢！

　　由于编者水平所限，书中错误和不妥之处在所难免，敬请广大读者批评指正。

编　者

2020 年 9 月

目　　录

第1章　电路分析的基础知识 ………………………………………………… 1

1.1　电路和基本物理量 …………………………………………………… 1
 1.1.1　电路和电路模型 ……………………………………………… 1
 1.1.2　基本物理量 …………………………………………………… 2
1.2　理想电路元件 ………………………………………………………… 4
 1.2.1　电阻元件 ……………………………………………………… 4
 1.2.2　电容元件 ……………………………………………………… 5
 1.2.3　电感元件 ……………………………………………………… 5
1.3　电路的工作状态 ……………………………………………………… 6
 1.3.1　开路状态(空载状态) …………………………………………… 6
 1.3.2　短路状态 ……………………………………………………… 6
 1.3.3　负载状态(通路状态) …………………………………………… 7
1.4　电压源与电流源 ……………………………………………………… 8
 1.4.1　理想电压源 …………………………………………………… 8
 1.4.2　理想电流源 …………………………………………………… 9
 1.4.3　实际电源的模型 ……………………………………………… 9
1.5　基尔霍夫定律 ………………………………………………………… 12
 1.5.1　几个相关的电路名词 ………………………………………… 12
 1.5.2　基尔霍夫电流定律(KCL) …………………………………… 12
 1.4.3　基尔霍夫电压定律(KVL) …………………………………… 13
 1.5.4　支路电流法 …………………………………………………… 15
1.6　叠加定理 ……………………………………………………………… 16
1.7　戴维南定理 …………………………………………………………… 17
 1.7.1　二端网络 ……………………………………………………… 17
 1.7.2　戴维南定理及其应用 ………………………………………… 18
习题 ………………………………………………………………………… 20

第2章　正弦交流电路 ………………………………………………………… 25

2.1　正弦交流电路的基本概念 …………………………………………… 25
 2.1.1　正弦量及其三要素 …………………………………………… 25
 2.1.2　相位差 ………………………………………………………… 26
 2.1.3　有效值 ………………………………………………………… 27

2.2　正弦量的相量表示法 ………………………………………………… 28
　　2.2.1　复数及其表示形式 ………………………………………… 28
　　2.2.2　复数运算 …………………………………………………… 29
　　2.2.3　正弦量的相量表示法 ……………………………………… 29
2.3　单一参数正弦交流电路 ……………………………………………… 31
　　2.3.1　电阻元件 …………………………………………………… 31
　　2.3.2　电感元件 …………………………………………………… 33
　　2.3.3　电容元件 …………………………………………………… 36
2.4　基尔霍夫定律的相量形式 …………………………………………… 38
2.5　正弦交流电路的相量分析 …………………………………………… 39
　　2.5.1　电阻、电感和电容串联电路及复阻抗 …………………… 39
　　2.5.2　电阻、电感和电容并联的电路及复导纳 ………………… 42
　　2.5.3　阻抗的连接 ………………………………………………… 44
2.6　用相量法分析复杂交流电路 ………………………………………… 47
2.7　正弦交流电路中的功率及功率因数的提高 ………………………… 49
　　2.7.1　有功功率、无功功率、视在功率和功率因数 …………… 49
　　2.7.2　功率因数的提高 …………………………………………… 50
2.8　正弦交流电路负载获得最大功率的条件 …………………………… 52
习题 ………………………………………………………………………… 53

第3章　三相正弦交流电路 ………………………………………………… 58
3.1　三相电源 ……………………………………………………………… 58
　　3.1.1　三相电动势的产生 ………………………………………… 58
　　3.1.2　相序 ………………………………………………………… 60
3.2　三相电源的连接 ……………………………………………………… 60
　　3.2.1　三相电源的星形连接 ……………………………………… 60
　　3.2.2　三相电源的三角形连接 …………………………………… 62
3.3　对称三相电路 ………………………………………………………… 62
　　3.3.1　负载Y连接的对称三相电路 ……………………………… 63
　　3.3.2　负载△连接的对称三相电路 ……………………………… 66
3.4　不对称三相电路 ……………………………………………………… 68
3.5　三相电路的功率 ……………………………………………………… 71
习题 ………………………………………………………………………… 72

第4章　变压器 ……………………………………………………………… 73
4.1　变压器的基本结构 …………………………………………………… 73
　　4.1.1　变压器的用途 ……………………………………………… 73
　　4.1.2　变压器的基本结构 ………………………………………… 73

4.2　变压器的基本原理 ……………………………………………………… 74
　4.2.1　变压器空载运行及电压变换 ……………………………………… 75
　4.2.2　变压器负载运行及电流变换 ……………………………………… 76
　4.2.3　阻抗变换 ……………………………………………………………… 77
4.3　变压器的外特性、功率和效率 ………………………………………… 78
　4.3.1　变压器的铭牌 ………………………………………………………… 78
　4.3.2　变压器的外特性 ……………………………………………………… 80
　4.3.3　变压器的功率 ………………………………………………………… 81
　4.3.4　变压器的效率 ………………………………………………………… 81
4.4　变压器绕组的极性 ……………………………………………………… 82
4.5　三相变压器 ……………………………………………………………… 83
　4.5.1　三相变压器的磁路系统 ……………………………………………… 83
　4.5.2　三相变压器绕组的接法 ……………………………………………… 85
4.6　其他用途变压器 ………………………………………………………… 86
　4.6.1　自耦变压器 …………………………………………………………… 86
　4.6.2　电焊变压器 …………………………………………………………… 87
习题 …………………………………………………………………………… 88

第5章　三相异步电动机 ……………………………………………………… 89
5.1　三相异步电动机的基本结构 …………………………………………… 89
5.2　旋转磁场 ………………………………………………………………… 90
　5.2.1　旋转磁场的产生 ……………………………………………………… 90
　5.2.2　旋转磁场的转向 ……………………………………………………… 92
　5.2.3　旋转磁场的极数 ……………………………………………………… 92
　5.2.4　旋转磁场的转速 ……………………………………………………… 93
5.3　三相异步电动机的工作原理 …………………………………………… 93
　5.3.1　三相异步电动机工作原理 …………………………………………… 93
　5.3.2　转差率 ………………………………………………………………… 94
5.4　三相异步电动机的电磁转矩和机械特性 ……………………………… 94
　5.4.1　电磁转矩 ……………………………………………………………… 95
　5.4.2　机械特性 ……………………………………………………………… 95
5.5　三相异步电动机的使用 ………………………………………………… 97
　5.5.1　铭牌数据 ……………………………………………………………… 97
　5.5.2　三相异步电动机的启动、调速和制动 …………………………… 99
　5.5.3　三相异步电动机的选择 …………………………………………… 102
习题 ………………………………………………………………………… 104

第6章 电气控制技术………………………………………………… 106

6.1 常用的低压电器 …………………………………………… 106

6.1.1 刀开关、主令电器和熔断器 ………………………… 106

6.1.2 交流接触器 …………………………………………… 109

6.1.3 热继电器和时间继电器 ……………………………… 111

6.2 电气控制原理图及基本控制环节 ………………………… 113

6.2.1 电气控制原理图 ……………………………………… 113

6.2.2 电气控制的基本环节 ………………………………… 113

6.3 三相异步电动机的常用控制电路 ………………………… 116

6.4 可编程控制器的概述 ……………………………………… 120

6.4.1 可编程控制器的定义及特点 ………………………… 120

6.4.2 可编程控制器的组成 ………………………………… 121

6.4.3 可编程控制器的工作原理 …………………………… 123

6.5 可编程控制器的编程 ……………………………………… 124

6.5.1 FX_{2N} 系列 PLC 的面板 ……………………………… 125

6.5.2 可编程控制器的编程语言 …………………………… 128

6.5.3 FX 系列 PLC 的编程元件 …………………………… 129

6.5.4 FX 系列 PLC 的基本指令 …………………………… 130

6.6 可编程控制器的应用举例 ………………………………… 133

6.6.1 PLC 控制系统设计的基本原则 ……………………… 133

6.6.2 PLC 控制系统设计的基本内容 ……………………… 134

6.6.3 PLC 控制系统设计的一般步骤 ……………………… 134

6.6.4 应用设计举例 ………………………………………… 134

习题 ……………………………………………………………… 137

第7章 道桥工程供电设计………………………………………… 139

7.1 三相供电系统 ……………………………………………… 139

7.1.1 发电 …………………………………………………… 139

7.1.2 电能的输送和分配 …………………………………… 139

7.1.3 配电 …………………………………………………… 140

7.2 变压器的选择 ……………………………………………… 140

7.2.1 变压器的选择原则 …………………………………… 140

7.2.2 工程用电量的估算 …………………………………… 140

7.2.3 变压器容量的选择 …………………………………… 141

7.2.4 变压器安装位置的确定 ……………………………… 142

7.3 配电导线的选择 …………………………………………… 142

7.3.1 选择导线截面的原则 ………………………………… 142

7.3.2　选择导线截面积的方法 ················· 142

7.4　道桥施工工程供电设计 ····················· 144

7.4.1　概述 ································· 144

7.4.2　绘制施工现场电力供应平面布置图 ········· 144

7.4.3　供电设计实例 ························· 148

习题 ·· 149

第8章　安全用电 ····························· 151

8.1　触电 ································· 151

8.2　保护接地和保护接零 ····················· 152

8.2.1　保护接地 ····························· 152

8.2.2　保护接零 ····························· 153

8.2.3　三孔插座和三极插头 ··················· 153

8.3　防止触电的措施 ························· 153

8.3.1　安全用电常识 ························· 153

8.3.2　安全技术措施 ························· 154

8.4　防雷保护 ······························· 155

8.4.1　雷电的危险 ··························· 155

8.4.2　防雷设备 ····························· 156

8.4.3　防雷保护 ····························· 157

8.4.4　防雷常识 ····························· 158

习题 ·· 158

第9章　直流稳压电源 ························· 159

9.1　半导体基本知识 ························· 159

9.1.1　本征半导体 ··························· 159

9.1.2　杂质半导体 ··························· 160

9.2　PN结 ································· 161

9.2.1　PN结的形成 ························· 161

9.2.2　PN结的单向导电性 ··················· 161

9.3　半导体二极管 ··························· 162

9.3.1　二极管结构 ··························· 162

9.3.2　二极管的伏安特性 ····················· 163

9.3.3　二极管的主要参数 ····················· 163

9.4　整流电路 ······························· 163

9.4.1　概述 ································· 163

9.4.2　单相半波整流电路 ····················· 164

9.4.3　单相桥式整流电路 ····················· 165

　　9.5　滤波与稳压电路 ·· 166

　　　　9.5.1　滤波电路 ··· 166

　　　　9.5.2　稳压电路 ··· 168

　　习题 ··· 171

第 10 章　晶体管放大电路 174

　　10.1　晶体三极管 ··· 174

　　　　10.1.1　基本结构 ·· 174

　　　　10.1.2　晶体三极管的电流放大作用 ··· 175

　　　　10.1.3　晶体三极管的特性曲线及三个工作区域 ···························· 176

　　　　10.1.4　晶体管的主要参数 ··· 177

　　10.2　晶体管放大电路 ·· 178

　　　　10.2.1　概述 ·· 178

　　　　10.2.2　电路及各元件的作用 ··· 179

　　　　10.2.3　工作原理 ·· 180

　　10.3　放大电路的微变等效电路分析法 ··· 183

　　　　10.3.1　晶体管的微变等效电路 ··· 184

　　　　10.3.2　放大电路性能指标分析 ··· 185

　　10.4　分压式偏置电路 ·· 187

　　10.5　射极输出器 ··· 188

　　　　10.5.1　电路的组成 ·· 188

　　　　10.5.2　电路分析 ·· 189

　　10.6　多级放大器 ··· 191

　　　　10.6.1　阻容耦合 ·· 191

　　　　10.6.2　变压器耦合 ·· 192

　　　　10.6.3　直接耦合 ·· 192

　　　　10.6.4　多级放大器的性能参数 ··· 193

　　习题 ··· 193

第 11 章　集成运算放大电路 ··· 198

　　11.1　集成运算放大器 ·· 198

　　　　11.1.1　运算放大器的基本结构 ··· 198

　　　　11.1.2　集成运算放大器的主要参数 ··· 199

　　　　11.1.3　运算放大器的 3 种输入方式 ··· 200

　　　　11.1.4　运算放大器的理想化模型 ··· 201

　　11.2　运算放大器的输入方式 ··· 201

　　　　11.2.1　反相输入放大电路 ··· 201

　　　　11.2.2　同相输入放大器 ·· 202

11.2.3　双端输入放大电路 …………………………………………………… 203

11.3　运算放大器的应用 …………………………………………………………… 203

11.3.1　加法电路 ……………………………………………………………… 203

11.3.2　减法电路 ……………………………………………………………… 204

11.3.3　积分电路 ……………………………………………………………… 205

11.3.4　微分电路 ……………………………………………………………… 206

11.3.5　电压比较器 …………………………………………………………… 207

11.4　使用集成运放时应注意的几个问题 ………………………………………… 208

习题 ………………………………………………………………………………… 209

第 12 章　门电路和组合逻辑电路 ………………………………………………… 212

12.1　数制与码制 …………………………………………………………………… 212

12.1.1　数制 …………………………………………………………………… 212

12.1.2　码制 …………………………………………………………………… 214

12.2　逻辑门电路 …………………………………………………………………… 214

12.2.1　基本逻辑关系 ………………………………………………………… 215

12.2.2　复合逻辑关系 ………………………………………………………… 216

12.3　逻辑代数基础 ………………………………………………………………… 217

12.3.1　基本公式 ……………………………………………………………… 218

12.3.2　基本定律 ……………………………………………………………… 218

12.3.3　逻辑函数的公式化简法 ……………………………………………… 219

12.4　组合逻辑电路的分析与设计 ………………………………………………… 219

12.4.1　组合逻辑电路的分析 ………………………………………………… 220

12.4.2　组合逻辑电路的设计 ………………………………………………… 221

12.5　常用的组合逻辑电路 ………………………………………………………… 222

12.5.1　编码器 ………………………………………………………………… 222

12.5.2　译码器 ………………………………………………………………… 224

12.5.3　数据选择器 …………………………………………………………… 226

习题 ………………………………………………………………………………… 227

第 13 章　触发器和时序逻辑电路 ………………………………………………… 229

13.1　触发器 ………………………………………………………………………… 229

13.1.1　基本 RS 触发器 ……………………………………………………… 229

13.1.2　同步 RS 触发器 ……………………………………………………… 230

13.1.3　主从 JK 触发器 ……………………………………………………… 231

13.1.4　D 触发器 ……………………………………………………………… 233

13.1.5　T 触发器 ……………………………………………………………… 234

13.2　计数器 ………………………………………………………………………… 234

　　　13.2.1　同步二进制加法计数器 ·· 235

　　　13.2.2　十进制计数器 ·· 236

　　13.3　寄存器 ··· 237

　　　13.3.1　数码寄存器 ·· 237

　　　13.3.2　移位寄存器 ·· 238

　　13.4　波形产生与变换电路 ··· 239

　　　13.4.1　555 定时器的结构及其工作原理 ························ 239

　　　13.4.2　555 定时器的典型应用 ·· 240

　　习题 ·· 244

附录 A　相关技术数据 ·· 248

参考文献 ·· 261

第 1 章　　电路分析的基础知识

本章要点

1. 了解电路的作用与组成部分。
2. 掌握基尔霍夫定律,会用支路电流法求解简单的电路。
3. 理解电压源、电流源概念,了解电压源、电流源的连接方法,并掌握其等效变换法。
4. 会用叠加定理、戴维南定理求解复杂电路中的电压、电流、功率等电量。

1.1　　电路和基本物理量

1.1.1　电路和电路模型

　　电路就是电流所经过的路径,由各种元件按一定方式连接而成的。其特征是提供了电流流动的通道。电路元件通常是用规定的图形符号来表示实际的电路元件,并用连线表示它们之间的连接关系。

　　根据电源提供的电流不同,电路还可以分为直流电路和交流电路两种。

　　图 1-1(a)手电筒电路就是一个最简单的实用直流电路,它由电源(干电池)、负载(小灯泡)、开关和连接导线 4 部分组成。电源是提供电能和电信号的设备,它把其他形式的能量转换为电能;负载是消耗电能的设备,它把电能转换为其他形式的能量;电源与负载之间通过导线相连接。一个完整的电路这 4 个基本组成部分是缺一不可的。

　　一个实际电路是由电源、负载等各种电路元件所组成。对于每一个电路元件来说,其电磁性能都比较复杂,不是单一的。例如白炽灯这一负载,它在通电工作时能把电能转变为热能,消耗电能,但其电压和电流还会产生电场和磁场,也具有电容和电感的性质。在分析电路中,如果对一个电路元件要考虑所有的电磁性质,将是十分困难的。为此,对于组成电路的元件,我们忽略次要因素,只抓住主要电磁特性,即把元件理想化。这样用一个或几个具有单一电磁特性的理想电路元件所组成的电路,就是实际电路的电路模型。

　　如图 1-1(b)所示电路为图 1-1(a)手电筒电路的电路模型。图中 E_s 是干电池模型的电动势,R_0 是它的内阻,R_L 是灯泡的模型。今后我们所画的电路图都是电路模型,简称电路。

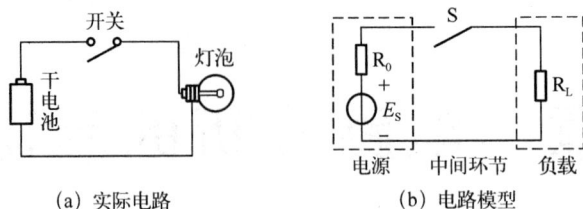

(a) 实际电路   (b) 电路模型

图 1-1 手电筒电路

电路元件有线性和非线性之分，线性元件的参数是常数，与所施加的电压和电流无关。由线性元件组成的电路就是线性电路，本书所研究的电路均为线性电路。

1.1.2 基本物理量

1. 电流

电流的大小由电流强度表示。电流分为两类：一是大小和方向均不随时间变化，称为恒定电流，简称直流，用 I 表示。二是大小和方向均随时间变化，称为交变电流，简称交流，用 i 表示。

对于直流电流，单位时间内通过导体截面的电荷量是恒定不变的，其大小为

$$I = \frac{Q}{T} \tag{1-1}$$

对于交流，设在极短的时间 $\mathrm{d}t$ 内通过导体某一横截面的电荷量为 $\mathrm{d}q$，则电流强度为

$$i = \frac{\mathrm{d}q}{\mathrm{d}t} \tag{1-2}$$

电流的单位是库仑每秒（库仑/秒），即安培，简称"安"，用符号"A"表示。有时也用千安（kA）、毫安（mA）、微安（μA）作为电流的计量单位，它们之间的关系是

$$1 \text{ kA} = 10^3 \text{ A} \qquad 1 \text{ A} = 10^3 \text{ mA} \qquad 1 \text{ mA} = 10^3 \text{ μA}$$

一般规定正电荷移动的方向或负电荷移动的反方向为电流的实际方向，如图 1-2 所示。

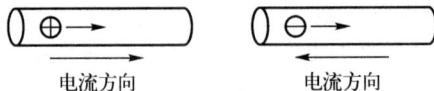

图 1-2 电流的方向

在复杂电路中，电流的实际方向有时难以确定。为了便于分析计算，便引入电流参考方向的概念。电流的参考方向，也称为正方向，可以任意选定。在电路中一般用箭头表示。当电流的参考方向与实际方向一致时，电流为正值（$I > 0$）；当电流的参考方向与实际方向相反时，电流为负值（$I < 0$），如图 1-3 所示。

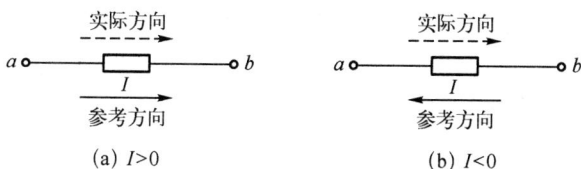

图 1-3　电流的参考方向与实际方向

2. 电压

在电路中,电场力把单位正电荷(q)从 a 点移到 b 点所做的功(W)就称为 a、b 两点间的电压,也称电位差,记为

$$u_{ab}=\frac{\mathrm{d}w}{\mathrm{d}q} \tag{1-3}$$

对于直流,则为

$$U_{AB}=\frac{W}{Q} \tag{1-4}$$

电压的单位是焦耳每库仑(焦耳/库仑),即伏特,简称“伏”,用符号“V”表示。有时用千伏(kV)、毫伏(mV)、微伏(μV)为计量单位;它们之间的换算关系是

$$1\ \mathrm{kV}=10^3\ \mathrm{V} \qquad 1\ \mathrm{V}=10^3\ \mathrm{mV} \qquad 1\ \mathrm{mV}=10^3\ \mu\mathrm{V}$$

电压的实际方向习惯上规定为从高电位点指向低电位点,即电压降的方向。和电流的参考方向一样,也需设定电压的参考方向。电压的参考方向也是任意选定的。电压的参考方向可用箭头“→”表示,也可用双下标($U_{ab}=-U_{ba}$)表示,还可用极性“+”、“-”表示,“+”表示高电位,“-”表示低电位。多数情况下采用双下标和极性表示法。

当电压的参考方向与实际方向一致时,电压为正($U>0$);当电压的参考方向与实际方向相反时,电压为负($U<0$),如图 1-4 所示。

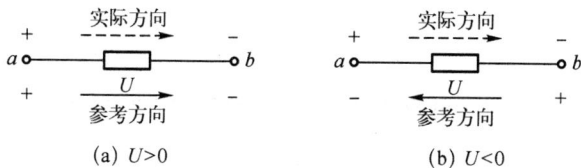

图 1-4　电压的参考方向与实际方向

为了分析电路的方便,电压和电流常取一致的参考方向,称为关联参考方向;反之,称为非关联参考方向,如图 1-5 所示。

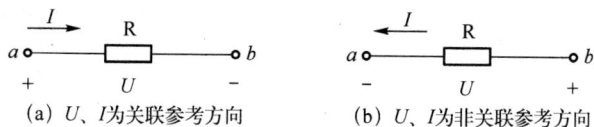

图 1-5　关联参考方向与非关联参考方向

3. 电功率

在电流通过电路时,电路中发生了能量的转换。在电源内部,把非电能转换成电能。

在外电路中,把电能转换为其他形态的能量,即负载要消耗电能而做功。

负载在单位时间内消耗的电能称为电功率,简称功率,用 P 表示,单位为瓦(W)或千瓦(kW)、毫瓦(mW)。

根据欧姆定律,其计算公式为

$$P=UI \tag{1-5}$$

或

$$P=I^2R=\frac{U^2}{R}$$

4. 电能

负载在整个工作时间内消耗的电能与电路两端电压 U、通过的电流 I 及通电的时间成正比,用公式表示为:

$$W=UIt=Pt \tag{1-6}$$

电能的单位是焦耳(J),另一个单位是千瓦·时(kW·h),即人们常说的 1 度电,写成

$$1 度=1\ kW·h$$

【例 1-1】 某一生产车间有 100 W,220 V 的电烙铁 50 把,每天使用 5 小时,问一个月(按 30 天计)能用多少度电?

解:车间 50 把电烙铁总计功率为

$$50×100\ W=5\ 000\ W$$

一个月用电量为

$$5\ 000×5×30=750\ kW·h=750 度$$

1.2　理想电路元件

用来表征电路的基本理想电路元件分别为理想电阻元件、理想电感元件和理想电容元件。

1.2.1　电阻元件

像灯泡、电阻炉和电烙铁,可将它们抽象为只具有消耗电能性质的电阻元件。

在图 1-6(a)中,电压 u 和电流 i 的参考方向相同,R 是理想电阻元件,由欧姆定律可知,电阻元件的伏安特性为

$$u=Ri \tag{1-7}$$

电阻的单位是欧姆,用字母"Ω"表示。功率为

$$p=ui=Ri^2=\frac{u^2}{R} \tag{1-8}$$

从上式可以看出不论 u、i 是正值还是负值,p 总是大于零,说明电阻元件总是消耗电功率的,与电压、电流的实际方向无关,故电阻是耗能元件。

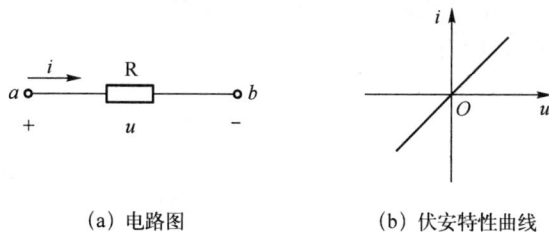

(a) 电路图　　　　　　　(b) 伏安特性曲线

图 1-6　电阻元件

1.2.2　电容元件

实际电容通常由两块金属极板中间充满介质(如空气、云母、绝缘纸、塑料薄膜和陶瓷等)构成。当忽略电容器的漏电阻和电感时,可将其抽象为只具有储存电场能性质的电容元件。

电容上储存的电量 q,与外加电压 u 成正比,即

$$q = Cu \tag{1-9}$$

上式中,比例系数 C 称为电容,是表征电容元件特性的参数。

在国际单位制中,电容的单位是法拉,简称"法",用字母"F"表示。

工程上一般采用微法(μF)或皮法(pF)作为电容的单位。

当电容的端电压和通过电流的参考方向一致时,如图 1-7 所示,则有

$$i = \frac{\mathrm{d}q}{\mathrm{d}t} = C\frac{\mathrm{d}u}{\mathrm{d}t} \tag{1-10}$$

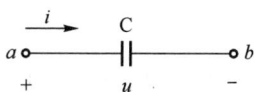

图 1-7　电容元件

上式表明,电容元件上通过的电流,与元件两端的电压对时间的变化率成正比。电压变化越快,电流就越大。当电容元件两端加上恒定电压时 $i=0$,电容元件相当于开路,故电容元件有隔直流的作用。

将上式两边乘上 u 并积分,可得电容元件极板间储存的电场能量为

$$W_{\mathrm{C}} = \int_0^t ui\,\mathrm{d}t = \int_0^u Cu\,\mathrm{d}u = \frac{1}{2}Cu^2 \tag{1-11}$$

上式说明,电容元件在某时刻储存的电场能量与元件在该时刻所承受的电压的平方成正比。理想电容元件不消耗能量,故称为储能元件。

1.2.3　电感元件

当电感线圈中通以电流后,将产生磁通,在其内部及周围建立磁场,储存能量。可将

其抽象为只具有储存磁场能性质的电感元件。根据电磁感应定律,当电压、电流、电动势的参考方向如图 1-8 所示,则有

$$u = -e_{\mathrm{L}} = L \frac{\mathrm{d}i}{\mathrm{d}t} \tag{1-12}$$

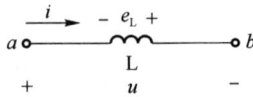

图 1-8　电感元件

比例系数 L 称为电感,电流变化越快,电感元件产生的自感电动势越大,与其平衡的电压也越大。当电感元件中流过稳定的直流电流时,因 $\mathrm{d}i/\mathrm{d}t = 0$,$e_{\mathrm{L}} = 0$,故 $u = 0$,这时电感元件相当于短路。

电感的单位是亨利,简称"亨",用字母"H"表示。工程上一般采用毫亨(mH)或微亨($\mu\mathrm{H}$)作为电感的单位,

将上式两边乘上 i 并积分,可得电感元件中储存的磁场能量为

$$W_{\mathrm{L}} = \int_0^t ui\,\mathrm{d}t = \int_0^i Li\,\mathrm{d}i = \frac{1}{2}Li^2 \tag{1-13}$$

上式说明,电感元件在某时刻储存的磁场能量,与该时刻流过的电流的平方成正比。理想电感元件不消耗能量,故称为储能元件。

1.3　电路的工作状态

电路在不同的工作条件下,会处于不同的状态,并具有不同的特点。电路的工作状态有三种:开路状态、负载状态和短路状态。

1.3.1　开路状态(空载状态)

在图 1-9 所示电路中,当开关 K 断开时,电源则处于开路状态。开路时,电路中电流为零,负载上没有电压,$U = 0$,电源不输出能量,电源两端的电压称为开路电压,用 U_{OC} 表示,其值等于电源电动势 E 即

$$U_{\mathrm{OC}} = E \tag{1-14}$$

1.3.2　短路状态

在图 1-10 所示电路中,当电源两端由于某种原因短接在一起时,电源则被短路。短路电流 $I_{\mathrm{SC}} = \dfrac{E}{R_0}$ 因电源内阻 R_0 往往很小,所以电路电流很大,此时电源所产生的电能全

被内阻 R_0 所消耗,负载 R_L 上没有电压,负载电流 $I_R = 0$。

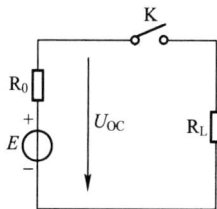

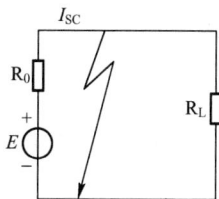

图 1-9　开路状态　　　　　　　　图 1-10　短路状态

　　短路通常是严重的事故,应尽量避免发生,在供电线路中,为了防止短路事故,通常在电路中接入熔断器或断路器,以便在发生短路时能迅速切断故障电路,使电源和供电线路得到保护。

1.3.3　负载状态(通路状态)

　　电源与一定大小的负载接通,称为负载状态。这时电路中流过的电流称为负载电流。如图 1-11 所示,其大小可用全电路欧姆定律计算,即 $I = \dfrac{E}{R_0 + R_L}$。可见,电流的数值与电路中的电动势成正比,与总的电阻成反比。电流的实际方向是从电源的高电位端(正极)流出,经负载后进入电源的低电位端(负极)。

　　电路接通后负载上就有电压,其电压大小可根据一段电路欧姆定律求出,即 $U = IR_L$,电压的方向是从负载的高电位端指向低电位端。电源端电压与电流的关系为 $U = E - R_0 I$。

图 1-11　负载状态

　　为使电气设备正常运行,在电气设备上都标有额定值,额定值是生产厂为了使产品能在给定的工作条件下正常运行而规定的允许数值。一般常用的额定值有:额定电压、额定电流、额定功率,分别用 U_N、I_N、P_N 表示。按照额定值使用电气设备可以保证其安全可靠。

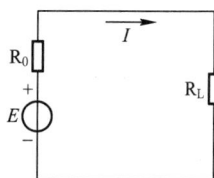

　　需要指出,电气设备实际消耗的功率不一定等于额定功率。当实际消耗的功率 P 等于额定功率 P_N 时,称为满载运行;若 $P < P_N$,称为轻载运行;而当 $P > P_N$ 时,称为过载运行。电气设备应尽量在接近额定值的状态下运行。

　　【例 1-2】　有一电源,开路时,电压 $U_0 = 12$ V,当电流 $I = 2$ A 时,负载端电压 $U = 11.8$ V。

　　(1) 求电源的电动势;

　　(2) 求电源的内阻;

　　(3) 求短路时线路电流。

　　解:(1)电源的电动势

$$E = U_0 = 12 \text{ V}$$

　　(2) 电源的内阻

$$R_{\mathrm{L}} = \frac{E-U}{I} = \frac{12-11.8}{2} = 0.1\ \Omega$$

（3）短路电流

$$I_{\mathrm{SC}} = \frac{E}{R_0} = \frac{12}{0.1} = 120\ \mathrm{A}$$

可见,短路电流很大,为工作电流的 60 倍。

1.4　电压源与电流源

电源是将其他形式的能量（如化学能、机械能、太阳能、风能等）转换成电能后提供给电路的设备。一个实际电源含有电动势和内电阻,当电源工作时,可以用两种形式表示,一种形式是电压源;另一种形式是电流源。

1.4.1　理想电压源

理想电压源,就是指电源的内阻为零,电源两端的端电压值为一个给定时间的函数,不随流过电压源的电流的大小而变化,即

$$u(t) = u_{\mathrm{S}}(t) \tag{1-15}$$

它的特点是电压的大小只取决于电压源本身的特性,与流过的电流无关。流过电压源的电流大小与电压源外部电路有关,由外部负载电阻决定。因此,理想电压源又称为独立电压源。

当 $u(t) = u_{\mathrm{S}}(t) = U_{\mathrm{S}}$,$U_{\mathrm{S}}$ 为恒定值时,称为恒压源,即直流电压源,如图 1-12 所示。如果电压源的电压 $U_{\mathrm{S}} = 0$,则此时电压源的伏安特性曲线,就是横坐标,也就是电压源相当于短路。电压为 U_{S} 的直流电压源的伏安特性曲线,是一条平行于横坐标的直线,如图 1-13 所示。

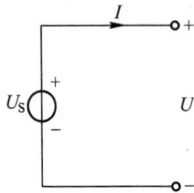

图 1-12　直流电压源　　　　　图 1-13　直流电压源的伏安特性曲线

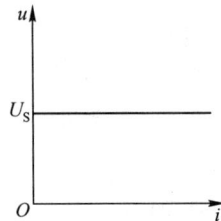

从能量的观点而言,理想电压源是一个具有无限能量的电源,它能输出任意大小的电流而保持其端电压不变。显然,这样的电源实际上是不存在的。但在实用中,如干电池、蓄电池和直流稳压电源等,在其内阻忽略不计时,可视为理想电压源,输出电压恒定。

1.4.2　理想电流源

理想电流源是指内阻为无限大,输出电流为一个给定时间的函数,不随它两端电压的变化而变化,即

$$i(t)=i_S(t) \tag{1-16}$$

它的特点是电流的大小取决于电流源本身的特性,与电源的端电压无关。端电压的大小与电流源外部电路有关,由外部负载电阻决定。因此,也称之为独立电流源。

当 $i(t)=i_S(t)=I_S$,I_S 为恒定值时,称为恒流源,即直流电流源,如图 1-14 所示。如果电流源短路,流过短路线路的电流就是 I_S,而电流源的端电压为零。

电流为 I_S 的直流电流源的伏安特性曲线,是一条垂直于坐标轴的直线,如图 1-15 所示。

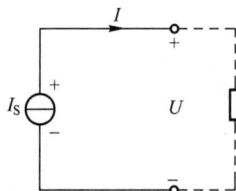

图 1-14　直流电流源　　　　图 1-15　直流电流源的伏安特性曲线

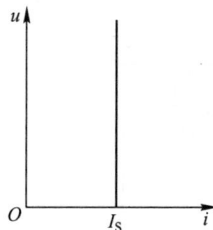

理想电流源也是一个具有无限能量的电源,实际上并不存在。但实际应用中光电池在一定的光线照射下所产生的电流几乎不变,可视为理想电流源。

1.4.3　实际电源的模型

1. 实际电压源

一个实际电源在工作时其内部损耗不可能等于零,因为它有内阻存在,其端电压会随电流增大而降落。为了便于分析电路,常把实际电压源用一个理想电压源 U_S 与一个内阻 R_0 串联组合成一个电路来表示,如图 1-16(a)所示。

特征方程:

$$U=U_S-IR_0 \tag{1-17}$$

实际电压源的伏安特性曲线如图 1-16(b)所示,可见电源输出的电压随负载电流的增加而下降。内阻越大,端电压下降越多。当 $R_0=0$ 时,电压源的端电压恒定不变,此时为理想电压源。

2. 实际电流源

当实际电压的内部损耗不能忽略不计时,此时实际电源可以用一个理想电流源 I_S 与一个内阻 R_0 并联来表示,如图 1-17(a)所示。

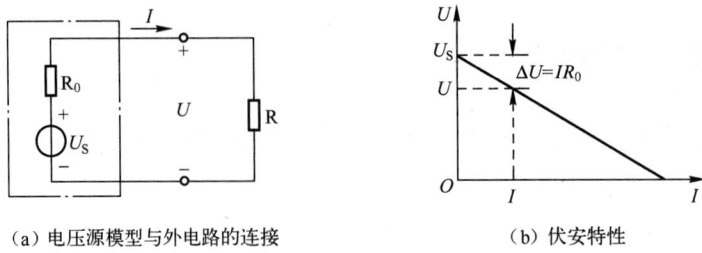

（a）电压源模型与外电路的连接　　　　　　　　（b）伏安特性

图 1-16　实际电压源模型

特征方程：

$$I=I_S-\frac{U}{R_0} \tag{1-18}$$

实际电流源的伏安特性曲线如图 1-17（b）所示，可见电源输出的电流随负载增加越接近于短路电流 I_S，即输出电流基本恒定。

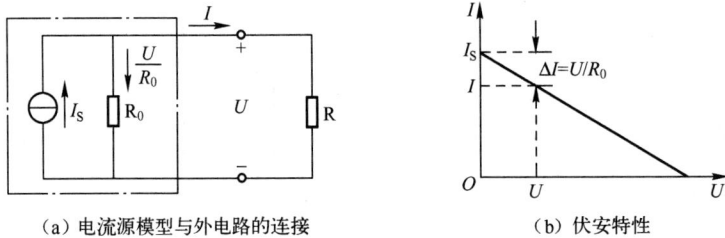

（a）电流源模型与外电路的连接　　　　　　　　（b）伏安特性

图 1-17　实际电流源模型

3. 两种实际电源的等效互换

如前所述，一个实际电源可以模拟为电压源的形式，也可以模拟为电流源的形式。这说明这个实际电源对外负载的作用是一样的，即两种形式所反映的外特性是相同的，因此这两种形式之间必然可以等效互换。所谓等效互换，就是电压源的形式可以变换成电流源的形式。反之，电流源的形式也可以变换为电压源的形式，这些变换都不会影响外电路的电压和电流。如图 1-18 所示。

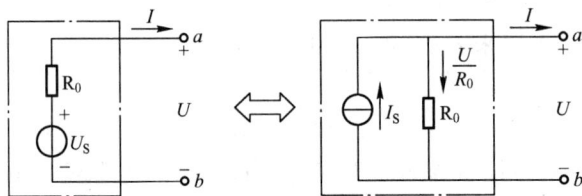

图 1-18　电压源模型与电流源模型的等效互换

当然两者互换也是在一定条件下进行的。在图 1-16 中的电压源输出的电压为：

$$U=U_S-IR_0 \quad 或 \quad I=\frac{U_S-U}{R_0}=\frac{U_S}{R_0}-\frac{U}{R_0} \tag{1-19}$$

由图 1-17 中得到电流源输出的电流为：

$$I = I_\text{s} - \frac{U}{R_0} \tag{1-20}$$

当两种形式电源输出电压和输出电流相同时,比较上述两式 $I = \dfrac{U_\text{s}}{R_0} - \dfrac{U}{R_0}$ 与 $I = I_\text{s} -$

$\dfrac{U}{R_0}$ 即可得出两者互换关系:

$$I_\text{s} = \frac{U_\text{s}}{R_0} \quad \text{或} \quad U_\text{s} = I_\text{s} R_0 \tag{1-21}$$

当已知电压源需转换为电流源时,U_s 除以 R_0 即可得出 I_s 值,反之当电流源转换为电压源时,I_s 乘以内阻 R_0 即可得出 U_s 值。

实际上凡是理想电压源电压 U_s 与电阻串联的电路都可以和恒值的电流 I_s 与电阻并联的电路等效互换,如图 1-18 所示。电路的等效互换有时也是分析电路的一种方法,它可以使复杂电路变得简单。在进行电源等效互换中需要注意:

(1) 等效互换时,对外电路的电压和电流的大小和方向都不变。即图 1-18 中 a 点是电压源的正极性,变换后电流源正方向应指向 a 点。

(2) 理想电压源与理想电流源不能互换。因为理想电压源的输出电流由负载大小决定,而理想电流源的电流是恒定的;相反,理想电流源的端电压也由负载大小决定,而理想电压源的电压是恒定的,故两者不能等效。

(3) 等效互换是对外电路而言,对电源内部并不等效。例如:当外电路开路时,电压源中无电流,而电流源中仍有电流。

【例 1-3】 求图 1-19 中支路电流 I_3。

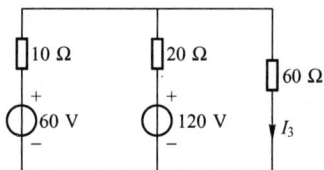

图 1-19　例 1-3 图

解:本题可通过实际电源的等效互换简化电路,变换过程如图 1-20 所示。

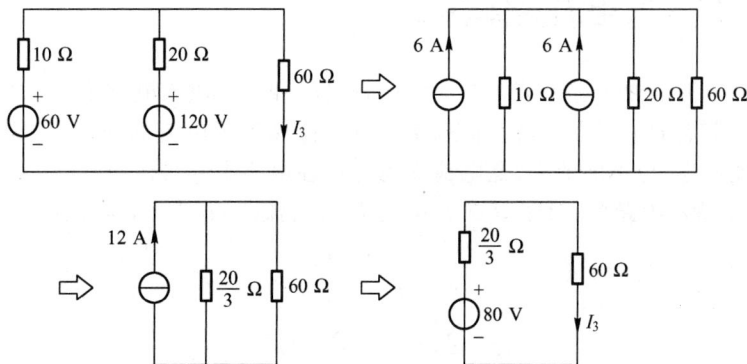

图 1-20　例 1-3 变换过程

$$I_3 = \frac{80}{\frac{20}{3} + 60} = 1.2 \text{ A}$$

1.5 基尔霍夫定律

基尔霍夫定律是分析电路的基本定律之一,该定律说明了电路中各元件的电流和电压之间的关系。它特别适合用于求解复杂电路。

1.5.1 几个相关的电路名词

(1) 支路:电路中通过同一个电流的每一个分支。如图 1-21 中有三条支路,分别是 BAF、BCD 和 BE。支路 BAF、BCD 中含有电源,称为含源支路。支路 BE 中不含电源,称为无源支路。

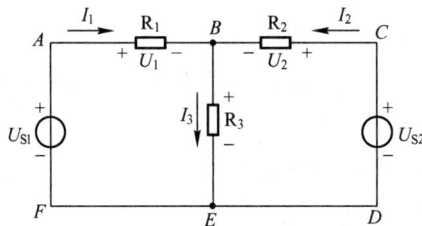

图 1-21 复杂电路

(2) 节点:电路中三条或三条以上支路的连接点。如图 1-21 中 B、E 为两个节点(F、D、E 实际为连在一起的一个点)。

(3) 回路:电路中的任一闭合路径。如图 1-21 中有三个回路,分别是 ABEFA、BCDEB、ABCDEFA。

(4) 网孔:内部不含支路的回路。如图 1-21 中 ABEFA 和 BCDEB 都是网孔,而 ABCDEFA 则不是网孔,因为它包含了 BE 支路。

1.5.2 基尔霍夫电流定律(KCL)

基尔霍夫电流定律也称为节点电流定律,即任一时刻,流入电路中任一节点的电流之和等于流出该节点的电流之和,简称 KCL。该定律体现了电流的连续性,说明了节点处的电荷既不能产生,也不能消失,是电荷守恒定律在电路中的具体表示。

在图 1-21 所示电路中,对于节点 B 电流 I_1 与 I_2 流入,I_3 流出,所以:

$$I_1 + I_2 = I_3 \tag{1-22}$$

或改写为

$$I_1 + I_2 - I_3 = 0$$

即

$$\sum I_入 = \sum I_出 \tag{1-23}$$

$$或 \quad \sum I = 0$$

　　由此,基尔霍夫电流定律也可表述为:任一时刻,流入电路中任一节点电流的代数和恒等于零。列此式时可以认为流入节点的电流为正,流出节点的电流为负。

　　基尔霍夫电流定律不仅适用于节点,也可推广应用到包围几个节点的闭合面(也称广义节点)。如图 1-22 所示的电路中,可以把三角形 ABC 看作广义的节点,用 KCL 可列出:

$$I_A + I_B + I_C = 0 \tag{1-24}$$

即

$$\sum I = 0 \tag{1-25}$$

　　可见,在任一时刻,流过任一闭合面电流的代数和恒等于零。

　　【例 1-4】如图 1-23 所示电路,电流的参考方向已标明。若已知 $I_1 = 2\,\text{A}$,$I_2 = -4\,\text{A}$,$I_3 = -8\,\text{A}$,试求 I_4。

　　解:根据 KCL 可得:

$$I_1 - I_2 + I_3 - I_4 = 0$$
$$I_4 = I_1 - I_2 + I_3 = 2 - (-4) + (-8) = -2\,\text{A}$$

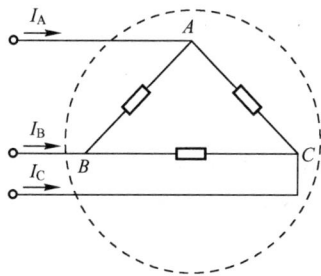

图 1-22　KCL 的推广　　　　　　　图 1-23　例 1-4 图

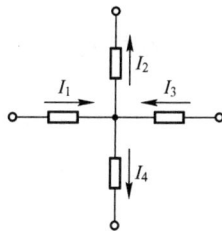

1.4.3　基尔霍夫电压定律(KVL)

　　基尔霍夫电压定律:在任何时刻,沿电路中任一闭合回路,各段电压的代数和恒等于零。也称回路电压定律,简称 KVL,体现了电路中电压的单值性原理。其一般表达式为:

$$\sum U = 0 \tag{1-26}$$

　　应用上式列电压方程时,首先假定回路的绕行方向,然后选择各部分电压的参考方向,凡参考方向与回路绕行方向一致者,该电压前取正号;凡参考方向与回路绕行方向相反者,该电压前取负号。

　　在图 1-21 中,对于回路 $ABCDEFA$,若按顺时针绕行方向,根据 KVL 可得:

$$U_1 - U_2 + U_{S2} - U_{S1} = 0 \tag{1-27}$$

根据欧姆定律,还可表示为:

$$I_1 R_1 - I_2 R_2 + U_{S2} - U_{S1} = 0$$

即

$$\sum IR = \sum U_S \tag{1-28}$$

此式表示,沿回路绕行方向,各电阻电压降的代数和等于各电源电动势升的代数和。

基尔霍夫电压定律不仅应用于回路,也可推广应用于一段不闭合电路。如图 1-24 所示,电路中,A、B 两端未闭合,若设 A、B 两点之间的电压为 U_{AB},按逆时针绕行方向可得:

$$U_{AB} - U_S - U_R = 0$$

则
$$U_{AB} = U_S + RI \tag{1-29}$$

上式表明,开口电路两端的电压等于该两端点之间各段电压降之和。

【例 1-5】求图 1-25 所示电路中 10Ω 电阻及电流源的端电压。

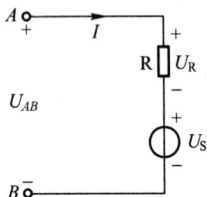

图 1-24 KVL 的推广

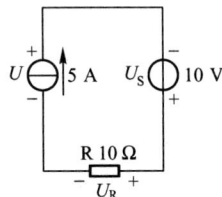

图 1-25 例 1-5 图

解:按图示方向得:

$$U_R = 5 \times 10 = 50 \text{ V}$$

按顺时针绕行方向,根据 KVL 得:

$$-U_S + U_R - U = 0$$

$$U = -U_S + U_R = -10 + 50 = 40 \text{ V}$$

【例 1-6】在图 1-26 中,已知 $R_1 = 4\ \Omega$,$R_2 = 6\ \Omega$,$U_{S1} = 10 \text{ V}$,$U_{S2} = 20 \text{ V}$,试求 U_{AC}。

解:由 KVL 得:

$$IR_1 + U_{S2} + IR_2 - U_{S1} = 0$$

$$I = \frac{U_{S1} - U_{S2}}{R_1 + R_2} = \frac{-10}{10} = -1 \text{ A}$$

由 KVL 的推广形式得:

$$U_{AC} = IR_1 + U_{S2} = -4 + 20 = 16 \text{ V}$$

或

$$U_{AC} = U_{S1} - IR_2 = 10 - (-6) = 16 \text{ V}$$

由本例可见,电路中某段电压和路径无关。因此,计算时应尽量选择较短的路径。

【例 1-7】求图 1-27 所示电路中的 U_2、I_2、R_1、R_2 及 U_S。

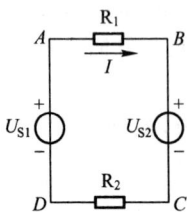

图 1-26 例 1-6 图

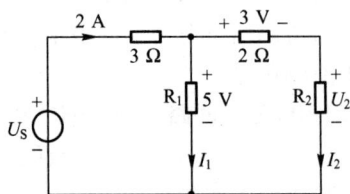

图 1-27 例 1-7 图

解：
$$I_2 = \frac{3}{2} = 1.5 \text{ A}$$

由 KVL 可得，绕行方向为顺时针方向。
$$U_2 - 5 + 3 = 0$$
$$U_2 = 2 \text{ V}$$
$$R_2 = \frac{U_2}{I_2} = \frac{2}{1.5} = 1.33 \ \Omega$$

由 KCL 可得：
$$I_1 + I_2 = 2$$
$$I_1 = 2 - 1.5 = 0.5 \text{ A}$$
$$R_1 = \frac{5}{0.5} = 10 \ \Omega$$

对于左边的网孔，由 KVL 可得，绕行方向为顺时针方向。
$$3 \times 2 + 5 - U_S = 0$$
$$U_S = 11 \text{ V}$$

1.5.4　支路电流法

支路电流法是以支路电流为求解对象，应用基尔霍夫电流定律和基尔霍夫电压定律分别对节点和回路列出所需要的方程组，然后再解出各未知的支路电流。

支路电流法求解电路的步骤为：

① 标出支路电流参考方向和回路绕行方向；

② 根据 KCL 列写节点的电流方程式；

③ 根据 KVL 列写回路的电压方程式；

④ 解联立方程组，求取未知量。

【例 1-8】 图 1-28 为两台发电机并联运行共同向负载 R_L 供电。已知 $E_1 = 130 \text{ V}$，$E_2 = 117 \text{ V}$，$R_1 = 1 \ \Omega$，$R_2 = 0.6 \ \Omega$，$R_L = 24 \ \Omega$，求各支路的电流及发电机两端的电压。

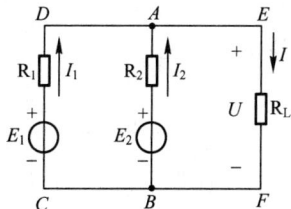

图 1-28　例 1-8 图

解：① 选各支路电流参考方向如图 1-28 所示，回路绕行方向均为顺时针方向。

② 列写 KCL 方程：

节点 A：
$$I_1 + I_2 = I$$

③ 列写 KVL 方程：

ABCDA 回路：

$$E_1 - E_2 = R_1 I_1 - R_2 I_2$$

AEFBA 回路：

$$E_2 = R_2 I_2 + R_L I$$

其基尔霍夫定律方程组为：

$$\begin{cases} I_1 + I_2 = I \\ E_1 - E_2 = R_1 I_1 - R_2 I_2 \\ E_2 = R_2 I_2 + R_L I \end{cases}$$

将数据代入各式后得：

$$\begin{cases} I_1 + I_2 = I \\ 130 - 117 = I_1 - 0.6 I_2 \\ 117 = 0.6 I_2 + 24 I \end{cases}$$

解此联立方程得：

$$I_1 = 10 \text{ A} \qquad I_2 = -5 \text{A} \qquad I = 5 \text{ A}$$

电机两端电压 U 为：

$$U = R_L I = 24 \times 5 = 120 \text{ V}$$

1.6　叠加定理

叠加定理是分析线性电路的一个重要定理。在有几个电源共同作用时，任何一条支路的电流（或电压）等于各个电源单独作用时在该支路中所产生的电流（或电压）的代数和。这就是叠加定理。

叠加定理可以直接用来计算复杂电路，其优点是可以把一个复杂电路分解为几个简单电路分别进行计算，避免了求解联立方程。

【例 1-9】 电路如图 1-29（a）所示，已知 $U_{S1} = 24$ V，$I_{S2} = 1.5$ A，$R_1 = 200$ Ω，$R_2 = 100$ Ω。应用叠加定理计算各支路电流。

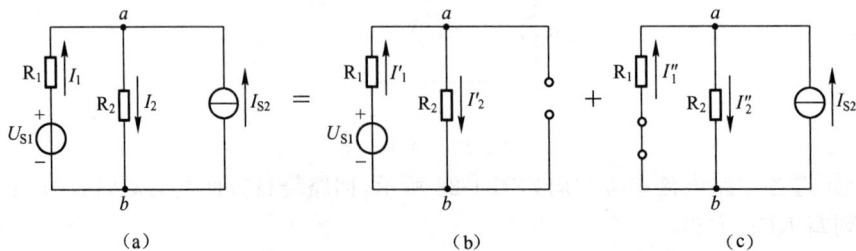

图 1-29　例 1-9 电路图

解:图示电路中只有两个电源,采用叠加定理计算时,两电源分别作用。

当电压源单独作用时,电流源不作用,以开路替代,电路如图 1-29(b)所示。则:

$$I_1' = I_2' = \frac{U_{S1}}{R_1 + R_2} = \frac{24}{200 + 100} = 0.08 \text{ A}$$

当电流源单独作用时,电压源不作用,以短路线替代,如图 1-29(c)所示,则:

$$I_1'' = -\frac{R_2}{R_1 + R_2} I_{S2} = -\frac{100}{200 + 100} \times 1.5 = -0.5 \text{ A}$$

$$I_2'' = \frac{R_1}{R_1 + R_2} = \frac{200}{200 + 100} \times 1.5 = 1 \text{ A}$$

各支路电流:

$$I_1 = I_1' + I_1'' = 0.08 - 0.5 = -0.42 \text{ A}$$

$$I_2 = I_2' + I_2'' = 0.08 + 1 = 1.08 \text{ A}$$

使用叠加定理时应注意以下几点。

① 叠加定理只适用于线性电路,而不适用于含有非线性元件的电路。因为在非线性电路中,电流与电压之间不成正比例,不是线性关系。

② 某个电源单独作用时,对不作用的电压源用短路线代替,不作用的电流源用开路代替,但要保留其内阻。

③ 将各个电源单独作用所产生的电流(或电压)叠加时,必须注意参考方向。当分量的参考方向和总量的参考方向一致时,该分量取正,反之则取负。

④ 在线性电路中,叠加定理只能用来计算电路中的电压和电流,不能用来计算功率。这是因为功率与电压、电流之间不存在线性关系。

1.7　戴维南定理

在电路分析计算时,有时只需要计算电路中某一支路的电压和电流,如果用前面介绍的一些方法,会有些麻烦。为了简化计算,常用戴维南定理来解决。

1.7.1　二端网络

如果一个电路或电路的一部分仅有两个端子与外电路相连,这个网络就称为二端网络。端口处的电压称为端口电压,端口处的电流称为端口电流。

二端网络中含有电源称为有源二端网络,内部没有电源称为无源二端网络。对于无源二端网络,电路中只含有电阻,经过电阻的串、并联该二端网络可以等效为一个等效电阻 R_{eq},称为此二端网络的输入电阻,定义二端网络的输入电阻等于端口电压与端口电流的比值。如图 1-30 所示。

$$R_{eq} = \frac{u}{i} \qquad\qquad (1\text{-}30)$$

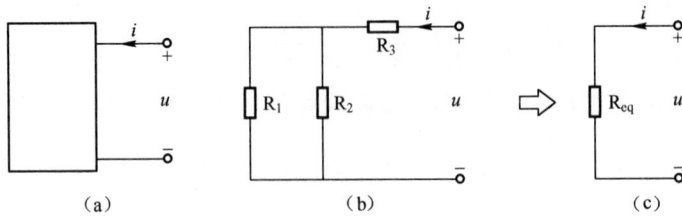

图 1-30　二端网络及其输入电阻

有源二端网络的输入电阻等于将原二端网络中理想电压源和理想电流源置零后的等效电阻。

1.7.2　戴维南定理及其应用

戴维南定理指出:任何一个线性有源二端网络,对外电路来说,总可以用一个理想电压源与电阻的串联模型来等效。理想电压源的电压等于该有源二端网络的开路电压 U_{OC},与之串联的电阻则等于该有源二端网络输入电阻 R_{eq}。

戴维南定理可用图 1-31 所示框图表示。图中电压源串电阻支路称戴维南等效电路,所串电阻则称为戴维南等效内阻,也称输出电阻。应用戴维南定理可将复杂的有源二端网络简化为最简形式。

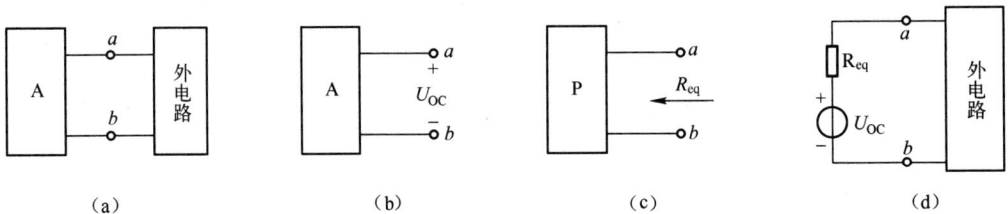

图 1-31　戴维南定理

【例 1-10】 用戴维南定理化简图 1-32(a)所示电路。

解:(1) 求开路端电压 U_{OC}。

在图 1-32(a)所示电路中:

$$(3+6)I + 9 - 18 = 0$$

$$I = 1 \text{ A}$$

$$U_{OC} = U_{ab} = (6I+9) = (6\times1+9)\text{V} = 15 \text{ V}$$

或　　　　　　$$U_{OC} = U_{ab} = -3I + 18 = (-3\times1+18)\text{V} = 15 \text{ V}$$

(2) 求等效电阻 R_{eq}。

将电路中的电压源短路,得无源二端网络,如图 1-32(b)所示。可得:

$$R_{eq} = R_{ab} = \frac{3\times6}{3+6} = 2 \text{ Ω}$$

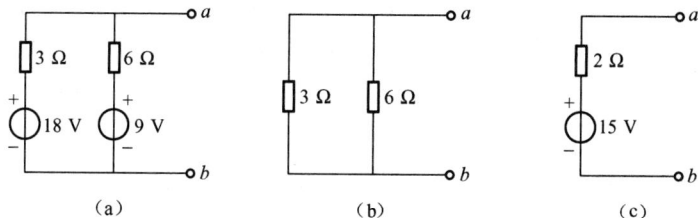

图 1-32　例 1-10 图

（3）作等效电压源模型。

作图时，应注意使等效电源电压的极性与原二端网络开路端电压的极性一致，电路如图 1-33（c）所示。

【例 1-11】用戴维南定理计算如图 1-33（a）所示电路中电阻 R_L 上的电流。

解：（1）把电路分为待求支路和有源二端网络两个部分。移开待求支路，得有源二端网络，如图 1-33（b）所示。

（2）求有源二端网络的开路端电压 U_{OC}。因为此时 $I=0$，由图 1-33（b）可得：

$$I_1 = 3 - 2 = 1 \text{ A}$$
$$I_2 = 2 + 1 = 3 \text{ A}$$
$$U_{OC} = (1 \times 4 + 3 \times 2 + 6)\text{V} = 16 \text{ V}$$

（3）求等效电阻 R_{eq}。

将有源二端网络中的电压源短路、电流源开路，可得无源二端网络，如图 1-33（c）所示，则：

$$R_{eq} = 2 + 4 = 6 \text{ }\Omega$$

（4）画出等效电压源模型，接上待求支路，电路如图 1-33（d）所示。所求电流为

$$I = \frac{U_{OC}}{R_{eq} + R_L} = \frac{16}{6 + 2} = 2 \text{ A}$$

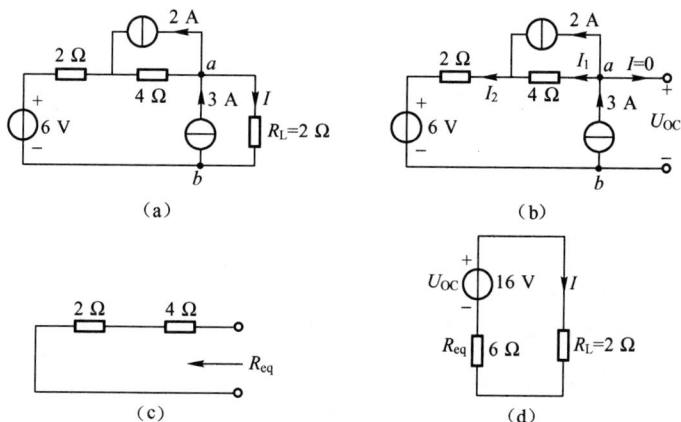

图 1-33　例 1-11 图

【例 1-12】 试求例 1-11 中负载电阻 R_L 的功率。若 R_L 为可调电阻,问 R_L 为何值时获得的功率最大? 其最大功率是多少? 由此总结出负载获得最大功率的条件。

解:(1) 利用例 1-11 的计算结果可得:

$$P_L = I^2 R_L = 2^2 \times 2 = 8 \text{ W}$$

(2) 若负载 R_L 是可变电阻,由图 1-27 (d),可得:

$$I = \frac{U_{OC}}{R_{eq} + R_L}$$

则 R_L 从网络中所获得的功率为:

$$P_L = \left(\frac{U_{OC}}{R_{eq} + R_L}\right)^2 R_L$$

上式说明:负载从电源中获得的功率取决于负载本身的情况,当负载开路(无穷大电阻)或短路(零电阻)时,功率皆为零。当负载电阻在 $0 \to \infty$ 之间变化时负载可获得最大功率。这个功率最大值 P_{max} 应发生在 $\frac{dP_L}{dR_L} = 0$ 的时候,经计算得:

$$R_L = R_{eq} = 6 \ \Omega$$

$$P_{Lm} = \left(\frac{U_{OC}}{2R_{eq}}\right)^2 R_{eq} = \frac{U_{OC}^2}{4R_{eq}} = \frac{16^2}{4 \times 6} = 10.7 \text{ W}$$

可见,负载获得最大功率的条件是负载电阻等于等效电源的内阻,即 $R_L = R_{eq}$。电路的这种工作状态称为电阻匹配。

综上可见,采用戴维南定理的具体步骤为:

(1) 把电路分成待求支路和该支路以外的有源二端网络两部分;

(2) 求出有源二端网络的开路电压 U_{OC},即等效电路的电源 U_S;

(3) 将该有源二端网络变为无源二端网络,求出输入电阻 R_{eq};

(4) 画出戴维南等效电路,其电源 $U_S = U_{OC}$,内阻为 R_{eq};

(5) 把待求支路接在等效电路上,用全电路欧姆定律求得待求支路的电流或电压。

习   题

1-1 直流电源的内阻为 $0.1 \ \Omega$,当输出电流为 100 A 时的端电压为 220 V。(1)求电源的电动势;(2)求负载的电阻值。

1-2 电源的开路电压为 1.6 V,短路电流为 500 mA。求电动势和内阻。

1-3 220 V,100 W 的白炽灯在额定状态下工作时的电阻和电流为多少?

1-4 $1\,000 \ \Omega$ 电阻器的额定功率是 1 W,该电阻器的额定电流和电压是多少?

1-5　求图 1-34 中的电压 U_{ab}。

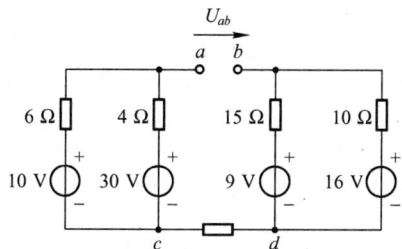

图 1-34　题 1-5 图

1-6　求图 1-35 中的电压 U_{cd}。

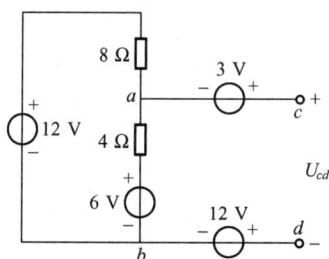

图 1-35　题 1-6 图

1-7　求图 1-36 中(a)、(b)、(c)各电路的电阻 R_{ab}。

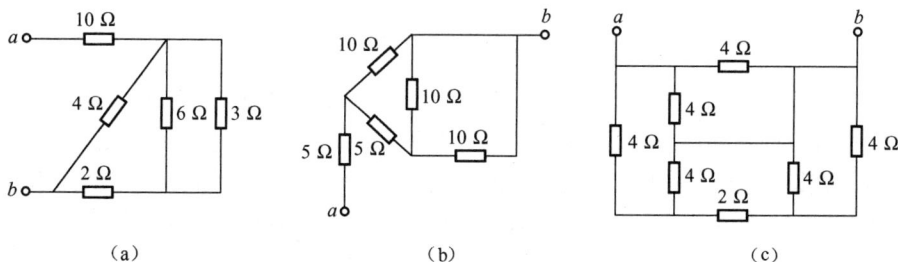

图 1-36　题 1-7 图

1-8　求图 1-37 所示电路中的电压 U 的值。

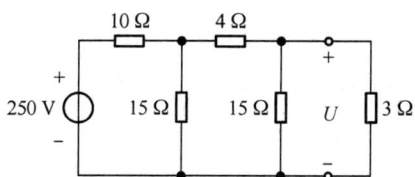

图 1-37　题 1-8 电路图

1-9　额定电压为 220 V,功率为 100 W 和 40 W 的白炽灯,串联后接在 380 V 的电源上,求每个灯泡的实际功率,哪个灯泡将会烧毁?

1-10　在图 1-38 所示的两个电路中,$U_S = 10\ V$,$I_S = 2\ A$,负载 $R_L = 2\ \Omega$,试求 R_L 中的

电流 I 和端电压 U 的值。

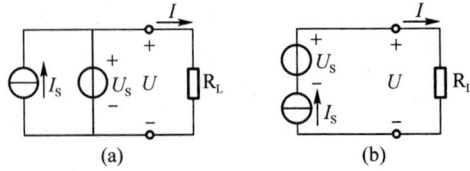

图 1-38 题 1-10 电路图

1-11 用电源变换的方法求图 1-39 中的电流 I。

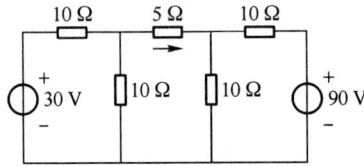

图 1-39 题 1-11 电路图

1-12 用电源变换的方法求图 1-40 中的电压 U_{cd}。

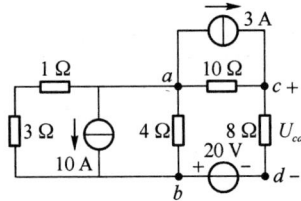

图 1-40 题 1-12 电路图

1-13 一个 $20\,k\Omega$ 的电阻器接在内阻为 $10\,k\Omega$ 的直流电源上,已知电阻器的电压为 $200\,V$。但当用电压表测量电阻器电压时读数只有 $180\,V$。求电压表内阻。

1-14 在图 1-41 所示的电路中,各电压、电流的参考方向如图标示。已知 $R_1 = 2\,\Omega$, $R_2 = 1\,\Omega$, $U_{S1} = 12\,V$, $U_{S2} = 18\,V$,要使 R_3 中的电流 $I_3 = 0$,则 U_{S3} 的大小是多少?

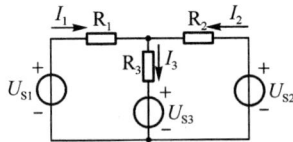

图 1-41 题 1-14 电路图

1-15 在图 1-42 中,$I_1 = 4\,A$, $I_2 = 1\,A$, $I_4 = -3\,A$, $I_5 = -2\,A$,求电流 I_3 的数值。

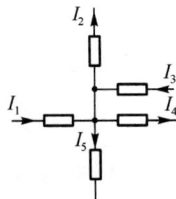

图 1-42 题 1-15 电路图

1-16　在图 1-43 中,已知 $I_{ab}=3$ A,求 U_{cd} 。

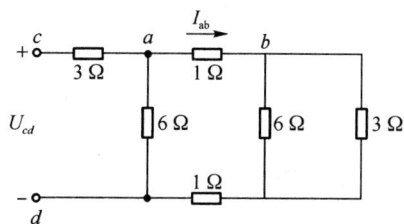

图 1-43

1-17　用支路电流法求图 1-44 各支路中的电流。

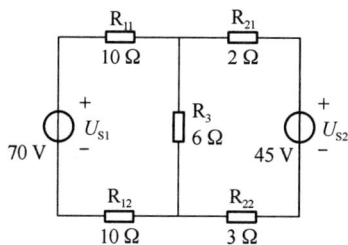

图 1-44

1-18　求图 1-45 中开关断开和闭合时的电压 U_{ab} 。

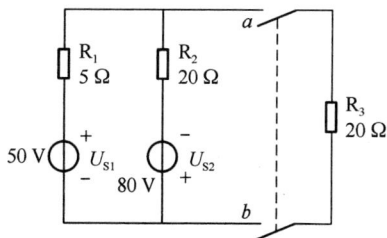

图 1-45

1-19　用叠加定理求图 1-46 中的电流 I 。

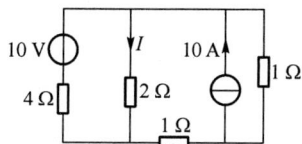

图 1-46　题 1-19 电路图

1-20　用戴维南定理求图 1-47 中的电流 I。

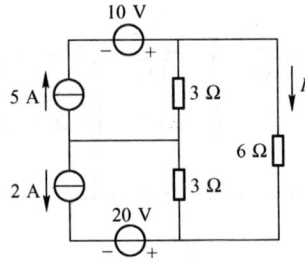

图 1-47　题 1-20 电路图

1-21　用戴维南定理求图 1-48 中的电流 I。

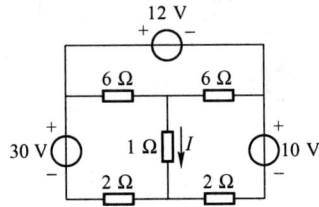

图 1-48　题 1-21 电路图

1-22　在图 1-49 中,已知 $I=1\,\text{A}$,用戴维南定理求电阻 R。

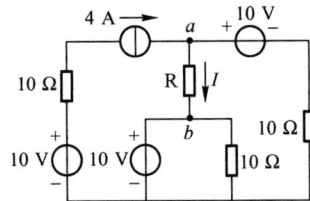

图 1-49　题 1-22 电路图

第2章 正弦交流电路

本章要点

1. 掌握正弦交流电路的基本概念，正弦量的表示方法。

2. 掌握 R、L、C 三种元件的电压与电流的关系；掌握 R、L、C 串联和 RL 与 C 并联电路的相量分析法；了解用相量分析法分析复杂电路。

3. 掌握正弦交流电路中的功率计算，熟悉功率因数提高的方法。

2.1 正弦交流电路的基本概念

2.1.1 正弦量及其三要素

随时间按正弦规律变化的电流、电压称为正弦电流、电压。这些按正弦规律变化的物理量统称为正弦量。

设图 2-1 中通过元件的电流 i 是正弦电流，其参考方向如图 2-1 所示。正弦电流的一般表达式为：

$$i(t) = I_m \sin(\omega t + \psi_i) \tag{2-1}$$

图 2-1 通过电路元件的正弦电流

它表示电流 i 是时间 t 的正弦函数，不同的时间有不同的量值，称为瞬时值，用小写字母表示。电流 i 的时间函数曲线如图 2-2 所示，称为波形图。

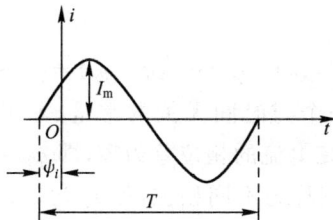

图 2-2 正弦电流波形图

在式(2-1)中,I_m 为正弦电流的最大值(幅值),即正弦量的振幅,用大写字母加下标 m 表示正弦量的最大值,例如 I_m、U_m、E_m 等,它反映了正弦量变化的幅度。$(\omega t + \psi_i)$ 是随时间变化的角度,称为正弦量的相位角,简称相位,它描述了正弦量变化的进程或状态。ψ_i 为 $t = 0$ 时刻的相位,称为初相位(初相角),简称初相。它反映了正弦量计时起点初始值的大小和变化趋向,习惯上取 $|\psi_i| \leqslant 180°$。图 2-3(a)、(b)分别表示初相位为正值和负值时正弦电流的波形图。

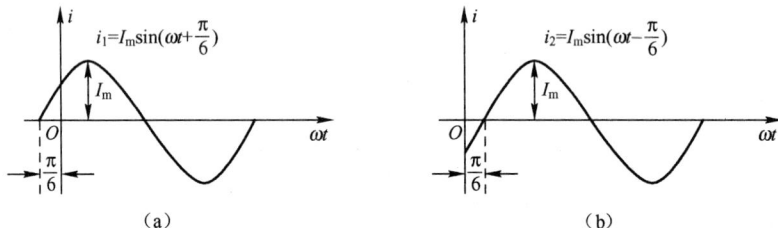

图 2-3　初相位为正值和负值时正弦电流的波形图

正弦电流每重复变化一次所经历的时间称为周期,用 T 表示,周期的单位为秒(s)。正弦电流每经过一个周期 T,对应的角度变化了 2π 弧度,所以:

$$\omega T = 2\pi$$

$$\omega = \frac{2\pi}{T} = 2\pi f \tag{2-2}$$

式中 ω 为角频率,表示正弦量在单位时间内变化的弧度数,反映了正弦量变化的快慢。用弧度每秒(rad/s)作为角频率的单位;$f = 1/T$ 是频率,表示单位时间内正弦量变化的周期数,用每秒(s^{-1})作为频率的单位,称为赫兹(Hz)。我国电力系统用的交流电的频率(工频)为 50 Hz。

最大值、角频率和初相位称为正弦量的三要素。

2.1.2　相位差

任意两个同频率的正弦电流

$$i_1(t) = I_{m1}\sin(\omega t + \psi_1)$$
$$i_2(t) = I_{m2}\sin(\omega t + \psi_2)$$

可见,两者相位是不同的。两个同频率正弦量的相位角之差或初相位之差称为相位差。如 i_1 与 i_2 两者相位差为:

$$\varphi_{12} = (\omega t + \psi_1) - (\omega t + \psi_2) = \psi_1 - \psi_2 \tag{2-3}$$

相位差在任何瞬间都是一个与时间无关的常量,等于它们初相位之差。习惯上取 $|\varphi_{12}| \leqslant 180°$。若两个同频率正弦电流的相位差为零,即 $\varphi_{12} = 0$,则称这两个正弦量为同相位。如图 2-4 中的 i_1 与 i_3,否则称为不同相位,如 i_1 与 i_2。如果 $(\psi_1 - \psi_2) > 0$,则称 i_1 超前 i_2,意指 i_1 比 i_2 先到达正峰值,反过来也可以说 i_2 滞后 i_1。超前或滞后有时也需指明超前或滞后多少角度或时间,以角度表示时为 $\psi_1 - \psi_2$,若以时间表示,则为 $(\psi_1 - \psi_2)/\omega$。如

果两个正弦电流的相位差为 $\varphi_{12} = \pi$，则称这两个正弦量为反相。如果 $\varphi_{12} = \dfrac{\pi}{2}$，则称这两个正弦量为正交。

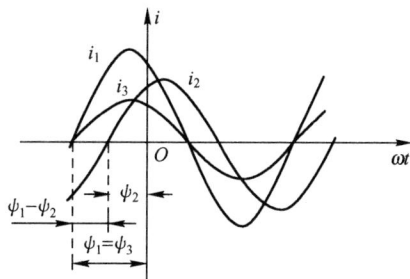

图 2-4　正弦量的相位关系

2.1.3　有效值

周期电流 i 流过电阻 R 在一个周期所产生的能量与直流电流 I 流过电阻 R 在一个周期 T 内所产生的能量相等，则此直流电流的量值为此周期性电流的有效值。交流电压的有效值与交流电流的有效值的意义相同，他们的有效值分别用大写字母 U 和 I 表示。

周期性电流 i 流过电阻 R，在时间 T 内，电流 i 所产生的能量为：

$$W_1 = \int_0^T i^2 R \mathrm{d}t$$

直流电流 I 流过电阻 R 在时间 T 内所产生的能量为：

$$W_2 = I^2 RT$$

当两个电流在一个周期 T 内所做的功相等时，有：

$$I^2 RT = \int_0^T i^2 R \mathrm{d}t$$

于是，得：

$$I = \sqrt{\frac{1}{T} \int_0^T i^2 \mathrm{d}t} \tag{2-4}$$

对正弦电流则有：

$$I = \sqrt{\frac{1}{T} \int_0^T i^2 \mathrm{d}t} = \sqrt{\frac{1}{T} \int_0^T I_{\mathrm{m}}^2 \sin^2(\omega t + \varphi_i) \mathrm{d}t}$$

$$= \frac{I_{\mathrm{m}}}{\sqrt{2}} \approx 0.707 I_{\mathrm{m}} \tag{2-5}$$

同理可得：

$$U = \frac{U_{\mathrm{m}}}{\sqrt{2}} \qquad E = \frac{E_{\mathrm{m}}}{\sqrt{2}}$$

在工程上凡谈到周期性电流或电压、电动势等量值时，凡无特殊说明都是指有效值，一般电气设备铭牌上所标明的额定电压和电流值也都是指有效值。

2.2 正弦量的相量表示法

在正弦交流电路中,一个正弦量随时间变化,所以要确定这些正弦量,可以用解析式如式(2-1)表示,也可以用随时间变化的波形图表示,如图 2-2 所示。但用这两种表示法进行正弦量的运算时,非常烦琐。为此常用另一种表示法,即相量表示法。相量法就是用复数来表示正弦量。

2.2.1 复数及其表示形式

设 A 是一个复数,并设 a 和 b 分别为它的实部和虚部,则有:

$$A = a + jb \qquad (2-6)$$

式(2-6)表示形式称为复数的代数形式。

复数可以用复平面上所对应的点表示,如图 2-5。也可用矢量表示,如图 2-6。

$$|A| = \sqrt{a^2 + b^2}$$

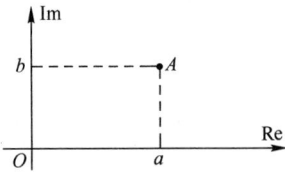

图 2-5　复数在复平面上用点的表示　　　　图 2-6　复数在复平面上用矢量的表示

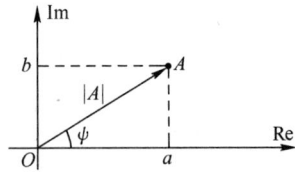

复数 A 的矢量与实轴正向间的夹角 ψ 称为 A 的辐角,记作:

$$\psi = \arctan \frac{b}{a}$$

从图 2-6 中可得如下关系:

$$\begin{cases} a = |A| \cos \psi \\ b = |A| \sin \psi \end{cases}$$

复数　　　　　　　　$A = a + jb = |A|(\cos \psi + j \sin \psi)$

称为复数的三角形式。

再利用欧拉公式:

$$e^{j\psi} = \cos \psi + j \sin \psi$$

又得:

$$A = |A| e^{j\psi} \qquad (2-7)$$

称为复数的指数形式。在工程上简写为 $A = |A| \angle \psi$(极坐标形式)。

2.2.2　复数运算

1. 复数的加减

设有两个复数：

$$A_1 = a_1 + jb_1$$
$$A_2 = a_2 + jb_2$$
$$A_1 \pm A_2 = (a_1 + jb_1) \pm (a_2 + jb_2)$$
$$= (a_1 \pm a_2) + j(b_1 \pm b_2)$$

复数加减运算时，即先将两复数转化为代数形式，然后在计算时，实部加减实部，虚部加减虚部。

两个复数相加的运算在复平面上是符合平行四边形的求和法则的。如图 2-7 所示。

2. 复数的乘除

复数的乘除运算，一般采用指数形式。设有两个复数：

$$A_1 = a_1 + jb_1 = |A_1| \angle \psi_1$$
$$A_2 = a_2 + jb_2 = |A_2| \angle \psi_2$$
$$A_1 A_2 = |A_1| \cdot |A_2| \angle \psi_1 + \psi_2$$
$$\frac{A_1}{A_2} = \frac{|A_1|}{|A_2|} \angle \psi_1 - \psi_2$$

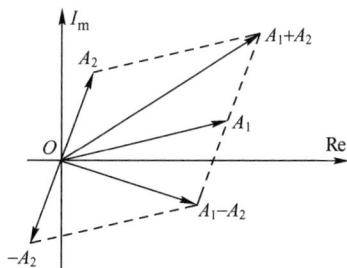

图 2-7　复数的加减

即复数相乘时，将模和模相乘，辐角相加；复数相除时，将模相除，辐角相减。

3. 共轭复数

复数 $e^{j\psi} = 1 \angle \psi$ 是一个模等于 1，而辐角等于 ψ 的复数。任意复数 $A = |A| e^{j\psi_1}$ 乘以 $e^{j\psi}$ 等于

$$|A| e^{j\psi_1} \times e^{j\psi} = |A| e^{j(\psi_1 + \psi)} = |A| \angle \psi_1 + \psi$$

即复数的模不变，辐角变化了 ψ 角，此时复数矢量按逆时针方向旋转了 ψ 角。所以 $e^{j\psi}$ 称为旋转因子。使用最多的旋转因子是 $e^{j90°} = j$ 和 $e^{j(-90°)} = -j$。任何一个复数乘以 j（或除以 j），相当于将该复数矢量按逆时针旋转 90°；而乘以 $-j$ 则相当于将该复数矢量按顺时针旋转 90°。

2.2.3　正弦量的相量表示法

图 2-2 是正弦电流 $i(t) = I_m \sin(\omega t + \psi_i)$ 的波形图，它也可以用旋转的有向线段来表示，即是在一个直角坐标中过原点作一长度为 I_m 的矢量，该矢量与水平轴正向的夹角等于正弦电流的初相角 ψ_i，并且以正弦电流的角速度 ω 逆时针方向旋转，这个随时间变化的旋转有向线段在纵轴上的投影，正好为 $i(t) = I_m \sin(\omega t + \psi_i)$ 正弦函数。因此，这一旋转矢量有着正弦量的三个要素，所以可以用来表示正弦量。

正弦量可以用旋转矢量表示，而矢量又可以用复数表示，那么正弦量也就可以用复数来表示，其方法是：复数的模为正弦量的幅值（或有效值），复数的幅角为正弦量的初相位。

为了区别于一般的复数，把表示正弦量的复数称为相量，并在大写字母上方标"·"黑

点。如正弦量 $u=U_m\sin(\omega t+\psi)$ 的相量表示为：

$$\dot{U}=Ue^{j\psi}$$

简写为：
$$\dot{U}=U\angle\psi \tag{2-8}$$

相量和复数一样，可以在复平面上用矢量表示，这种表示相量的图称为相量图。电压相量图如图 2-8 所示。

【例 2-1】已知正弦电压：

$$u_1=\sqrt{2}\,100\sin(314t+60°)(\text{V})$$
$$u_2=\sqrt{2}\,50\sin(314t-60°)(\text{V})$$

写出表示 u_1 和 u_2 的相量表示式，并画出相量图。

解： $\dot{U}_1=100\angle 60°$

$\dot{U}_2=50\angle-60°$

相量图如图 2-9 所示。

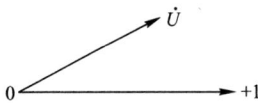

图 2-8　电压相量图

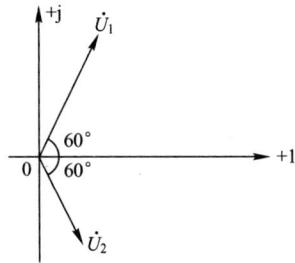

图 2-9　例 2-1 电压的相量图

【例 2-2】已知两频率均为 50 Hz 的电压，表示它们的相量分别为 $\dot{U}_1=380\angle 30°$，$\dot{U}_2=220\angle-60°$，试写出这两个电压的解析式。

解： $\omega=2\pi f=2\pi\times 50\approx 314 \text{ rad/s}$

$u_1=380\sqrt{2}\sin(314t+30°)(\text{V})$

$u_2=220\sqrt{2}\sin(314t-60°)(\text{V})$

【例 2-3】已知 $i_1=100\sqrt{2}\sin\omega t(\text{A})$，$i_2=100\sqrt{2}\sin(\omega t-120°)(\text{A})$，试用相量法求 i_1+i_2。

解： $\dot{I}_1=100\angle 0°(\text{A})$

$\dot{I}_2=100\angle-120°(\text{A})$

$\dot{I}_1+\dot{I}_2=100\angle 0°+100\angle-120°=100(\cos 0°+j\sin 0°)+100[\cos(-120°)+j\sin(-120°)]=100\angle-60°(\text{A})$

$i_1+i_2=100\sqrt{2}\sin(\omega t-60°)(\text{A})$

由此可见，正弦量用相量表示，可以使正弦量的运算简化。

2.3　单一参数正弦交流电路

电阻 R、电感 L、电容 C 是交流电路中的基本电路元件。本节着重研究 3 种元件上的电压与电流关系,能量的转换及功率问题。

2.3.1　电阻元件

1. 电阻元件上电压与电流的关系

当电阻两端加上正弦交流电压时,电阻中就有交流电流通过,电压与电流的瞬时值仍然遵循欧姆定律。在图 2-10 中,电压与电流为关联参考方向,则电阻上的电流为:

$$i_R = \frac{u_R}{R} \qquad (2-9)$$

上式是交流电路中电阻元件的电压与电流的基本关系。

如加在电阻两端的是正弦交流电压:

$$u_R = U_{Rm} \sin(\omega t + \psi_u)$$

则电路中的电流为:

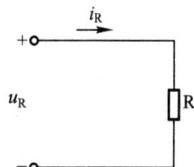

图 2-10　电阻元件

$$i_R = \frac{u_R}{R} = \frac{U_{Rm} \sin(\omega t + \psi_u)}{R} = I_{Rm} \sin(\omega t + \psi_i) \qquad (2-10)$$

式中:

$$I_{Rm} = \frac{U_{Rm}}{R} \qquad \psi_i = \psi_u$$

写成有效值关系为:

$$I_R = \frac{U_R}{R} \quad 或 \quad U_R = R I_R \qquad (2-11)$$

从以上分析可知:

(1) 电阻两端的电压与电流同频率、同相位;

(2) 电阻两端的电压与电流的数值上成正比。

其波形图如 2-11 所示(设 $\psi_i = 0$)。

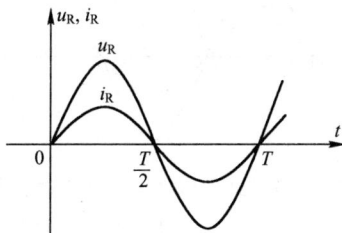

图 2-11　电阻元件的电压、电流波形图

电阻元件上电压与电流的相量关系为：

$$\dot{U}_R = RI_R \underline{/\psi_u} = RI_R \underline{/\psi_i} \qquad \dot{I}_R = I_R \underline{/\psi_i}$$

则：
$$\dot{U}_R = R\dot{I}_R \tag{2-12}$$

式(2-12)就是电阻元件上电压与电流的相量关系,也就是相量形式的欧姆定律。

图 2-12 给出了电阻元件的相量模型及相量图。

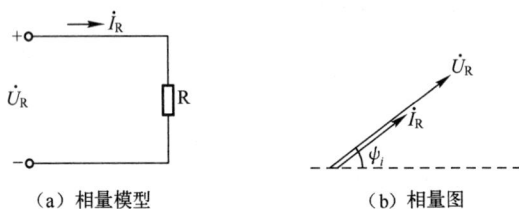

（a）相量模型　　　　　　　（b）相量图

图 2-12　电阻元件的相量模型及相量图

2. 电阻元件的功率

在交流电路中,任意电路元件上的电压瞬时值与电流瞬时值的乘积称作该元件的瞬时功率。用小写字母 p 表示。

当 u_R, i_R 为关联参考方向时,

$$p = u_R i_R \tag{2-13}$$

若电阻两端的电压、电流为(设初相角为 $0°$)：

$$u_R = U_{Rm} \sin\omega t$$
$$i_R = I_{Rm} \sin\omega t$$

则正弦交流电路中电阻元件上的瞬时功率为：

$$\begin{aligned}
p = u_R i_R &= U_{Rm}\sin\omega t \times I_{Rm}\sin\omega t \\
&= U_{Rm}I_{Rm}\sin^2\omega t \\
&= U_R I_R(1-\cos 2\omega t)
\end{aligned} \tag{2-14}$$

其电压、电流、功率的波形图如图 2-13 所示。

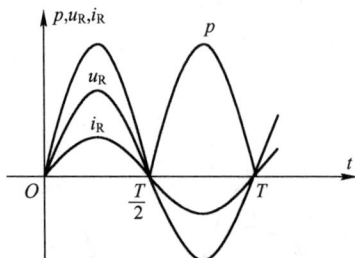

图 2-13　电阻元件的电压、电流及功率波形图

从图中可知:只要有电流流过电阻,电阻 R 上的瞬时功率 $p \geqslant 0$,即总是吸收功率(消耗功率)。其吸收功率的大小在工程上都用平均功率来表示。周期性交流电路中的平均功率就是瞬时功率在一个周期的平均值。

平均功率为：

$$P = \frac{1}{T}\int_0^T p\,\mathrm{d}t = \frac{1}{T}\int_0^T U_R I_R (1 - \cos 2\omega t)\,\mathrm{d}t = U_R I_R$$

又因：

$$U_R = R I_R$$

所以：

$$P = U_R I_R = I_R^2 R = \frac{U_R^2}{R} \tag{2-15}$$

由于平均功率反映了元件实际消耗电能的情况，所以又称有功功率。习惯上常简称功率。

【例 2-4】 一额定电压为 220 V、功率为 100 W 的电烙铁，误接在 380 V 的交流电源上，问此时它消耗的功率是多少？会出现什么现象？

解：已知额定电压和功率，可求出电烙铁的等效电阻为：

$$R = \frac{U_R^2}{P} = \frac{220^2}{100} = 484\ \Omega$$

当误接在 380V 电源上时，电烙铁实际消耗的功率为：

$$P_1 = \frac{380^2}{484} = 300\ \mathrm{W}$$

此时，实际消耗功率大于额定功率，其电烙铁内的电阻将被烧断。

2.3.2　电感元件

1. 电感元件上电压和电流的关系

设一电感 L 中通入正弦电流，其参考方向如图 2-14 所示。

设 $i_L = I_{Lm}\sin(\omega t + \psi_i)$

则电感两端的电压为：

$$\begin{aligned}
u_L &= L\frac{\mathrm{d}i_L}{\mathrm{d}t} = L\frac{\mathrm{d}[I_{Lm}\sin(\omega t + \psi_i)]}{\mathrm{d}t}\\
&= I_{Lm}\omega L\cos(\omega t + \psi_i)\\
&= U_{Lm}\sin\left(\omega t + \psi_i + \frac{\pi}{2}\right)\\
&= U_{Lm}\sin(\omega t + \psi_u) \tag{2-16}
\end{aligned}$$

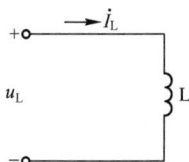

图 2-14　电感元件

式中：　　　　　　　$U_{Lm} = \omega L I_{Lm}$　　　　$\psi_u = \psi_i + \frac{\pi}{2}$

写成有效值为：　　　　　$U_L = \omega L I_L$　　或　$\dfrac{U_L}{I_L} = \omega L$ 　　　　$(2-17)$

从以上分析可知：

(1) 电感两端的电压与电流同频率；

(2) 电感两端的电压在相位上超前电流 90°；

（3）电感两端的电压与电流有效值（或最大值）之比为 ωL。

令：
$$X_L = \omega L = 2\pi f L \tag{2-18}$$

X_L 称为感抗，它用来表示电感元件对电流阻碍作用的一个物理量，它与角频率成正比，单位是欧姆。

在直流电路中，$\omega = 0$，$X_L = 0$，所以电感在直流电路中视为短路。

将式（2-18）代入式（2-17）得：
$$U_L = X_L I_L \tag{2-19}$$

电感元件的电压、电流波形图如 2-15 所示（设 $\psi_i = 0$）。

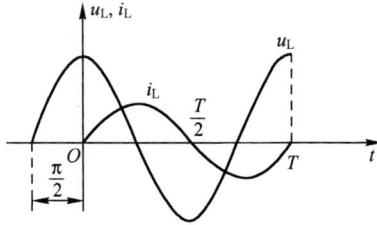

图 2-15　电感元件的电压、电流波形图

电感元件上电压与电流的相量关系为：
$$\dot{I}_L = I_L \underline{/\psi_i}$$
$$\dot{U}_L = \omega L I_L \underline{/\psi_i + 90°} = j\omega L \dot{I}_L = jX_L \dot{I}_L$$

即
$$\dot{U}_L = jX_L \dot{I}_L \tag{2-20}$$

图 2-16 给出了电感元件的相量模型及相量图。

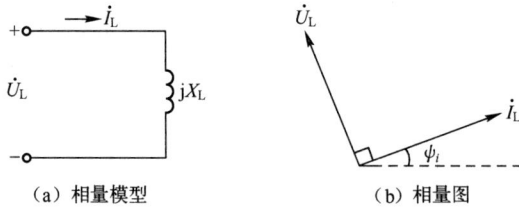

（a）相量模型　　　　　　（b）相量图

图 2-16　电感元件的相量模型及相量图

2. 电感元件的功率

在电压与电流参考方向一致的情况下电感元件的瞬时功率为：
$$p = u_L i_L$$

若电感两端的电流、电压为（设 $\varphi_i = 0$）：
$$i_L = I_{Lm} \sin\omega t$$
$$u_L = U_{Lm} \sin\left(\omega t + \frac{\pi}{2}\right)$$

则正弦交流电路中电感元件上的瞬时功率为：

$$p = u_L i_L = U_{Lm} \sin\left(\omega t + \frac{\pi}{2}\right) \times L_{Lm} \sin\omega t$$

$$= U_{Lm} I_{Lm} \sin\omega t \cos\omega t$$

$$= U_L I_L \sin 2\omega t \tag{2-21}$$

其电压、电流、功率的波形图如图 2-17 所示。由上式或波形图都可以看出,此功率是以两倍角频率作正弦变化的。

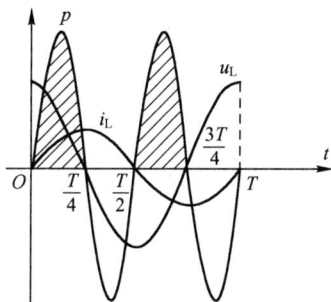

图 2-17　电感元件的电压、电流及功率波形图

电感在通以正弦电流时,所吸收的平均功率为:

$$P = \frac{1}{T}\int_0^T p\,\mathrm{d}t = \frac{1}{T}\int_0^T U_L I_L \sin 2\omega t\,\mathrm{d}t = 0 \tag{2-22}$$

上式表明电感元件是不消耗能量的,它是储能元件。电感吸收的瞬时功率不为零,在第一和第三个 1/4 周期内,瞬时功率为正值,电感吸取电源的电能,并将其转换成磁场能量储存起来;在第二和第四个 1/4 周期内,瞬时功率为负值,即电感吸取电源电能为负,实际为电感将储存的磁场能量转换成电能返送给电源。在完整的周期内没有能量的消耗,只有电感与电源之间能量的交换。

电源与电感元件间的能量交换的速率,称为无功功率,用 Q_L 表示,其大小为:

$$Q_L = U_L I_L = I_L^2 X_L = \frac{U_L^2}{X_L} \tag{2-23}$$

无功功率的 IEC 单位为乏(var),工程中有时也用千乏(kvar)。

$$1\mathrm{kvar} = 10^3\,\mathrm{var}$$

【例 2-5】 若将 $L = 20\,\mathrm{mH}$ 的电感元件,接在 $U_L = 110\,\mathrm{V}$ 的正弦电源上,则通过的电流是 1 mA。

(1)电感元件的感抗及电源的频率;

(2)若把该元件接在直流 110 V 电源上,会出现什么现象?

解:(1)

$$X_L = \frac{U_L}{I_L} = \frac{110}{1 \times 10^{-3}} = 110\,\mathrm{k\Omega}$$

电源频率为:

$$f = \frac{X_L}{2\pi L} = \frac{110 \times 10^3}{2\pi \times 20 \times 10^{-3}} = 8.76 \times 10^5\,\mathrm{Hz}$$

（2）在直流电路中，$X_L = 0$，电流很大，电感元件可能烧坏。

2.3.3 电容元件

1. 电容元件上电压和电流的关系

设一电容 C 中通入正弦交流电，其参考方向如图 2-18 所示。设外接正弦交流电压为：

$$u_C = U_{Cm} \sin(\omega t + \psi_u)$$

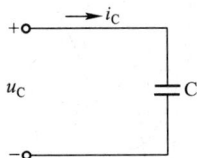

图 2-18 电容元件

则电路中电流

$$
\begin{aligned}
i_C &= C \frac{du_C}{dt} = C \frac{dU_{Cm} \sin(\omega t + \psi_u)}{dt} \\
&= U_{Cm} \omega C \cos(\omega t + \psi_u) \\
&= I_{Cm} \sin\left(\omega t + \psi_u + \frac{\pi}{2}\right) \\
&= I_{Cm} \sin(\omega t + \psi_i)
\end{aligned}
\tag{2-24}
$$

式中：$I_{Cm} = U_{Cm} \omega C$

$$\psi_i = \psi_u + \frac{\pi}{2}$$

写成有效值为：

$$I_C = \omega C U_C \ \text{或} \ \frac{U_C}{I_C} = \frac{1}{\omega C} \tag{2-25}$$

从以上分析可知：

（1）电容两端的电压与电流同频率；

（2）电容两端的电压在相位上滞后电流 90°；

（3）电容两端的电压与电流有效值之比为 $\frac{1}{\omega C}$。

令：

$$X_C = \frac{1}{\omega C} = \frac{1}{2\pi f C} \tag{2-26}$$

X_C 称为容抗，它用来表示电容元件对电流阻碍作用的一个物理量。它与角频率成反比，单位是欧姆。

将式（2-26）代入式（2-25），得

$$U_C = X_C I_C \tag{2-27}$$

电容元件的电压、电流波形图如 2-19 所示（设 $\psi_u = 0$）。

电容元件上电压与电流的相量关系为：

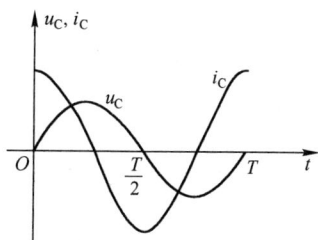

图 2-19　电容元件的电压、电流波形图

$$\dot{U}_C = U_C \underline{/\psi_u}$$

$$\dot{I}_C = \omega C U_C \underline{/\psi_u + 90°} = j\omega C \dot{U}_C = j\frac{\dot{U}_C}{X_C}$$

即

$$\dot{U}_C = -jX_C \dot{I}_C \tag{2-28}$$

图 2-20 给出了电容元件的相量模型及相量图。

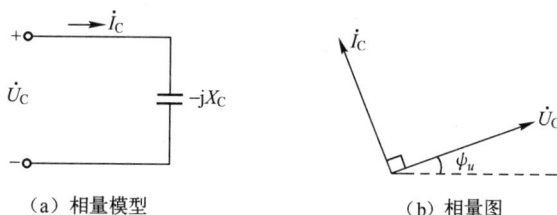

（a）相量模型　　　　　　　　（b）相量图

图 2-20　电容元件的相量模型及相量图

2. 电容元件的功率

在电压与电流参考方向一致的情况下，设 $u_C = U_{Cm}\sin\omega t$，则电容元件的瞬时功率为：

$$\begin{aligned}
p &= u_C i_C = U_{Cm}\sin\omega t \times I_{Cm}\sin\left(\omega t + \frac{\pi}{2}\right) \\
&= U_{Cm} I_{Cm}\sin\omega t\cos\omega t \\
&= U_C I_C \sin 2\omega t
\end{aligned} \tag{2-29}$$

其电压、电流、功率的波形图如图 2-21 所示。由上式或波形图都可以看出，此功率是以两倍角频率作正弦变化的。

电容在通以正弦电流时，所吸收的平均功率为：

$$P = \frac{1}{T}\int_0^T p\,dt = \frac{1}{T}\int_0^T U_C I_C \sin 2\omega t\,dt = 0 \quad (2\text{-}30)$$

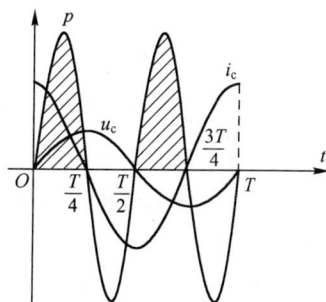

图 2-21　电容元件的电压、电流
及功率波形图

与电感元件相同，电容元件也是不消耗能量的，它也是储能元件。电容吸收的瞬时功率不为零，在第一和第三个 1/4 周期内，瞬时功率为正值，电容吸取电源的电能，并将其转换成电场能量储存起来；在第二和第四个 1/4 周期内，瞬时功率为负值，将储存的电场能量转换成电能返送

给电源。

用无功功率 Q_C 表示电源与电容间的能量交换：

$$Q_C = U_C I_C = I_C^2 X_C = \frac{U_C^2}{X_C} \tag{2-31}$$

【例 2-6】设加在一电容器上的电压 $u(t) = 6\sqrt{2} \sin(1\,000t - 60°)$（V），其电容 C 为 $10\,\mu\text{F}$，求：

（1）流过电容的电流 $i(t)$ 并画出电压、电流的相量图。

（2）若接在直流 6 V 的电源上，则电流为多少？

解：（1）

$$\dot{U} = 6\,\underline{/-60°}\ \text{V}$$

$$X_C = \frac{1}{\omega C} = \frac{1}{1\,000 \times 10 \times 10^{-6}} = 100\ \Omega$$

$$\dot{I}_C = \frac{\dot{U}_C}{-jX_C} = \frac{6\,\underline{/-60°}}{-j100} = 0.06\,\underline{/-60° + 90°} = 0.06\,\underline{/30°}\ \text{A}$$

电容电流：

图 2-22　例 2-6 电容
电压、电流的相量图

$$i(t) = 0.06\sqrt{2} \sin(1\,000t + 30°)\ (\text{A})$$

电容电压、电流的相量图如图 2-22。

（2）若接在直流 6 V 电源上，$X_C = \infty$，$I = 0$。

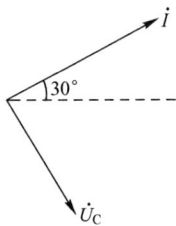

2.4　基尔霍夫定律的相量形式

基尔霍夫电流定律是电流连续性的表现。在交流电路中，任一瞬间的电流总是连续的，因此基尔霍夫电流定律适用于交流电路的任一瞬间。即任一瞬间，流入电路任一节点的各电流瞬时值的代数和恒等于零。即

$$\sum i = 0 \tag{2-32}$$

正弦交流电路中，各电流都是与电源同频率的正弦量，把这些同频率的正弦量用相量表示即为

$$\sum \dot{I} = 0 \tag{2-33}$$

这就是基尔霍夫电流定律的相量形式。它表明在正弦交流电路中，流入任一节点的各电流相量的代数和恒等于零。

同理可得基尔霍夫电压定律的相量形式为：

$$\sum \dot{U} = 0 \tag{2-34}$$

它表明在正弦交流电路中，沿着电路中任一回路所有支路的电压相量和恒等于零。

2.5　正弦交流电路的相量分析

2.5.1　电阻、电感和电容串联电路及复阻抗

电阻、电感和电容串联电路如图 2-23 所示。

根据相量形式的 KVL 可得：

$$\dot{U}=\dot{U}_\mathrm{R}+\dot{U}_\mathrm{L}+\dot{U}_\mathrm{C}$$

$$=R\dot{I}+\mathrm{j}\omega L\dot{I}+\frac{1}{\mathrm{j}\omega C}\dot{I}$$

$$=\left(R+\mathrm{j}\omega L+\frac{1}{\mathrm{j}\omega C}\right)\dot{I}$$

$$=[R+\mathrm{j}(X_\mathrm{L}-X_\mathrm{C})]\dot{I}$$

$$=Z\dot{I} \tag{2-35}$$

式中：

$$Z=R+\mathrm{j}(X_\mathrm{L}-X_\mathrm{C}) \tag{2-36}$$

令

$$X=X_\mathrm{L}-X_\mathrm{C}$$

则有：

$$Z=\frac{\dot{U}}{\dot{I}}=R+\mathrm{j}X$$

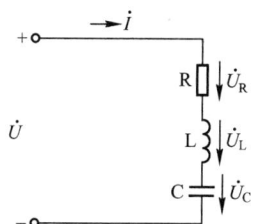

图 2-23　R、L、C 串联电路

可见,在 R、L、C 串联电路中,电压相量 $\dot{U}$ 与电流相量 $\dot{I}$ 之比为一复数 Z,它的实部为电路的电阻 R,虚部为电路中的感抗 X_L 与电容 X_C 之差,X 称为电路的电抗,Z 称为电路的复阻抗。将复阻抗写成指数形式,则为：

$$Z=\sqrt{R^2+X^2}\Big/\!\arctan\frac{X}{R}=|Z|\angle\varphi$$

其中：

$$|Z|=\sqrt{R^2+X^2}=\sqrt{R^2+(X_\mathrm{L}-X_\mathrm{C})^2} \tag{2-37}$$

$$\varphi=\arctan\frac{X}{R}=\arctan\frac{X_\mathrm{L}-X_\mathrm{C}}{R} \tag{2-38}$$

以上两式表明:复阻抗的模 $|Z|$（也可称阻抗）及辐角 φ 的大小,只与参数及角频率有关,而与电压及电流无关。式(2-37)还说明,复阻抗的模 $|Z|$ 和 R 及 X 构成一个直角三角形。如图 2-24 所示,称为阻抗三角形,辐角 φ 又称为阻抗角。

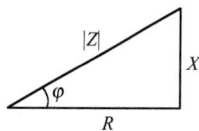

$$R=|Z|\cos\varphi$$

$$X=|Z|\sin\varphi$$

图 2-24　阻抗三角形

由式(2-35)可得：

$$Z = \frac{\dot{U} \angle \psi_u}{\dot{I} \angle \psi_i}$$

$$= \frac{U}{I} \angle \psi_u - \psi_i = |Z| \angle \varphi$$

可见复阻抗的模 $|Z|$ 等于电压的有效值与电流的有效值之比,辐角 φ 等于电压与电流的相位差角,即

$$|Z| = \frac{U}{I} \qquad \varphi = \psi_u - \psi_i \tag{2-39}$$

由此可见,复阻抗 Z 决定了电压、电流的有效值大小和相位间的关系。所以复阻抗是正弦交流电路中一个十分重要的概念,为了简明,复阻抗可简称为阻抗。

【例 2-7】 某 R、L、C 串联电路中,$R = 3\ \Omega$,$X_L = 3\ \Omega$,$X_C = 7\ \Omega$,正弦电压 $U = 100\ \text{V}$,试求电路的复阻抗,电路中的电流和各元件上的电压,并作出相量图。

解: 复阻抗

$$Z = R + \text{j}(X_L - X_C) = 3 + \text{j}(3-7) = 3 - \text{j}4 = 5 \angle -53.1° \ \Omega$$

设电压

$$\dot{U} = 100 \angle 0°$$

则:

$$\dot{I} = \frac{\dot{U}}{Z} = \frac{100 \angle 0°}{5 \angle -53.1°} = 20 \angle 53.1° \ \text{A}$$

$$\dot{U}_R = R\dot{I} = 30 \times 20 \angle 53.1° = 60 \angle 53.1° \ \text{V}$$

$$\dot{U}_L = \text{j}X_L \dot{I} = \text{j}3 \times 20 \angle 53.1° = 60 \angle 143.1° \ \text{V}$$

$$\dot{U}_C = -\text{j}X_C \dot{I} = -\text{j}7 \times 20 \angle 53.1° = 140 \angle -36.9° \ \text{V}$$

相量图如图 2-25 所示。

下面讨论电路参数对电路性质的影响。

根据电路参数可得出 R、L、C 串联电路的性质:

(1) 当 $X_L > X_C$ 时,$\varphi = \arctan \dfrac{X_L - X_C}{R} > 0$,即电压超前电流 φ 角,电路呈感性;

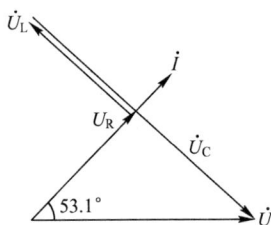

图 2-25 例 2-7 电压、电流相量图

(2) 当 $X_L < X_C$ 时,$\varphi < 0$,即电压滞后电流,电路呈容性;

(3) 当 $X_L = X_C = 0$,$\varphi = 0$,即电压与电流同相位,电路呈阻性。

三种情况的相量图如图 2-26 所示。

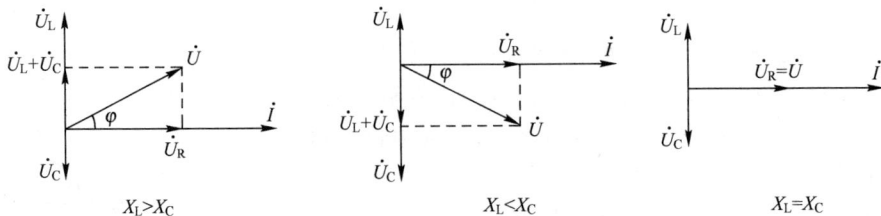

图 2-26 R、L、C 串联电路相量图

由上面分析可知：$-90°<\varphi<90°$，当电源频率不变时，改变电路参数 L 或 C 可以改变电路的性质；若电路参数不变，也可以改变电源频率达到改变电路的性质。

从图 2-26 的相量图还可看出，电阻电压 $\dot{U}_R$、电抗电压 $\dot{U}_X=\dot{U}_L+\dot{U}_C$ 和端电压 $\dot{U}$ 的三个相量组成一个直角三角形叫电压三角形，它与阻抗三角形是相似三角形。即

$$U=\sqrt{U_R^2+(U_L-U_C)^2}=\sqrt{U_R^2+U_X^2}$$

其中：$U_X=|U_L-U_C|$。

【例 2-8】电路如图 2-27（a）所示是一移相电路，已知输入电压 $U_{in}=1$ V，$f=1\,000$ Hz，$C=0.01\,\mu F$，欲使输出电压 u_o 较输入电压 u_{in} 的相位滞后 $60°$，试求电路的电阻。

解：

$$X_C=\frac{1}{2\pi fC}=\frac{1}{2\pi\times1\,000\times0.01\times10^{-6}}=15.9\text{ k}\Omega$$

$$\dot{U}_o=-j\dot{I}X_C$$

$$\dot{U}_{in}=\dot{I}(R-jX_C)$$

$$\frac{\dot{U}_o}{\dot{U}_{in}}=\frac{-j\dot{I}X_C}{\dot{I}(R-jX_C)}=\frac{-jX_C}{R-jX_C}=\frac{X_C\angle-90°}{\sqrt{R^2+X_C^2}\angle-\arctan\frac{X_C}{R}}$$

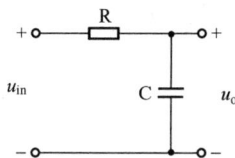　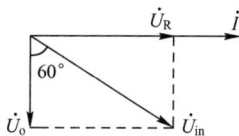

（a）移相电路图　　　　　　（b）相量图

图 2-27　例 2-8 电路图、相量图

欲使输出电压 u_o 较输入电压 u_{in} 的相位滞后 $60°$，

$$\varphi=-90°+\arctan\frac{X_C}{R}=-60°$$

则：$\arctan\dfrac{X_C}{R}=30°$

即 $\dfrac{X_C}{R}=\dfrac{\sqrt{3}}{3}$

$$R=\sqrt{3}X_C=\sqrt{3}\times1.59=27.6\text{ k}\Omega$$

【例 2-9】电路如图 2-28(a)所示为正弦交流电路中的一部分，已知电压表 V_1 的读数为 6 V，V_2 的读数为 8 V，试求端口电压 U。

解：以电流为参考相量，画出相量图如图 2-28(b)所示。

由相量图可见，$\dot{U}_R$、$\dot{U}_L$、$\dot{U}$ 三者组成一直角三角形，故得：

$$U=\sqrt{U_R^2+U_L^2}=\sqrt{6^2+8^2}=10\text{ V}$$

本例也可用相量法计算：

设电流相量为 $\dot{I}=I\angle 0°$

则：
$$\dot{U}_R = 6\ \underline{/0^\circ} = 6\ \text{V}$$

$$\dot{U}_L = 8\ \underline{/90^\circ} = j8\ \text{V}$$

由 KVL 得：
$$\dot{U} = \dot{U}_R + \dot{U}_L = 6 + j8 = 10\ \underline{/53.1^\circ}\ \text{V}$$

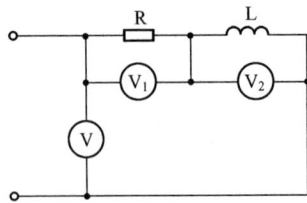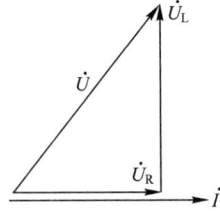

(a) 电路图　　　　　　　　(b) 相量图

图 2-28　例 2-9 图

2.5.2　电阻、电感和电容并联的电路及复导纳

电阻、电感和电容并联电路如图 2-29 所示,对于这种并联电路,应用所谓复导纳分析比较方便。电阻元件的电导为 $G = \dfrac{1}{R}$;电感元件的感纳为 $B_L = \dfrac{1}{\omega L}$;电容元件的容纳为 $B_C = \dfrac{1}{X_C} = \omega C$;它们均可由给定的参数及频率求得。

根据相量形式的 KCL 得：

$$\dot{I} = \dot{I}_R + \dot{I}_C + \dot{I}_L$$

$$= \frac{\dot{U}}{R} + \frac{\dot{U}}{j\omega L} + \frac{\dot{U}}{\dfrac{1}{j\omega C}}$$

$$= [G + j(B_C - B_L)]\dot{U}$$

$$= (G + jB)\dot{U}$$

$$= Y\dot{U} \tag{2-40}$$

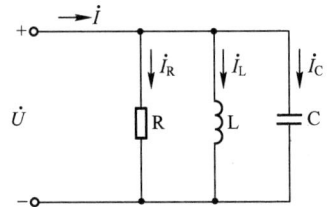

图 2-29　R、L、C 并联电路

式(2-40)中, $B = B_C - B_L$ 称电纳, $Y = G + j(B_C - B_L)$ 称复导纳,可简称导纳。单位为西门子(S)。

$$Y = G + jB \tag{2-41}$$

将 Y 写成指数形式,则：

$$Y = \sqrt{G^2 + B^2}\ \underline{/\arctan \dfrac{B}{G}} = |Y|\ \underline{/\varphi'}$$

其中：
$$|Y| = \sqrt{G^2 + B^2} \qquad \varphi' = \arctan \frac{B}{G} \tag{2-42}$$

$|Y|$ 是复导纳 Y 的模,它等于此电路中电流的有效值与电压的有效值之比; φ' 是复导纳的辐角,称为导纳角,它等于电流与电压的相位差角。

即
$$|Y|=\frac{I}{U} \qquad \varphi'=\varphi_i-\varphi_u \tag{2-43}$$

由此可见，复导纳 Y 决定了电流、电压的有效值大小和相位间的关系。复导纳的模 $|Y|$ 和 G 及 B 也构成一个直角三角形，如图 2-30 所示，称为导纳三角形。

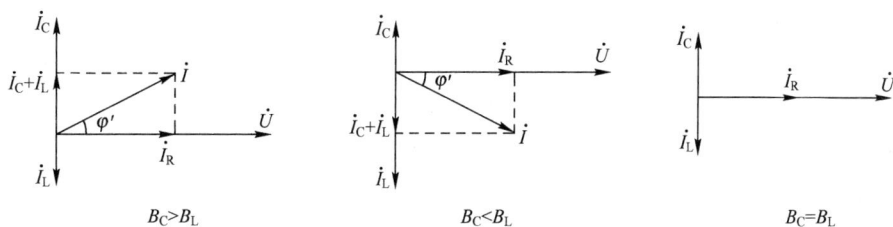

根据电路参数可得出 RLC 并联电路的性质：

(1) 当 $B_C > B_L$ 时，$\varphi' > 0$，电流超前电压，电路呈容性；

(2) 当 $B_C < B_L$ 时，$\varphi' < 0$，电流滞后电压，电路呈感性；

(3) 当 $B_C = B_L$ 时，$\varphi' = 0$，电流与电压同相，电路呈阻性。

三种情况的相量图如图 2-31 所示。

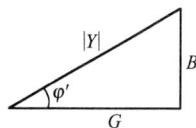

图 2-30　导纳三角形

$B_C > B_L$　　　　　$B_C < B_L$　　　　　$B_C = B_L$

图 2-31　R、L、C 并联电路的相量图

从图 2-31 可知，R、L、C 并联电路，电流 $\dot{I}_R$、$\dot{I}_L+\dot{I}_C$ 及 $\dot{I}$ 三个相量组成一个直角三角形，称电流三角形。从电流三角形可得：

$$I=\sqrt{I_R^2+(I_C-I_L)^2} \tag{2-44}$$

【例 2-10】　某 R、L、C 并联电路，已知 $R=50\ \Omega$，$L=2\ \text{mH}$，$C=10\ \mu\text{F}$，$\omega=5\,000\ \text{rad/s}$，端口电流 $I=0.5\ \text{A}$，试求端电压及各元件电流。

解：
$$G=\frac{1}{R}=\frac{1}{50}=0.02\ \text{S}$$

$$B_L=\frac{1}{\omega L}=\frac{1}{5\,000\times 2\times 10^{-3}}=0.1\ \text{S}$$

$$B_C=\omega C=5\,000\times 10\times 10^6=0.05\ \text{S}$$

$$Y=G+\text{j}(B_C-B_L)$$
$$=0.02+\text{j}(0.05-0.1)$$
$$=0.02-\text{j}0.05$$
$$=0.054\ \underline{/-68.2^\circ}\ \text{S}$$

设 $\dot{I}=0.5\ \underline{/0^\circ}\ (\text{A})$

则
$$\dot{U}=\frac{\dot{I}}{Y}=\frac{0.5\ \underline{/0^\circ}}{0.054\ \underline{/-68.2^\circ}}=9.26\ \underline{/68.2^\circ}\ \text{V}$$

$$\dot{I}_G=G\dot{U}=0.02\times 9.26\ \underline{/68.2^\circ}=0.185\ \underline{/68.2^\circ}\ \text{A}$$

$$\dot{I}_L=-\text{j}B_L\dot{U}=-\text{j}0.1\times 9.26\ \underline{/68.2^\circ}=0.926\ \underline{/-21.8^\circ}\ \text{A}$$

$$\dot{I}_C=\text{j}B_C\dot{U}=\text{j}0.05\times 9.26\ \underline{/68.2^\circ}=0.463\ \underline{/158.2^\circ}\ \text{A}$$

【例 2-11】 电路如图 2-32(a)所示为正弦交流电路的一部分,已知电流表 A_1 的读数为 3 A,A_2 的读数为 4 A ,求电流表 A 的读数。

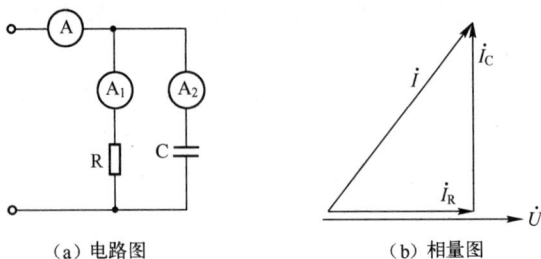

(a) 电路图　　　　　　　　　　　(b) 相量图

图 2-32　例 2-11 图

解: 以电压为参考相量,画出相量图如图 2-32(b)所示。

由相量图可见,$\dot{I}_R$、$\dot{I}_C$、$\dot{I}$ 三者组成一直角三角形,故得:

$$I = \sqrt{I_R^2 + I_C^2} = \sqrt{3^2 + 4^2} = 5 \text{ A}$$

本例也可用相量法计算:

设电压相量为 $\dot{U} = U \angle 0°$

则　　　　　　　　　　$\dot{I}_R = 3 \angle 0° = 3 \text{ A}$

$$\dot{I}_C = 4 \angle 90° = j4 \text{ A}$$

由 KCL 得:　　　　$\dot{I} = \dot{I}_R + \dot{I}_C = 3 + j4 = 5 \angle 53.1° \text{ A}$

电流表的读数为 5 A。

2.5.3　阻抗的连接

1. 阻抗的串联

阻抗串联电路如图 2-33 所示,根据相量形式的 KVL 可得:

$$\dot{U} = \dot{U}_1 + \dot{U}_2 + \dot{U}_3 = (Z_1 + Z_2 + Z_3)\dot{I} = Z\dot{I}$$
$$Z = Z_1 + Z_2 + Z_3 \tag{2-45}$$

式中:Z 为全电路的等效阻抗,它等于各复阻抗之和。

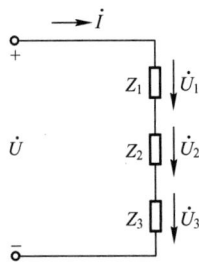

图 2-33　阻抗串联电路

如果把各阻抗用 R 与 X 串联来表示,

即　　　　$Z_1 = R_1 + jX_1$　　　$Z_2 = R_2 + jX_2$　　　$Z_3 = R_3 + jX_3$

则　　　　$Z = (R_1 + R_2 + R_3) + j(X_1 + X_2 + X_3) = R + jX$

式中:　　　　　　　　$R = R_1 + R_2 + R_3$　　　　$X = X_1 + X_2 + X_3$

因此,串联阻抗的等效电阻等于各电阻之和,等效电抗等于各电抗的代数和。故等效阻抗的模为:

$$|Z| = \sqrt{(R_1 + R_2 + R_3)^2 + (X_1 + X_2 + X_3)^2}$$

阻抗角为:

$$\varphi = \arctan \frac{X_1 + X_2 + X_3}{R_1 + R_2 + R_3}$$

阻抗串联时的分压公式为:

$$\dot{U}_1 = \frac{Z_1}{Z} \dot{U}$$

　　其公式与直流电路相似,所不同的是电压、电流均为相量,Z 为复数。

　　【例 2-12】 设三个复阻抗串联电路如图 2-34 所示,已知 $Z_1 = (5 + j10)\ \Omega$, $Z_2 = (10 - j15)\ \Omega$, $Z_3 = -j9\ \Omega$,电源电压 $\dot{U} = 40 \underline{/30^\circ}$ V,试求等效复阻抗 Z,电流 $\dot{I}$ 和电压 $\dot{U}_1$, $\dot{U}_2$, $\dot{U}_3$ 并画出相量图。

　　解: 复阻抗 $Z = Z_1 + Z_2 + Z_3$

$$\begin{aligned}
&= 5 + j10 + 10 - j15 - j9 \\
&= 15 - j14 \\
&= 20.5 \underline{/-43^\circ}\ \Omega
\end{aligned}$$

$$\dot{I} = \frac{\dot{U}}{Z} = \frac{40 \underline{/30^\circ}}{20.5 \underline{/-43^\circ}} = 1.95 \underline{/73^\circ}\ \text{A}$$

图 2-34　例 2-12 图

$$\dot{U}_1 = Z_1 \dot{I} = (5 + j10) \times 1.95 \underline{/73^\circ} = 21.8 \underline{/136.4^\circ}\ \text{V}$$

$$\dot{U}_2 = Z_2 \dot{I} = (10 - j15) \times 1.95 \underline{/73^\circ} = 35.2 \underline{/16.7^\circ}\ \text{V}$$

$$\dot{U}_3 = Z_3 \dot{I} = -j9 \times 1.95 \underline{/73^\circ} = 17.6 \underline{/-17^\circ}\ \text{V}$$

相量图如图 2-34 所示。

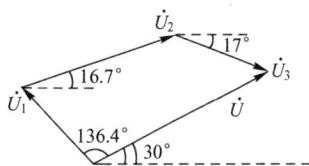

2. 阻抗的并联

　　阻抗并联电路如图 2-35 所示,根据相量形式的 KCL 得:

$$\dot{I} = \dot{I}_1 + \dot{I}_2 + \dot{I}_3 = \left(\frac{1}{Z_1} + \frac{1}{Z_2} + \frac{1}{Z_3} \right) \dot{U} = \frac{\dot{U}}{Z}$$

　　式中:

$$\frac{1}{Z} = \frac{1}{Z_1} + \frac{1}{Z_2} + \frac{1}{Z_3} \tag{2-46}$$

图 2-35　阻抗并联电路

　　几个复阻抗并联时,全电路的等效复阻抗的倒数等于各复阻抗的倒数之和。

　　若用导纳表示,则为:

$$Y = Y_1 + Y_2 + Y_3 \tag{2-47}$$

也就是说,几个复导纳并联时,等效复导纳等于各复导纳之和。当两个复阻抗并联时,其等效阻抗也可用下式计算:

$$Z = \frac{Z_1 Z_2}{Z_1 + Z_2}$$

　　【例 2-13】 电路如图 2-36(a)所示。已知 $R_1 = 3\ \Omega$, $X_L = 4\ \Omega$, $X_C = 2\ \Omega$, $R_3 = 10\ \Omega$, $\dot{U} = 20 \underline{/0^\circ}$ V,试求电路的等效复阻抗,总电流 $\dot{I}$ 和支路电流 $\dot{I}_1$、$\dot{I}_2$、$\dot{I}_3$,并画出相量图。

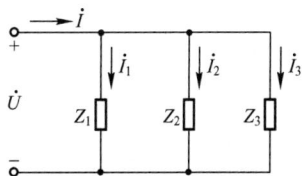

解：

$$Y = Y_1 + Y_2 + Y_3$$

$$= \frac{1}{Z_1} + \frac{1}{Z_2} + \frac{1}{Z_3}$$

$$= \frac{1}{3+j4} + \frac{1}{-j2} + \frac{1}{10}$$

$$= \frac{3}{25} - j\frac{4}{25} + j\frac{1}{2} + \frac{1}{10}$$

$$= \frac{11}{50} + j\frac{17}{50}$$

$$= 0.22 + j0.34 (\text{S})$$

$$Z = \frac{1}{Y} = \frac{1}{0.22 + j0.34} = 1.34 - j2.17 = 2.46 \angle -57.1° \ \Omega$$

$$\dot{I} = \frac{\dot{U}}{Z} = \frac{20 \angle 0°}{2.46 \angle -57.1°} = 8.1 \angle 57.1° \ \text{A}$$

$$\dot{I}_1 = \frac{\dot{U}}{Z_1} = \frac{20 \angle 0°}{3+j4} = 4 \angle -53.1° \ \text{A}$$

$$\dot{I}_2 = \frac{\dot{U}}{Z_2} = \frac{20 \angle 0°}{-j2} = 10 \angle 90° \ \text{A}$$

$$\dot{I}_3 = \frac{\dot{U}}{Z_3} = \frac{20 \angle 0°}{10} = 2 \angle 0° \ \text{A}$$

相量图如图 2-36(b)所示。

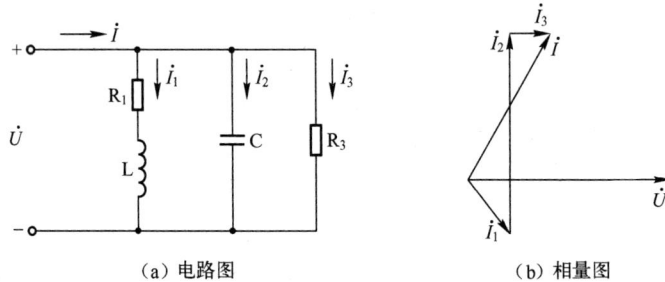

(a) 电路图　　　　　(b) 相量图

图 2-36　例 2-13 图

3. 阻抗混联电路

阻抗混联的电路的分析方法可按照直流电路的方法进行。

【例 2-14】 在图 2-37 中，已知 $R = 10 \ \Omega$，$L = 40 \ \text{mH}$，$C = 10 \ \mu\text{F}$，$R_1 = 50 \ \Omega$，$\dot{U} = 100 \angle 0° \ \text{V}$，$\omega = 1\,000 \ \text{rad/s}$，试求各支路电流。

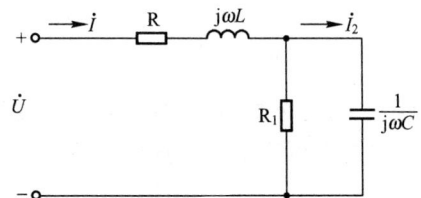

图 2-37　例 2-14 图

解：(1) 首先计算全电路的等效阻抗 Z：

$$X_L = \omega L = 1\,000 \times 40 \times 10^{-3} = 40\ \Omega$$

$$X_C = \frac{1}{\omega C} = \frac{1}{1\,000 \times 10 \times 10^{-6}} = 100\ \Omega$$

$$Z = R + jX_L + \frac{R_1(-jX_C)}{R_1 - jX_C}$$

$$= 10 + j40 + \frac{50 \times (-j100)}{50 - j100}$$

$$= 10 + j40 + 40 - j20$$

$$= 50 + j20 = 53.9\ \underline{/21.8^\circ}\ \Omega$$

（2）计算电路总电流：

$$\dot{I} = \frac{\dot{U}}{Z} = \frac{100\ \underline{/0^\circ}}{53.9\ \underline{/21.8^\circ}} = 1.86\ \underline{/-21.8^\circ}\ \text{A}$$

（3）利用分流公式计算各支路电流：

$$\dot{I}_1 = \frac{-jX_C}{R_1 - jX_C}\dot{I} = \frac{-j100}{50 - j100} \times 1.86\ \underline{/21.8^\circ} = 1.66\ \underline{/-48.4^\circ}\ \text{A}$$

$$\dot{I}_2 = \frac{R_1}{R_1 - jX_C}\dot{I} = \frac{50}{50 - j100} \times 1.86\ \underline{/21.8^\circ} = 0.83\ \underline{/41.6^\circ}\ \text{A}$$

或

$$\dot{I}_2 = \dot{I} - \dot{I}_1 = 1.86\ \underline{/21.8^\circ} - 1.66\ \underline{/-48.4^\circ} = 0.83\ \underline{/41.6^\circ}\ \text{A}$$

从上例可以看出，阻抗串、并联交流电路的计算同直流电路的电阻串、并联方法相同，所不同的是电阻用复阻抗来代替，电压、电流用相量代替，且计算比较复杂。读者可借助于函数计算器中的复数计算（CPLX）功能来进行。

2.6 用相量法分析复杂交流电路

分析直流电路的各种方法和定理在形式上同样能适用于分析复杂交流电路。本节通过例题说明如何应用支路电流法、戴维南定理等来分析复杂正弦交流电路。

【例 2-15】 在图 2-38 所示电路中，已知 $\dot{U}_{S1} = 100$ V，$\dot{U}_{S2} = 100\ \underline{/90^\circ}$ V，$R = 50\ \Omega$，$X_L = 5\ \Omega$，$X_C = 2\ \Omega$，试用支路电流法求支路电流。

解：选定支路电流参考方向如图 2-38 所示。

列出回路电流方程：

$$\begin{cases} \dot{I}_1 - \dot{I}_2 - \dot{I}_3 = 0 \\ (-jX_C)\dot{I}_1 + R\dot{I}_3 = \dot{U}_{S1} \\ -R\dot{I}_3 + (jX_L)\dot{I}_2 = -\dot{U}_{S2} \end{cases}$$

代入数据得：

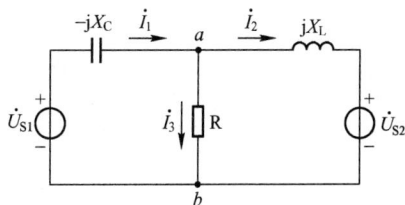

图 2-38 例 2-15 图

$$\begin{cases} \dot{I}_1 - \dot{I}_2 - \dot{I}_3 = 0 \\ (-\text{j}2)\dot{I}_1 + 5\dot{I}_3 = 100 \\ -5\dot{I}_3 + (\text{j}5)\dot{I}_2 = -100\ \underline{/90^\circ} \end{cases}$$

对以上方程求解得：

$$\dot{I}_1 = 27.8\ \underline{/-56.3^\circ}\ \text{A}$$

$$\dot{I}_2 = 32.3\ \underline{/-115.4^\circ}\ \text{A}$$

$$\dot{I}_3 = 29.9\ \underline{/-11.9^\circ}\ \text{A}$$

【例 2-16】 电路如图 2-39 所示,已知 $R = 5\ \Omega$ 用戴维南定理求支路电流 $\dot{I}_3$。

解:将待求支路(R 支路)引出,其余部分用戴维南等效电路(即等效电压源)来代替,整理后电路如图 2-39(a)所示。

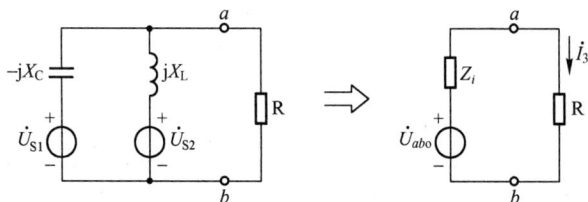

图 2-39　例 2-16 图

(1) 先求开路电压 $\dot{U}_{abo}$。

$$\dot{U}_{abo} = \frac{\dot{U}_{S1} - \dot{U}_{S2}}{\text{j}(X_L - X_C)} \times \text{j}X_L + \dot{U}_{S2} = 179.7\ \underline{/-21.8^\circ}\ \text{V}$$

(2) 求入端阻抗(将电压源 $\dot{U}_{S1}$,$\dot{U}_{S2}$ 短路处理)。

$$Z_i = \frac{\text{j}X_L(-\text{j}X_C)}{\text{j}X_L - \text{j}X_C} = \frac{\text{j}5(-\text{j}2)}{\text{j}5 - \text{j}2} = -\text{j}3.33\ \Omega$$

(3) 求电流 $\dot{I}_3 = \dfrac{\dot{U}_{abo}}{Z_i + R} = \dfrac{179.7\ \underline{/21.8^\circ}}{-\text{j}3.33 + 5} = 29.9\ \underline{/11.9^\circ}\ \text{A}$

【例 2-17】 如图 2-40 所示为交流电桥测试线圈的电阻 R_x 和电感 L_x 的线路。R_A、R_B、R_n、C_n 均已知,试求交流电桥平衡时的 R_x 和 L_x 值。

解:与直流电桥类似,一般交流电桥平衡的条件是:

$$Z_1 Z_4 = Z_2 Z_3$$

式中：

$$Z_1 = R_A$$

$$\frac{1}{Z_2} = \frac{1}{R_n} + \text{j}\omega C_n = \frac{1 + \text{j}\omega C_n R_n}{R_n}$$

$$Z_3 = R_x + \text{j}\omega L_x$$

$$Z_4 = R_B$$

所以：

$$\left(\frac{R_n}{1 + \text{j}\omega C_n R_n}\right)(R_x + \text{j}\omega L_x) = R_A R_B$$

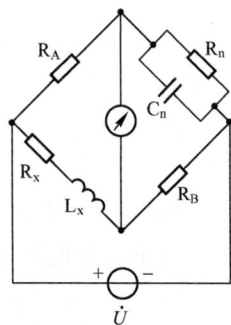

图 2-40　例 2-17 交流
电桥测量原理图

$$R_n R_x + j\omega L_x R_n = R_A R_B + j\omega C_n R_n R_A R_B$$

上式等号两边的实部和虚部应分别相等,

得

$$\begin{cases} R_x = R_A R_B / R_n \\ L_x = C_n R_A R_B \end{cases}$$

2.7 正弦交流电路中的功率及功率因数的提高

在 2.3 节中分析了电阻、电感及电容单一元件的功率,本节将分析正弦交流电路中功率的一般情况。

2.7.1 有功功率、无功功率、视在功率和功率因数

设有一个二端网络,取电压、电流参考方向如图 2-41 所示,则网络在任一瞬间时吸收的功率即瞬时功率为:

$$p(t) = u(t) \cdot i(t)$$

设:

$$u(t) = \sqrt{2} U \sin(\omega t + \varphi)$$

$$i(t) = \sqrt{2} I \sin \omega t$$

其中 φ 为电压与电流的相位差。

图 2-41 二端网络

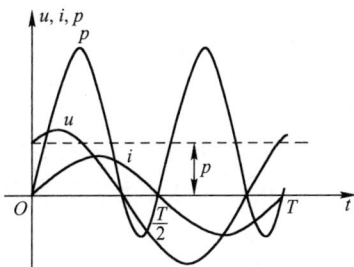

$$\begin{aligned} p(t) &= u(t) \cdot i(t) \\ &= \sqrt{2} U \sin(\omega t + \varphi) \cdot \sqrt{2} I \sin \omega t \\ &= UI \cos \varphi - UI \cos(2\omega t + \varphi) \end{aligned} \tag{2-48}$$

其波形图如图 2-42 所示。

瞬时功率有时为正值,有时为负值,表示网络有时从外部接受能量,有时向外部发出能量。如果所考虑的二端网络内不含有独立源,这种能量交换的现象就是网络内储能元件所引起的。二端网络所吸收的平均功率 P 为瞬时功率 $p(t)$ 在一个周期内的平均值,

$$P = \frac{1}{T} \int_0^T p \, dt$$

将式(2-48)代入上式得:

$$P = \frac{1}{T} \int_0^T [UI \cos \varphi - UI \cos(\omega t + \varphi)] dt = UI \cos \varphi \tag{2-49}$$

可见,正弦交流电路的有功功率等于电压、电流的有效值和电压、电流相位差角余弦的乘积。

$\cos \varphi$ 称为二端网络的功率因数,用 λ 表示,即 $\lambda =$

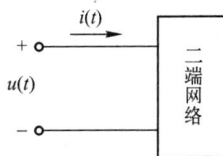

图 2-42 瞬时功率波形图

$\cos\varphi$，φ 称为功率因数角。在二端网络为纯电阻情况下，$\varphi=0$，功率因数 $\cos\varphi=1$，网络吸收的有功功率 $P_R=UI$；当二端网络为纯电抗情况下，$\varphi=\pm90°$，功率因数 $\cos\varphi=0$，则网络吸收的有功功率 $P_x=0$，这与前面 2.3 节的结果完全一致。

在一般情况下，二端网络的 $Z=R+\mathrm{j}X$，$\varphi=\arctan\dfrac{X}{R}$，$\cos\varphi\neq0$，即 $P=UI\cos\varphi$。

二端网络两端的电压 U 和电流 I 的乘积 UI 也是功率的量纲，因此，把乘积 UI 称为该网络的视在功率，用符号 S 来表示，即

$$S=UI \tag{2-50}$$

为与有功功率区别，视在功率的单位用伏安（V·A）。视在功率也称容量，例如一台变压器的容量为 4 000 kV·A，而此变压器能输出多少有功功率，要视负载的功率因数而定。

在正弦交流电路中，除了有功功率和视在功率外，无功功率也是一个重要的量。即

$$Q=U_x I$$

而 $U_x=U\sin\varphi$

所以无功功率

$$Q=UI\sin\varphi \tag{2-51}$$

当 $\varphi=0$ 时，二端网络为一等效电阻，电阻总是从电源获得能量，没有能量的交换；

当 $\varphi\neq0$ 时，说明二端网络中必有储能元件，因此，二端网络与电源间有能量的交换。对于感性负载，电压超前电流，$\varphi>0$，$Q>0$；对于容性负载，电压滞后电流，$\varphi<0$，$Q<0$。

2.7.2　功率因数的提高

电源的额定输出功率为 $P_N=S_N\cos\varphi$，它除了决定于本身容量（即额定视在功率）外，还与负载功率因数有关。若负载功率因数低，电源输出功率将减小，这显然是不利的。因此，为了充分利用电源设备的容量，应该设法提高负载网络的功率因数。

另外，若负载功率因数低，电源在供给有功功率的同时，还要提供足够的无功功率，致使供电线路电流增大，从而造成线路上能耗增大。可见，提高功率因数有很大的经济意义。

功率因数不高的原因，主要是由于大量电感性负载的存在。工厂生产中广泛使用的三相异步电动机就相当于电感性负载。为了提高功率因数，可以从两个基本方面来着手：一方面是改进用电设备的功率因数，但这主要涉及更换或改进设备；另一方面是在感性负载的两端并联适当大小的电容器。

下面分析利用并联电容器来提高功率因数的方法。

原负载为感性负载，其功率因数为 $\cos\varphi$，电流为 $\dot{I}_1$，在其两端并联电容器 C，电路如图 2-43（a）所示，并联电容以后，并不影响原负载的工作状态。从相量图可知由于电容电流补偿了负载中的无功电流，使总电流减小，电路的总功率因数提高了，如图 2-43（b）所示。

设有一感性负载的端电压为 U，功率为 P，功率因数 $\cos\varphi_1$，为了使功率因数提高到 $\cos\varphi$，由于并联电容 C 前后 P 值不变可推导所需并联电容 C 的计算公式：

$$I_1 \cos\varphi_1 = I\cos\varphi = \frac{P}{U}$$

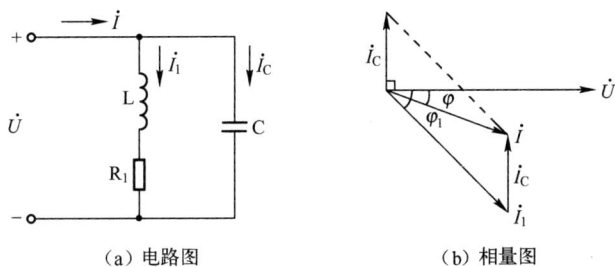

（a）电路图　　　　　（b）相量图

图 2-43　并联电容提高功率因数

流过电容的电流为：

$$I_C = I_1 \sin\varphi_1 - I\sin\varphi = \frac{P}{U}(\tan\varphi_1 - \tan\varphi)$$

又因：

$$I_C = U\omega C$$

所以：

$$C = \frac{P}{\omega U^2}(\tan\varphi_1 - \tan\varphi) \tag{2-52}$$

【例 2-18】两个负载并联，接到 220 V、50 Hz 的电源上。一个负载的功率 $P_1 = 2.8$ kW，功率因数 $\cos\varphi_1 = 0.8$（感性），另一个负载的功率 $P_2 = 2.42$ kW，功率因数 $\cos\varphi_2 = 0.5$（感性）。试求：

（1）电路的总电流和总功率因数；

（2）电路消耗的总功率；

（3）要使电路的功率因数提高到 0.92，需并联多大的电容？此时，电路的总电流为多少？

（4）再把电路的功率因数从 0.92 提高到 1，需并联多大的电容？

解：（1）

$$I_1 = \frac{P_1}{U\cos\varphi_1} = \frac{2\,800}{220 \times 0.8} = 15.9 \text{ A}$$

$$\cos\varphi_1 = 0.8 \quad \varphi_1 = 36.9°$$

$$I_2 = \frac{P_2}{U\cos\varphi_2} = \frac{2\,420}{220 \times 0.5} = 22 \text{ A}$$

$$\cos\varphi_2 = 0.5 \quad \varphi_2 = 60°$$

设电源电压 $\dot{U} = 220\angle 0°$ V，

则

$$\dot{I}_1 = 15.9\angle{-36.9°} \text{ A}$$

$$\dot{I}_2 = 22\angle{-60°} \text{ A}$$

$$\dot{I} = \dot{I}_1 + \dot{I}_2 = 15.9\angle{-36.9°} + 22\angle{-60°} = 37.1\angle{-50.3°} \text{ A}$$

$$I = 37.1 \text{ A}$$

$$\varphi' = 50.3° \quad \cos\varphi' = 0.64$$

（2）

$$P = P_1 + P_2 = 2.8 + 2.42 = 5.22 \text{ kW}$$

（3）

$$\cos\varphi = 0.92 \quad \varphi = 23.1°$$

$$\cos \varphi' = 0.64 \quad \varphi' = 50.3°$$

$$C = \frac{P}{\omega U^2}(\tan 50.3° - \tan 23.1°)$$

$$= 0.000\ 34(1.2 - 0.426) = 263\ \mu F$$

$$I = \frac{P}{U\cos \varphi} = \frac{5\ 220}{220 \times 0.92} = 25.8\ A$$

(4) $$\cos \varphi' = 0.92 \quad \varphi' = 23.1°$$

$$\cos \varphi = 1 \quad \varphi = 0°$$

$$C' = \frac{P}{\omega U^2}(\tan 23.1° - \tan 0°)$$

$$= 0.000\ 34(0.426 - 0) = 144.8\ \mu F$$

由上例计算可以看出,将功率因数从 0.92 提高到 1,仅提高了 0.08,补偿电容需要 144.8 μF,将增大设备的投资。

在实际生产中并不要把功率因数提高到 1,因为这样做需要并联的电容较大,功率因数提高到什么程度为宜,只能在作具体的技术经济比较之后才能决定。通常只将功率因数提高到 0.9~0.95 之间。

2.8 正弦交流电路负载获得最大功率的条件

在图 2-44 所示电路中,U_s 为信号源的电压相量,$Z_i = R_i + jX_i$ 为信号源的内阻抗,$Z = R + jX$ 为负载阻抗。

负载中的电流为:

$$\dot{I} = \frac{U_s}{Z_i + Z} = \frac{U_s}{(R_i + R) + j(X_i + X)}$$

于是,电流的有效值为:

$$I = \frac{U_s}{\sqrt{(R_i + R)^2 + (X_i + X)^2}}$$

负载吸取的平均功率:

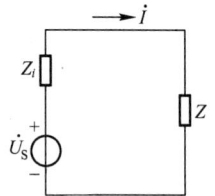

图 2-44　电路图

$$P = I^2 R = \frac{U_s^2 R}{(R_i + R)^2 + (X_i + X)^2} \qquad (2\text{-}53)$$

如果负载的电抗 X 和电阻 R 均可调,则首先选择负载电抗 $X = -X_i$,

使功率 P 为:$P = \frac{U_s^2 R}{(R_i + R)^2}$

其次是确定 R 值,将 P 对 R 求导数得:

$$\frac{dP}{dR} = U_s^2 \left[\frac{1}{(R_i + R)^2} - \frac{2R}{(R_i + R)^3}\right]$$

令:

$$\frac{dP}{dR} = 0$$

解得：

$$R=R_i$$

因而负载能获得最大功率的条件为：

$$X=-X_i \qquad R=R_i$$

即
$$Z=Z_i^* \tag{2-54}$$

当上式成立时,也称负载阻抗与电源阻抗匹配。

负载所得最大功率为：

$$P_{max}=\frac{U_S^2}{4R_i} \tag{2-55}$$

在阻抗匹配电路中,负载得到的最大功率仅是电源输出功率的一半。即阻抗匹配电路的传输效率为 50%,所以阻抗匹配电路只能用于一些小功率电路,而对于电力系统来说,首要的问题是效率,则不能考虑匹配。

习　　题

2-1　正弦量的三要素是什么？

2-2　已知 $i=10\sin(100\pi-30°)(A)$,试求其有效值、频率和初相位。

2-3　已知三个电流的瞬时值分别为：

$$i_1=5\sin(\omega t+30°)(A)$$
$$i_2=10\sin(\omega t+60°)(A)$$
$$i_3=3\sin\omega t(A)$$

画出它们的相量图,以 i_1 为参考电流,指出它们之间的相位关系。

2-4　已知 $\dot{I}_1=(3+j4)(A)$,$\dot{I}_2=(3-j4)(A)$,角频率都是 ω。写出 i_1 和 i_2 的正弦函数表达式。

2-5　已知 $u_1=70.7\sin(\omega t+150°)(V)$,$\dot{U}_2=50\ \underline{/30°}\ V$,角频率与 u_1 相同。写出 $\dot{U}_1$ 和 u_2 的表达式;计算它们的函数和。

2-6　已知 $i_1=10\sin(\omega t+30°)(A)$,$i_2=10\sin(\omega t+60°)(A)$,用相量法求它们的和及差。

2-7　在图 2-45 中,已知 $I_1=10\ A$,$I_2=20\ A$,$U=100\ V$。(1)写出 i_1、i_2、u 的正弦函数表达式;(2)求电流和的有效值;(3)求电流差的有效值。

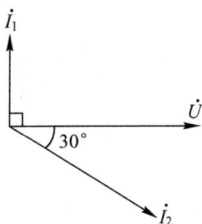

图 2-45　题 2-7 图

2-8 在图 2-46 中，已知 $R=10\ \Omega$，$u=141\sin(314t+30°)(\mathrm{V})$，求电流表和电压表的读数。

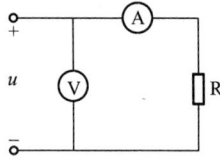

图 2-46 题 2-8 图

2-9 已知线圈的电感 $L=100\ \mathrm{mH}$，电阻不计。当线圈电流为 $i=14.1\sin(314t+30°)(\mathrm{mA})$ 时，求感抗 X_{L} 及线圈电压 $\dot{U}$。

2-10 当线圈接在 60 V 直流电源上时电流为 10 A，接在 50 Hz、60 V 交流电源时电流为 6 A。求线圈电阻 R、感抗 X_{L} 和电感 L。

2-11 已知负载的阻抗 $Z=(25+\mathrm{j}43.3)(\Omega)$，$\dot{U}=50\ \underline{/0°}\ \mathrm{V}$。(1)求负载电流 I；(2)求相位差角。

2-12 已知负载电压 $\dot{U}=100\ \underline{/0°}\ \mathrm{V}$，电流 $\dot{I}=50\ \underline{/60°}\ \mathrm{A}$。求阻抗 Z，判断负载性质。

2-13 已知电阻炉额定电压为 100 V，功率为 1 000 W，串联一个电阻为 4 Ω 的线圈以后接在 220 V 的交流电源上。已知 $L=40\ \mathrm{mH}$，工频。求：(1)线圈感抗；(2)电流；(3)线圈电压。

2-14 在 R_1、X_{L} 与 R_2、X_{C} 串联的电路中，已知 $R_1=10\ \Omega$，$X_{\mathrm{L}}=4\ \Omega$，电源电压 $\dot{U}=100\ \underline{/-120°}\ \mathrm{V}$，电感电压 $U_{\mathrm{L}}=20\ \underline{/0°}\ \mathrm{V}$。(1)画出电路图和相量图；(2)求 R_2 和 X_{C}。

2-15 在图 2-47 中，已知 $R_1=2\ \Omega$，$X_{\mathrm{C}}=80\ \Omega$，$\dot{U}=100\ \underline{/60°}\ \mathrm{V}$，$\dot{I}=10\ \underline{/0°}\ \mathrm{A}$。(1)求 R_2 和 X_{L}；(2)求 $\dot{U}_1$、$\dot{U}_{\mathrm{C}}$、$\dot{U}_{\mathrm{L}}$、$\dot{U}_2$；(3) 画出电流及各电压的相量图。

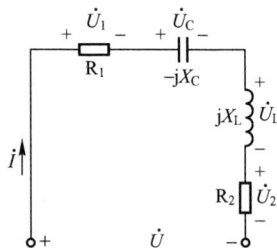

图 2-47 题 2-15 图

2-16 图 2-48 为移相电路，已知电压 $U_1=10\ \mathrm{mV}$，$f=1\ 000\ \mathrm{Hz}$，$C=0.01\ \mu\mathrm{F}$。要使 u_2 的相位超前于 u_1 60°，求 R 和 U_2。

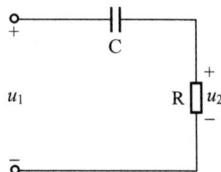

图 2-48 题 2-16 图

2-17　在图 2-49 中，已知 u_1 的频率 $f=1\ 000$ Hz，$R=1$ kΩ。要使 u_C 滞后 u_1 45°。求 C 的数值。

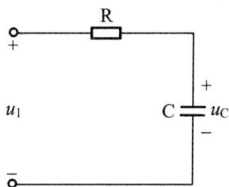

图 2-49　题 2-17 图

2-18　在图 2-50 中，已知 $R_1=R_2$，$X_L=X_C$。利用相量图证明 $\dot{U}_{ab}$ 与 $\dot{U}$ 间的相位差为 90°。

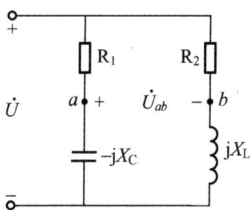

图 2-50　题 2-18 图

2-19　在图 2-51 中，已知 $\dot{U}=220\underline{/0^\circ}$ V，$R_1=3$ Ω，$X_1=4$ Ω，$R_2=8$ Ω，$X_2=6$ Ω。求 $\dot{I}_1$、$\dot{I}_2$ 和 $\dot{I}$。

2-20　在图 2-51 中，若已知条件与上题相同，求 $\dot{U}_{ab}$。

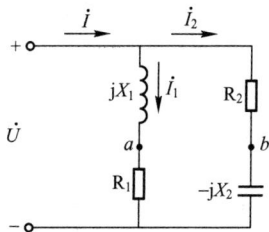

图 2-51　题 2-19 图

2-21　在图 2-52 中，已知正弦电压的频率 $f=50$ Hz，$L=0.03$ H。若使开关 S 闭合或开断时电流表读数不变，C 应是多少微法？

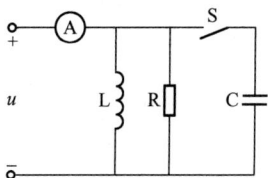

图 2-52　题 2-21 图

2-22　在图 2-53 中，已知正弦电压 $U=20$ V，$f=50$ Hz，$R=3$ Ω，$X_L=4$ Ω。要求开关 S 闭合或开断时电流表的读数不变，求 C 的数值和电流表读数。

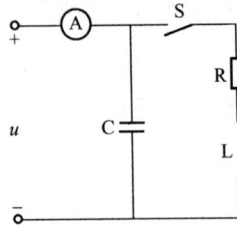

图 2-53　题 2-22 图

2-23　在图 2-54 中,已知 $\dot{I}_S = 10 \angle 0°$, $R_1 = R_2 = 4\ \Omega$, $X_1 = X_2 = 3\ \Omega$。求 $\dot{I}_1$、$\dot{I}_2$ 和 $\dot{I}_{ab}$,画出相量图。

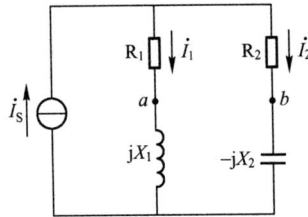

图 2-54　题 2-23 图

2-24　在图 2-55 中为日光灯与白炽灯并联的电路,图中 R_1 为灯管电阻,X_L 为镇流器感抗,R_2 为白炽灯电阻。已知 $U = 220\ V$,镇流器电阻不计,灯管功率为 40 W,功率因数为 0.5;白炽灯功率为 60 W。求 I_1、I_2、I 及总的功率因数。

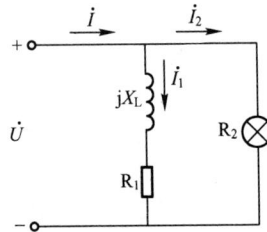

图 2-55　题 2-24 图

2-25　已知日光灯工作时灯管电阻为 530 Ω,镇流器电阻为 120 Ω,感抗为 600 Ω,电源电压为 220 V。求工作电流、镇流器电压、灯管电压及功率因数。

2-26　在图 2-56 中,已知 $U = 220\ V$,Z_1 的功率 $P_1 = 2\ 400\ W$,$\cos \varphi_1 = 0.5$。又知 $I = \sqrt{3}\,I_1$,总功率因数为 0.866,电感性。求 Z_2。

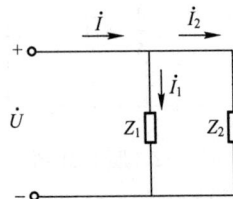

图 2-56　题 2-26 图

2-27　额定值为 220 V,40 W 日光灯的电流为 0.45 A,并联 4.75 μF 电容器以后接在 220 V,50 Hz 电源上。镇流器电阻不计,计算并联电容器以前和并联以后电路的功率因数。

2-28　已知电感性负载的有功功率为 300 kW,功率因数为 0.65,若要将功率因数提高到 0.9,求并联电容器的无功功率。

2-29　上题中若电源电压 $U=220$ V,$f=50$ Hz,求电容量。

第3章　三相正弦交流电路

本章要点

1. 掌握三相负载星形连接电流、电压的计算。
2. 掌握三相负载三角形连接电流、电压的计算。
3. 三相电路功率的计算及中线的作用。

3.1　三相电源

三相电源是具有三个频率相同、幅值相等但相位不同的电动势的电源,用三相电源供电的电路就称为三相电路。

3.1.1　三相电动势的产生

在电力工业中,三相电路中的电源通常是三相发电机,由它可以获得三个频率相同、幅值相等、相位互差120°的电动势,这样的发电机称为对称三相电源。图3-1是三相同步发电机的原理图。

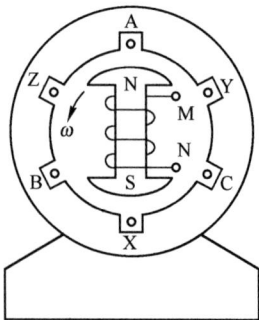

图3-1　三相同步发电机原理图

三相发电机中转子上的励磁线圈 MN 内通有直流电流,使转子成为一个电磁铁。在定子内侧面、空间相隔120°的槽内装有三个完全相同的线圈 AX、BY、CZ。转子与定子间磁场被设计成正弦分布。当转子以角速度 ω 转动时,三个线圈中便感应出频率相同、幅值相等、相位互差 120°的三个电动势。有这样的三个电动势的发电机便构成一对称三相电源。

对称三相电源的瞬时值表达式(以 u_A 为参考正弦量)为:

$$\left.\begin{array}{l} u_A=\sqrt{2}U\sin(\omega t) \\ u_B=\sqrt{2}U\sin(\omega t-120°) \\ u_C=\sqrt{2}U\sin(\omega t+120°) \end{array}\right\} \tag{3-1}$$

三相发电机中三个线圈的首端分别用 A、B、C 表示;尾端分别用 X、Y、Z 表示。三相电压的参考方向为首端指向尾端。对称三相电源的电路符号如图 3-2 所示。

它们的相量形式为:

$$\left.\begin{array}{l} \dot{U}_A=U\underline{/0°} \\ \dot{U}_B=U\underline{/-120°} \\ \dot{U}_C=U\underline{/+120°} \end{array}\right\} \tag{3-2}$$

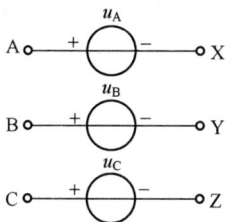

图 3-2　对称三相电源的电路符号

对称三相电压的波形图和相量图如图 3-3 和图 3-4 所示。

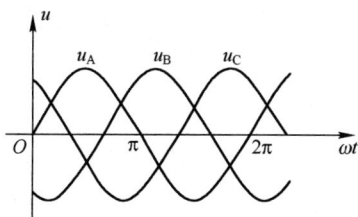

图 3-3　对称三相电压的波形图

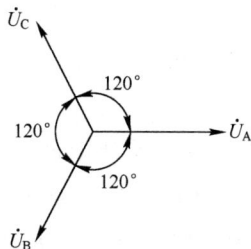

图 3-4　对称三相电压的相量图

对称三相电压三个电压的瞬时值之和为零,即

$$u_A + u_B + u_C = 0 \qquad (3-3)$$

三个电压的相量之和亦为零,即

$$\dot{U}_A + \dot{U}_B + \dot{U}_C = 0 \qquad (3-4)$$

这是对称三相电源的重要特点。

通常三相发电机产生的都是对称三相电源。本书今后若无特殊说明,提到的三相电源均为对称三相电源。

3.1.2　相序

三相电源中每一相电压经过同一值(如正的最大值)的先后次序称为相序。从图3-3可以看出,其三相电压到达最大值的次序依次为 u_A、u_B、u_C,其相序为 A—B—C—A,称为顺序或正序。若将发电机转子反转,则:

$$\begin{cases} u_A = \sqrt{2}U\sin\omega t \\ u_C = \sqrt{2}U\sin(\omega t - 120°) \\ u_B = \sqrt{2}U\sin(\omega t + 120°) \end{cases}$$

则相序为 A—C—B—A,称为逆序或负序。

工程上常用的相序是顺序,如果不加以说明,都是指顺序。工业上通常在交流发电机的三相引出线及配电装置的三相母线上,涂有黄、绿、红三种颜色,分别表示 A、B、C 三相。

3.2　三相电源的连接

将三相电源的三个绕组以一定的方式连接起来就构成三相电路的电源。通常的连接方式有星形(丫形)连接和三角形(△形)连接。对三相发电机来说,通常采用星形连接。

3.2.1　三相电源的星形连接

将对称三相电源的尾端 X、Y、Z 联在一起,首端 A、B、C 引出做输出线,这种连接称为三相电源的星形连接。如图 3-5 所示。

连接在一起的 X、Y、Z 点称为三相电源的中点,用 N 表示,从中点引出的线称为中线。三个电源首端 A、B、C 引出的线称为端线(俗称火线)。

电源每相绕组两端的电压称为电源的相电压,电源相电压用符号 u_A、u_B、u_C 表示;而端线之间的电压称为线电压,用 u_{AB}、u_{BC}、u_{CA} 表示。规定线电压的方向是由 A 线指向 B

线,B 线指向 C 线,C 线指向 A 线。下面分析星形连接时对称三相电源线电压与相电压的关系。

根据图 3-5,由 KVL 可得,三相电源的线电压与相电压有以下关系：

$$\left.\begin{array}{l} u_{AB}=u_A-u_B \\ u_{BC}=u_B-u_C \\ u_{CA}=u_C-u_A \end{array}\right\} \tag{3-5}$$

假设：
$$\dot{U}_A=U\underline{/0°},\dot{U}_B=U\underline{/-120°},\dot{U}_C=U\underline{/120°}$$

则相量形式为：

$$\left.\begin{array}{l} \dot{U}_{AB}=\dot{U}_A-\dot{U}_B=\sqrt{3}U\underline{/30°}=\sqrt{3}\dot{U}_A\underline{/30°} \\ \dot{U}_{BC}=\dot{U}_B-\dot{U}_C=\sqrt{3}U\underline{/-90°}=\sqrt{3}\dot{U}_B\underline{/30°} \\ \dot{U}_{CA}=\dot{U}_C-\dot{U}_A=\sqrt{3}U\underline{/150°}=\sqrt{3}\dot{U}_C\underline{/30°} \end{array}\right\} \tag{3-6}$$

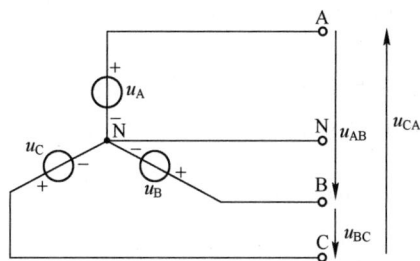

图 3-5 星形连接的对称三相电源

由上式看出,星形连接的对称三相电源的线电压也是对称的。线电压的有效值(U_l)是相电压有效值(U_p)的$\sqrt{3}$倍,即 $U_l=\sqrt{3}U_p$;式中各线电压的相位超前于相应的相电压 30°。其相量图如图 3-6 所示。

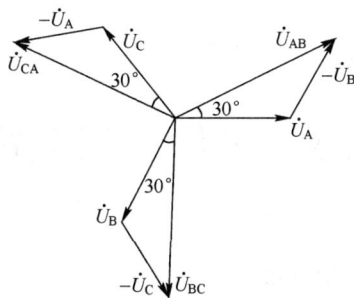

图 3-6 相量图

三相电源星形连接的供电方式有两种,一种是三相四线制(三条端线和一条中线),另一种是三相三线制,即无中线。目前电力网的低压供电系统(又称民用电)为三相四线制,此系统供电的线电压为 380 V,相电压为 220 V,通常写作电源电压 380/220 V。

3.2.2 三相电源的三角形连接

将对称三相电源中的三个单相电源首尾相接,由三个连接点引出三条端线就形成三角形连接的对称三相电源。如图 3-7 所示。

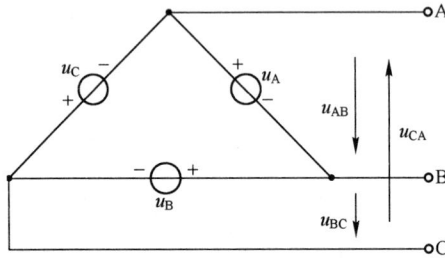

图 3-7 三角形连接的对称三相电源

对称三相电源三角形连接时,只有三条端线,没有中线,它一定是三相三线制。在图 3-7 中可以明显地看出,线电压就是相应的相电压,即

$$\begin{cases} u_{AB}=u_A \\ u_{BC}=u_B \\ u_{CA}=u_C \end{cases} \quad 或 \quad \begin{cases} \dot{U}_{AB}=\dot{U}_A \\ \dot{U}_{BC}=\dot{U}_B \\ \dot{U}_{CA}=\dot{U}_C \end{cases}$$

上式说明三角形连接的对称三相电源,线电压等于相应的相电压。

三相电源三角形连接时,形成一个闭合回路。由于对称三相电源 $\dot{U}_A+\dot{U}_B+\dot{U}_C=0$,所以回路中不会有电流。但若有一相电源极性接反,造成三相电源电压之和不为零,将会在回路中产生很大的电流。所以三相电源作为三角形连接时,连接前必须检查各单相的首尾端。

3.3 对称三相电路

组成三相交流电路的每一相电路是单相交流电路。整个三相交流电路则是由三个单相交流电路所组成的复杂电路,它的分析方法是以单相交流电路的分析方法为基础的。

对称三相电路是由对称三相电源和对称三相负载连接组成。一般电源均为对称电源,因此只要负载是对称三相负载,则该电路为对称三相电路。所谓对称三相负载是指三相负载的三个复阻抗相同。三相负载一般也接成星形或三角形,如图 3-8 所示。

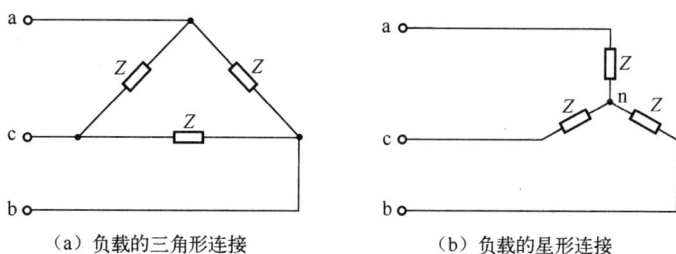

（a）负载的三角形连接　　　　　　（b）负载的星形连接

图 3-8　对称三相负载的连接

3.3.1　负载 Y 连接的对称三相电路

如图 3-9 所示，三相电源作星形连接；三相负载也作星形连接，且有中线。这种连接称 Y—Y 连接的三相四线制。

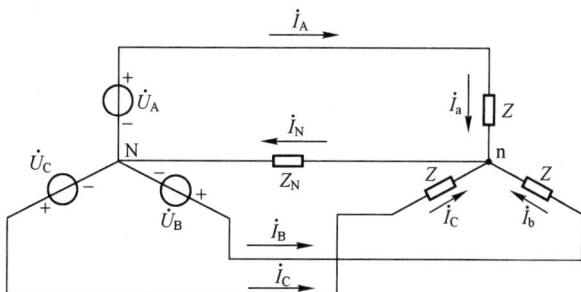

图 3-9　三相四线制

设每相负载阻抗均为 $Z=|Z|\underline{/\varphi}$。N 为电源中点，n 为负载的中点，Nn 为中线。设中线的阻抗为 Z_N。每相负载上的电压称为负载相电压，用 $\dot{U}_{an}$，$\dot{U}_{bn}$，$\dot{U}_{cn}$ 表示；负载端线之间的电压称为负载的线电压，用 $\dot{U}_{ab}$，$\dot{U}_{bc}$，$\dot{U}_{ca}$ 表示。各相负载中的电流称为相电流，用 $\dot{I}_a$，$\dot{I}_b$，$\dot{I}_c$ 表示；火线中的电流称为线电流，用 $\dot{I}_A$，$\dot{I}_B$，$\dot{I}_C$ 表示。线电流的参考方向从电源端指向负载端，中线电流 $\dot{I}_N$ 的参考方向从负载端指向电源端。对于负载 Y 连接的电路，线电流 $\dot{I}_A$ 就是相电流 $\dot{I}_a$。如果不计连接导线的阻抗（$Z_N=0$），则：

$$\dot{U}_{nN}=0$$

负载中点与电源中点等电位，它与中线阻抗的大小无关。由此可得：

$$\left.\begin{aligned}\dot{U}_{an}&=\dot{U}_A\\\dot{U}_{bn}&=\dot{U}_B\\\dot{U}_{cn}&=\dot{U}_C\end{aligned}\right\} \tag{3-7}$$

上式表明：负载相电压等于电源相电压，即负载三相电压也为对称三相电压。若以

$\dot{U}_A$ 为参考相量,则线电流为:

$$\left.\begin{aligned}\dot{I}_A &= \frac{\dot{U}_{an}}{Z} = \frac{\dot{U}_A}{Z} = \frac{U_p}{|Z|}\angle{-\varphi} \\\dot{I}_B &= \frac{\dot{U}_{bn}}{Z} = \frac{\dot{U}_B}{Z} = \frac{U_p}{|Z|}\angle{-\varphi-120°} \\\dot{I}_C &= \frac{\dot{U}_{cn}}{Z} = \frac{\dot{U}_C}{Z} = \frac{U_p}{|Z|}\angle{-\varphi+120°}\end{aligned}\right\} \qquad (3\text{-}8)$$

由于负载阻抗对称,三相电流也是对称的。

由于 $\dot{U}_{nN}=0$,所以负载的线电压与相电压的关系同电源的线电压与相电压的关系相同:

$$\left.\begin{aligned}\dot{U}_{ab} &= \sqrt{3}\dot{U}_{an}\angle{30°} \\\dot{U}_{bc} &= \sqrt{3}\dot{U}_{bn}\angle{30°} \\\dot{U}_{ca} &= \sqrt{3}\dot{U}_{cn}\angle{30°}\end{aligned}\right\} \qquad (3\text{-}9)$$

即

$$U'_1 = \sqrt{3}U'_p \qquad (3\text{-}10)$$

式中 U'_1,U'_p 为负载的线电压和相电压。

当忽略输电线阻抗时,$U'_1=U_1$,$U'_p=U_p$。

综上所述可知,负载星形连接的对称三相电路其负载电压、电流有以下特点:

(1)线电压、相电压,线电流、相电流都是对称的;

(2)线电流等于相电流;

(3)线电压等于 $\sqrt{3}$ 倍的相电压;

(4)中线电流为零。

【例 3-1】某对称三相电路,负载为丫形连接,三相三线制,其电源线电压为 380 V,每相负载阻抗 $Z=(8+j6)\,\Omega$,忽略输电线路阻抗。求负载每相电流,画出负载电压和电流相量图。

解:已知 $U_1=380V$,负载为丫形连接,其电源无论是丫形还是△形连接,都可用等效的丫形连接的三相电源进行分析。

电源相电压
$$U_p = \frac{380}{\sqrt{3}} = 220\ V$$

设
$$\dot{U}_A = 220\angle{0°}\ V$$

则
$$\dot{I}_A = \frac{\dot{U}_A}{Z} = \frac{220\angle{0°}}{8+j6} = 22\angle{-36.9°}\ A$$

根据对称性可得:

$$\dot{I}_B = 22\angle{-36.9°-120°} = 22\angle{-156.9°}\ A$$

$$\dot{I}_C = 22\angle{-36.9°+120°} = 22\angle{83.1°}\ A$$

相量图如图 3-10 所示。

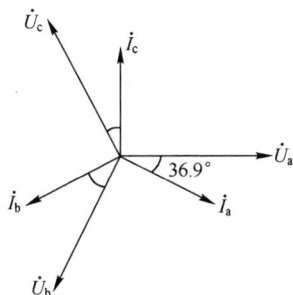

图 3-10　例 3-1 相量图

既然三相对称负载时中性线没有电流,就可以取消中性线。此时,在任一区间,电流总是沿着一根或两根相线流经负载,然后再沿着其余导线返回电源。三相四线制取消中性线后便成为三相三线制。

三相电动机和各相电阻相等的三相电阻炉都是对称的三相负载,可不经中性线运行。由于照明电路不能保证三相负载对称,故必须设置中线,而且要保证中线的可靠性。在供电线路的干线上,中性线不设熔断器和开关。

三相三线制的星形连接只能在三相负载确保对称时采用。否则,在没有中性线的情况下,不对称的各相负载上的电压,将不再等于电源的相电压,有的相偏高,有的相偏低,使负载损坏或不能正常工作。所以中性线的作用是保证星形连接负载的相电压等于电源的相电压。

【例 3-2】 在三相四线制的供电线路中,已知电压为 380/220 V,三相负载都是白炽灯,其中 L1 相电阻 R_1 为 11 Ω,L2 相电阻 R_2 为 22 Ω,L3 相电阻 R_3 为 44 Ω。求各线电流,并画相量图。

解: 在图 3-11 中设:

$$\dot{U}_1 = 220\ \underline{/0^\circ}\ \text{V}$$

$$\dot{U}_2 = 220\ \underline{/-120^\circ}\ \text{V}$$

$$\dot{U}_3 = 220\ \underline{/120^\circ}\ \text{V}$$

得各线电流为:

$$\dot{I}_1 = \frac{U_1}{R_1} = \frac{220\ \underline{/0^\circ}}{11} = 20\ \underline{/0^\circ}\ \text{A}$$

$$\dot{I}_2 = \frac{U_2}{R_2} = \frac{220\ \underline{/-120^\circ}}{22} = 10\ \underline{/-120^\circ}\ \text{A}$$

$$\dot{I}_3 = \frac{U_3}{R_3} = \frac{220\ \underline{/120^\circ}}{44} = 5\ \underline{/120^\circ}\ \text{A}$$

其相量图如图 3-12 所示。

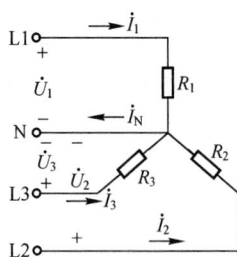

图 3-11　例 3-2 电路图

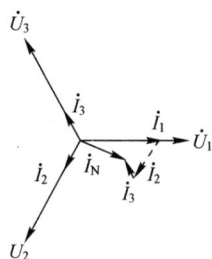

图 3-12　例 3-2 相量图

【例 3-3】 上题中,若 L3 相灯泡不开。(1)求各线的电流,画相量图;(2)若此时中性线同时断开,求 L1 相和 L2 相灯泡上的电压。

解:(1)图 3-14 中若 L3 相灯泡不开,即 R_3 为 ∞,故 $I_3=0$,L1 相和 L2 相不受影响,电流不变。此时中性线电流为:

$$\dot{I}_N=\dot{I}_1+\dot{I}_2=22\ \underline{/0^\circ}+10\ \underline{/-120^\circ}=17.3\ \underline{/-30^\circ}\ \text{A}$$

相量图如图 3-13 所示。

(2) 若 L3 相灯泡不开,同时中性线也断开,则电路如图 3-14 所示。按照分压原理可求得 L1 相和 L2 相灯泡的电压为:

$$U'_1=380\times\frac{R_1}{R_1+R_2}=380\times\frac{11}{11+22}=126.7\ \text{V}$$

$$U'_2=380\times\frac{R_1}{R_1+R_2}=380\times\frac{22}{11+22}=252.3\ \text{V}$$

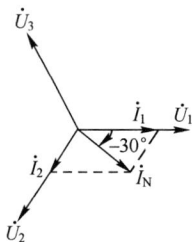

图 3-13　例 3-3 相量图

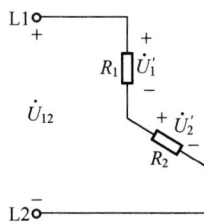

图 3-14　例 3-3 电路图

可见,当中性线断开时各相负载的电压不再等于电源的相电压。本例中 L1 相灯泡因电压太低而不能正常发光,L2 相灯泡则因电压太高而烧毁。

3.3.2　负载△连接的对称三相电路

负载作三角形连接,如图 3-15 所示。由图可以看出,不管电源是星形连接还是三角形连接,与负载相联的一定是线电压。

设 $Z=|Z|\underline{/\varphi}$,三相负载相同,其负载线电流为 $\dot{I}_A$、$\dot{I}_B$、$\dot{I}_C$,相电流为 $\dot{I}_{ab}$、$\dot{I}_{bc}$、$\dot{I}_{ca}$。

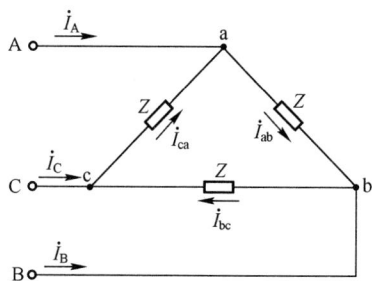

图 3-15　负载三角形连接
的对称三相电路

设 $\dot{U}_{AB}=U_1\underline{/0°}$ V，当忽略输电线阻抗时，负载线电压等于电源线电压。

负载的相电流为：

$$\left.\begin{aligned}\dot{I}_{ab}&=\frac{\dot{U}_{ab}}{Z}=\frac{\dot{U}_{AB}}{Z}=\frac{U_1}{Z}\underline{/-\varphi}\\\dot{I}_{bc}&=\frac{\dot{U}_{bc}}{Z}=\frac{\dot{U}_{BC}}{Z}=\frac{U_1}{Z}\underline{/-\varphi-120°}\\\dot{I}_{ca}&=\frac{\dot{U}_{ca}}{Z}=\frac{\dot{U}_{CA}}{Z}=\frac{U_1}{Z}\underline{/-\varphi+120°}\end{aligned}\right\}\qquad(3\text{-}11)$$

线电流为：

$$\left.\begin{aligned}\dot{I}_A&=\dot{I}_{ab}-\dot{I}_{ca}=\sqrt{3}\,\dot{I}_{ab}\underline{/-30°}\\\dot{I}_B&=\dot{I}_{bc}-\dot{I}_{ab}=\sqrt{3}\,\dot{I}_{bc}\underline{/-30°}\\\dot{I}_C&=\dot{I}_{ca}-\dot{I}_{bc}=\sqrt{3}\,\dot{I}_{ca}\underline{/-30°}\end{aligned}\right\}\qquad(3\text{-}12)$$

综上所述可知：负载△形连接的对称三相电路，其负载电压、电流有以下特点：

（1）相电压、线电压，相电流、线电流均对称；

（2）每相负载上的线电压等于相电压；

（3）线电流大小的有效值等于相电流有效值的 $\sqrt{3}$ 倍。即 $I_1=\sqrt{3}\,I_p$，且线电流滞后相应的相电流 30°。电压、电流相量图如图 3-16 所示。

【例 3-4】已知负载△连接的对称三相电路，电源为 丫 形连接，其相电压为 110 V，负载每相阻抗 $Z=(4+j3)\ \Omega$。求负载的相电压和线电流。

解：电源线电压：

$$U_1=\sqrt{3}\,U_p=\sqrt{3}\times110=190\text{ V}$$

设：
$$\dot{U}_{AB}=190\underline{/0°}\text{ V}$$

则相电流：$\dot{I}_{ab}=\dfrac{\dot{U}_{AB}}{Z}=\dfrac{190\underline{/0°}}{4+j3}=38\underline{/-36.9°}$ A

根据对称性得：
$$\dot{I}_{bc}=38\underline{/-156.9°}\text{ A}$$
$$\dot{I}_{ca}=38\underline{/83.1°}\text{ A}$$

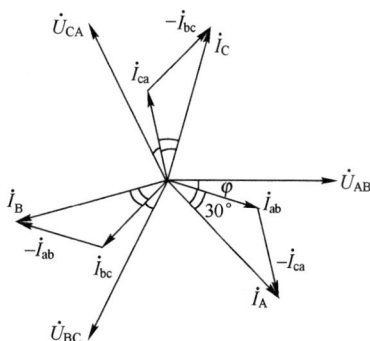

图 3-16　电压、电流相量图

线电流为：
$$\dot{I}_A=\sqrt{3}\,\dot{I}_{ab}\underline{/-30°}$$
$$=\sqrt{3}\times38\underline{/-36.9°-30°}=66\underline{/-66.9°}\text{ A}$$
$$\dot{I}_B=66\underline{/-186.9°}=66\underline{/173.1°}\text{ A}$$
$$\dot{I}_C=66\underline{/53.1°}\text{ A}$$

3.4 不对称三相电路

在三相电路中,电源和负载只要有一个不对称,则三相电路就不对称。一般来说,三相电源总可以认为是对称的。不对称主要是指负载不对称。日常照明电路就属于这种。

如图 3-17 所示三相四线制电路中,负载不对称,假设中线阻抗为零,则每相负载上的电压一定等于该相电源的相电压,而三相电流由于负载阻抗不同而不对称。

即负载相电压对称为:

$$\dot{U}_{an}=\dot{U}_A \qquad \dot{U}_{bn}=\dot{U}_B \qquad \dot{U}_{cn}=\dot{U}_C \qquad (3\text{-}13)$$

负载相电流不对称为:

$$\dot{I}_A=\frac{\dot{U}_{an}}{Z_A} \qquad \dot{I}_B=\frac{\dot{U}_{bn}}{Z_B} \qquad \dot{I}_C=\frac{\dot{U}_{cn}}{Z_C} \qquad (3\text{-}14)$$

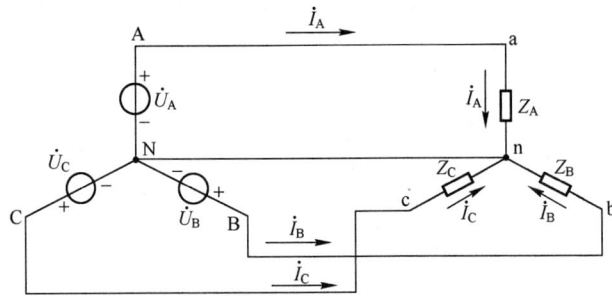

图 3-17 Y—Y 连接的不对称三相电路

此时中线电流为:

$$\dot{I}_N=\dot{I}_A+\dot{I}_B+\dot{I}_C\neq 0 \qquad (3\text{-}15)$$

如将图 3-17 中的中线去掉,形成三相三线制,如图 3-18 所示。

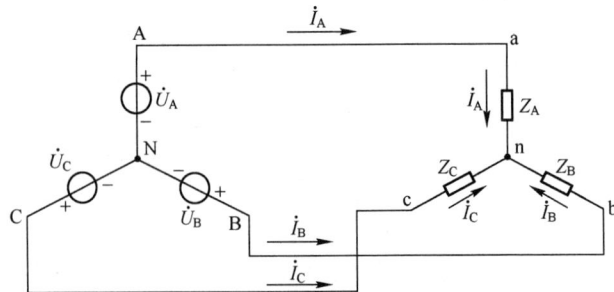

图 3-18 Y 连接的三相三线制

根据节点电压法可知 $\dot{U}_{nN}$ 一般不等于零,即负载中点 n 的电位与电源中点 N 的电位不相等,发生了中点位移,相量图如图 3-19 所示。由相量图可以看出,中点位移标志着负

载相电压 $\dot{U}_{an}$、$\dot{U}_{bn}$、$\dot{U}_{cn}$ 的不对称，而三相负载的电流也是不对称的。

$$\dot{I}_A=\frac{\dot{U}_{an}}{Z_A}\qquad \dot{I}_B=\frac{\dot{U}_{bn}}{Z_B}\qquad \dot{I}_C=\frac{\dot{U}_{cn}}{Z_C}$$

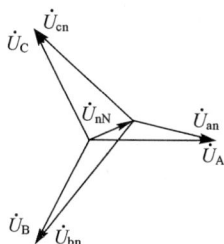

图 3-19　相量图

综上所述，在不对称三相电路中，如果有中线，且输电线阻抗 $Z\approx 0$，则中线可迫使 $U_{nN}=0$，尽管电路不对称，但可使负载相电压对称，以保证负载正常工作；若无中线，则中点位移，造成负载相电压不对称，从而可能使负载不能正常工作。可见，中线作用至关重要，且不能断开。实际接线中，中线的干线必须考虑有足够的机械强度，且不允许安装开关和熔丝。

【例 3-5】 在图 3-20 中，已知 $R_1=R_2=X_C=10\ \Omega$，电源电压为 380/220 V。求各相负载的电压。

解： 本题没有中性线，所以是一个复杂的交流电路，可以用支路电流法求解。为了便于分析，将图改画成图 3-21 的形式。设电源的中性点为 N_1，负载的中性点为 N_2；电源的相电压为 U_1、U_2、U_3，负载的相电压作为 U'_1、U'_2、U'_3，负载的相电压作为它们的参考方向，如图 3-21 所示。

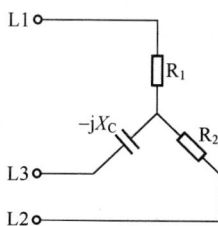

图 3-20　例 3-5 图

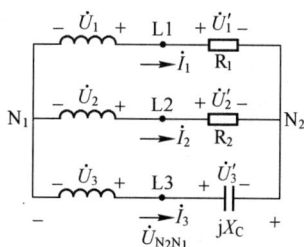

图 3-21　例 3-5 图

根据支路电流法可列出以下方程组：

$$\dot{I}_1+\dot{I}_2+\dot{I}_3=0$$

$$\dot{U}_1=\dot{U}_{N_2N_1}+\dot{U}'_1=\dot{U}_{N_2N_1}+R_1\dot{I}_1$$

$$\dot{U}_2=\dot{U}_{N_2N_1}+\dot{U}'_2=\dot{U}_{N_2N_1}+R_2\dot{I}_2$$

$$\dot{U}_3=\dot{U}_{N_2N_1}+\dot{U}'_3=\dot{U}_{N_2N_1}-jX_C\dot{I}_3$$

解以上方程组可得 N_2 与 N_1 之间的电压为：

$$\dot{U}_{N_2N_1} = \frac{\dfrac{\dot{U}_1}{R_1}+\dfrac{\dot{U}_2}{R_2}+\dfrac{\dot{U}_3}{-jX_C}}{\dfrac{1}{R_1}+\dfrac{1}{R_2}+\dfrac{1}{-jX_C}}$$

设 $\dot{U}_1=220\ \underline{/0^\circ}$ V，$\dot{U}_2=220\ \underline{/-120^\circ}$ V，$\dot{U}_3=220\ \underline{/120^\circ}$ V，将 $R_1=R_2=X_C=10\ \Omega$ 代入上式得：

$$\dot{U}_{N_2N_1}=141.4\ \underline{/-131.6^\circ}\ \text{V}$$

由于 $\dot{U}_{N_2N_1}=\dot{U}_1-\dot{U}'_1$，且 $\dot{U}_1=220\ \underline{/0^\circ}$ V，故得：

$$\dot{U}'_1=\dot{U}_1-\dot{U}_{N_2N_1}=220\ \underline{/0^\circ}-141.4\ \underline{/-131.6^\circ}=331\ \underline{/18.6^\circ}\ \text{V}$$

同理可得：

$$\dot{U}'_2=\dot{U}_2-\dot{U}_{N_2N_1}=220\ \underline{/-120^\circ}-141.4\ \underline{/-131.6^\circ}=86.3\ \underline{/-100.7^\circ}\ \text{V}$$

$$\dot{U}'_3=\dot{U}_3-\dot{U}_{N_2N_1}=220\ \underline{/120^\circ}-141.4\ \underline{/-131.6^\circ}=296.6\ \underline{/93.1^\circ}\ \text{V}$$

【例 3-6】 在图 3-22 中，已知 Z_{12}、Z_{23} 和 Z_{31} 均为 $(16+j12)\ \Omega$，电源电压为 380 V。求各电流表读数。

解：本题为三角形接法的对称负载，各相阻抗均为：

$$|Z|=\sqrt{16^2+12^2}=20\ \Omega$$

各相电流为　　　$I_p=\dfrac{U_p}{|Z|}=\dfrac{380}{20}=19\ \text{A}$

各线电流为　　　$I_1=\sqrt{3}\,I_p=19\sqrt{3}=32.9\ \text{A}$

所以各电流表读数都是 32.9 A。

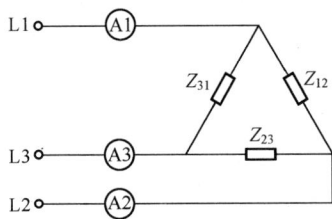

图 3-22　例 3-6 图

【例 3-7】 上题中，若 Z_{23} 改为 $(8+j6)\ \Omega$，其余条件不变。求各电流表的读数。

解：设 $\dot{U}_{12}=380\ \underline{/0^\circ}$ V，$\dot{U}_{23}=380\ \underline{/-120^\circ}$ V，$\dot{U}_{31}=380\ \underline{/120^\circ}$ V，各电压和电流的参考方向与图 3-15 中的参考方向相同。

根据式（3-11）得各相电流为：

$$\dot{I}_{12}=\frac{\dot{U}_{12}}{Z_{12}}=\frac{380\ \underline{/0^\circ}}{16+j12}=19\ \underline{/-36.9^\circ}\ \text{A}$$

$$\dot{I}_{23}=\frac{\dot{U}_{23}}{Z_{23}}=\frac{380\ \underline{/-120^\circ}}{8+j6}=38\ \underline{/-156.9^\circ}\ \text{A}$$

$$\dot{I}_{31}=\frac{\dot{U}_{31}}{Z_{31}}=\frac{380\ \underline{/120^\circ}}{16+j12}=19\ \underline{/83.1^\circ}\ \text{A}$$

根据式（3-12）得各线电流为：

$$\dot{I}_1=\dot{I}_{12}-\dot{I}_{31}=19\ \underline{/-36.9^\circ}-19\ \underline{/83.1^\circ}=32.9\ \underline{/-66.9^\circ}\ \text{A}$$

$$\dot{I}_2=\dot{I}_{23}-\dot{I}_{12}=38\ \underline{/-156.9^\circ}-19\ \underline{/-36.9^\circ}=50.3\ \underline{/-176^\circ}\ \text{A}$$

$$\dot{I}_3=\dot{I}_{31}-\dot{I}_{23}=19\ \underline{/-83.1^\circ}-38\ \underline{/-156.9^\circ}=50.3\ \underline{/42.02^\circ}\ \text{A}$$

因此，电流表 A_1 的读数 I_1 为 32.9 A，电流表 A_2 和 A_3 的读数（I_2 和 I_3）都为 50.3 A。

3.5　三相电路的功率

在三相电路中,三相负载的有功功率、无功功率分别等于每相负载上的有功功率、无功功率之和,即

$$P=P_A+P_B+P_C=U_AI_A\cos\varphi_A+U_BI_B\cos\varphi_B+U_CI_C\cos\varphi_C$$

$$Q=Q_A+Q_B+Q_C=U_AI_A\sin\varphi_A+U_BI_B\sin\varphi_B+U_CI_C\sin\varphi_C$$

三相负载对称时,各相负载吸收的功率相同,故上式可简化为:

$$P=3P_A=3U_pI_p\cos\varphi \tag{3-16}$$

$$Q=3Q_A=3U_pI_p\sin\varphi \tag{3-17}$$

式中: U_p, I_p——负载的相电压和相电流;

φ——每相负载的阻抗角。

三相功率若以线电压和线电流表示时,则式(3-16)、式(3-17)可写为:

$$P=\sqrt{3}U_1I_1\cos\varphi$$

$$Q=\sqrt{3}U_1I_1\sin\varphi$$

三相电路的视在功率和功率因素根据下列关系:

$$S=\sqrt{P^2+Q^2} \tag{3-18}$$

$$\cos\varphi=\frac{P}{S} \tag{3-19}$$

故三相负载的视在功率表达式关系为:

$$S=\sqrt{3}U_1I_1 \tag{3-20}$$

对称三相正弦交流电路对称三相正弦交流电路不论负载时 Ｙ 连接或△连接,都可以用上式计算功率。

【例 3-8】 某三相异步电动机每相绕组的等值阻抗 $|Z|=27.74\ \Omega$,功率因数 $\cos\varphi=0.8$,正常运行时绕组作三角形连接,电源线电压为 380 V。试求:

(1) 正常运行时相电流、线电流和电动机的输入功率;

(2) 为了减小启动电流,在启动时改接成星形,试求此时的相电流,线电流及电动机输入功率。

解:(1) 正常运行时,电动机作三角形连接。

$$I_p=\frac{U_1}{|Z|}=\frac{380}{27.74}=13.7\ \text{A}$$

$$I_1=\sqrt{3}I_p=\sqrt{3}\times13.7=23.7\ \text{A}$$

$$P=\sqrt{3}U_1I_1\cos\varphi=\sqrt{3}\times380\times23.7\times0.8=12.51\ \text{kW}$$

(2) 启动时,电动机星形连接。

$$I_p = \frac{U_p}{|Z|} = \frac{\frac{380}{\sqrt{3}}}{27.74} = 7.9 \text{ A}$$

$$I_1 = I_p = 7.9 \text{ A}$$

$$P = \sqrt{3} U_1 I_1 \cos \varphi = \sqrt{3} \times 380 \times 7.9 \times 0.8 = 4.17 \text{ kW}$$

从此例可以看出,同一个对称三相负载接于一电路,由于负载作△连接时的线电流是Ｙ连接时线电流的 3 倍,故△连接时的功率也是作Ｙ形连接时功率的 3 倍。即

$$P_\triangle = 3P_Y \tag{3-21}$$

这说明负载的功率和负载的连接方式有关,因此,要使负载正常工作必须采用正确的连接方式。

习 题

3-1 已知三相对称电源 A 相的电动势为 $e_1 = 220\sqrt{2} \sin(314t + 60°)$（V）,写出其他两相电动势的瞬时值表达式。

3-2 在线电压为 380 V 的三相四线制电源上,接有额定电压为 220 V、功率为 1 000 W 的白炽灯。设 A 相和 B 相各接 20 盏,C 相接 40 盏。求相电流和中线电流。

3-3 上题中,A 相因熔丝烧断而灯泡全部熄灭,中性线又因故断开,求 B 相和 C 相灯泡上的电压。

3-4 在线电压为 380 V 的三相四线制电源上,星形连接负载,A 相接电阻,B 相接电感,C 相接电容。各相的阻抗值都是 10 Ω。(1)画出电路图;(2)以 U_1 为参考相量,求 I_1、I_2、I_3 和 I_N;(3)画出电压和电流的相量图。

3-5 已知在三角形连接的三相负载中,每项负载为 30 Ω 电阻与 40 Ω 感抗串联,电源线电压为 380 V。求相电流和线电流的数值。

3-6 已知三角形连接三相对称负载的总功率为 5.5 kW,线电流为 19.5 A,电源线电压为 380 V。求每相的电阻和感抗。

3-7 总功率为 10 kW、三角形连接的三相对称电阻炉与输入总功率为 12 kW、功率因数为 0.707 的三相异步电动机接在线电压为 380 V 的三相电源上。求电阻炉、电动机及总的线电流。

3-8 有一三相对称负载,每相电阻 $R = 8$ Ω,感抗 $x_1 = 6$ Ω。如果负载作星形连接,接到 $U_1 = 380$ V 的三相电源上,求负载的相电流、线电流及有功功率,并画出相量图。

3-9 某对称负载作三角形连接,已知电源的线电压 $U_1 = 380$ V,测得线电流 $I_1 = 15$ A,三相功率 $P = 8.5$ kW,则该三相对称负载的功率因数为多少?

第4章 变 压 器

本章要点

1. 了解变压器的工作原理。
2. 掌握变压器的电压、电流、阻抗的变换关系。
3. 了解变压器的主要额定值。

4.1 变压器的基本结构

4.1.1 变压器的用途

变压器是根据电磁感应原理制成的一种静止的电气设备,它的基本作用是变换交流电压,即把某一数值的交流电压变为频率相同电压为另一数值的交流电。在输电方面,为了节省输电导线的用铜量和减少线路上的电压降及线路的功率损耗,通常利用变压器升高电压;在用电方面,为了用电安全,可利用变压器降低电压。此外,变压器还可用于变换电流大小和变换阻抗大小。

变压器的种类很多,根据其用途不同分为远距离输配电用的电力变压器、机床控制用的控制变压器、电子设备和仪器供电电源用的电源变压器、焊接用的电焊变压器、平滑调压用的自耦变压器、测量仪表用的互感器及用于传递信号的耦合变压器等。

4.1.2 变压器的基本结构

无论何种变压器,其基本结构和工作原理是相同的,主要由铁磁材料构成的铁芯和绕在铁芯上的线圈(亦称绕组)两部分组成。变压器常见的结构型式有两类:芯式变压器和壳式变压器。芯式变压器如图4-1所示,其特点是绕组包围铁芯,用铁量较少,构造简单,绕组的安装和绝缘处理比较容易,因此多用于容量较大的变压器中。壳式变压器如图4-2所示,其特点是铁芯包围绕组。这种变压器用铜量较少,多用于小容量的变压器。

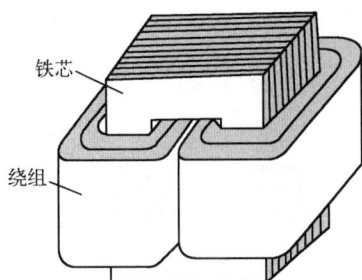

图 4-1 芯式变压器

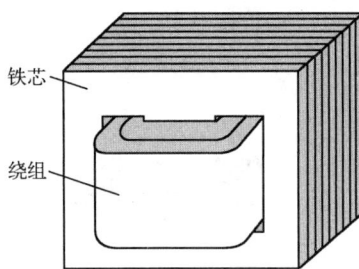

图 4-2 壳式变压器

变压器最基本的结构是铁芯和绕组。

铁芯是变压器的磁路部分,为了减少铁芯中的磁滞损耗和涡流损耗,铁芯通常用含硅量较高、厚度为 0.35 mm 的硅钢片交叠而成,为了隔绝硅钢片相互之间的电的联系,每一硅钢片的两面都涂有绝缘清漆。

绕组是变压器的电路部分,用绝缘铜导线或铝导线绕制,绕制时多采用圆柱形绕组。通常电压高的绕组称为高压绕组,电压低的绕组称为低压绕组,低压绕组一般靠近铁芯放置,而高压绕组则置于外层。为了防止变压器内部短路,在绕组和绕组之间,绕组和铁芯之间,以及每相绕组的各层之间,都必须绝缘良好。

除了铁芯和绕组之外,变压器一般有外壳,用来保护绕组免受机械损伤,并起屏蔽作用。较大容量的变压器还具有冷却系统、保护装置及绝缘套管等。大容量变压器通常采用三相变压器。

4.2 变压器的基本原理

图 4-3 为变压器的空载运行原理图。为了便于分析,图中将原绕组和副绕组分别画在两边。与电源连接的一侧称为原边(或称初级、一次侧),原边各量均用下脚"1"表示,如 N_1,u_1,i_1 等;与负载连接的一侧称为副边(或称次级、二次侧),副边各量均用下脚"2"表示,如 N_2,u_2,i_2 等。下面分空载和负载两种情况来分析变压器的工作原理。

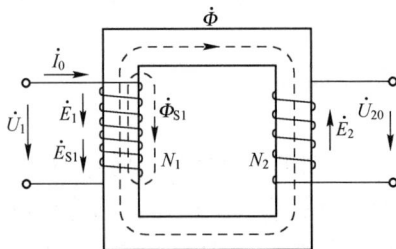

图 4-3 变压器的空载运行原理图

4.2.1　变压器空载运行及电压变换

变压器空载运行是将变压器的原绕组两端加上交流电压,副绕组不接负载的情况。

在外加正弦交流电压 u_1 作用下,原绕组内有电流 i_0 流过。由于副绕组开路,副绕组内没有电流,故将此时原绕组内的电流 i_0 称为空载电流。该电流通过匝数为 N_1 的原绕组产生空载磁动势 $i_0 N_1$,并建立交变磁场。由于铁芯的导磁系数比空气或油的导磁系数大得多,因而绝大部分磁通经过铁芯而闭合,并与原、副绕组交链,这部分磁通称为主磁通,用 Φ 表示。主磁通穿过原绕组和副绕组,并在其中感应产生电动势 e_1 和 e_2。另有一小部分的漏磁通 Φ_{S1} 不经过铁芯而通过空气或油闭合,它仅与原绕组本身交链。漏磁通在变压器中感应的电动势仅起电压降的作用,不传递能量。下面讨论中均略去漏磁通及漏磁通产生的电压降。

上述的电磁关系可表示如下:

$$e_1 = -N_1 \frac{\mathrm{d}\Phi}{\mathrm{d}t} \tag{4-1}$$

$$u_1 \rightarrow i_0 \rightarrow i_0 N_1 \rightarrow \Phi$$

$$e_2 = -N_2 \frac{\mathrm{d}\Phi}{\mathrm{d}t} = u_{20} \tag{4-2}$$

u_{20} 为副绕组的空载端电压。

根据基尔霍夫电压定律,按图 4-3 所规定的电压、电流和电动势的正方向,可列出原、副绕组的瞬时电压平衡方程式,即

$$u_1 = i_0 R_1 - e_1 = i_0 R_1 + N_1 \frac{\mathrm{d}\Phi}{\mathrm{d}t}$$

$$u_{20} = e_2 = -N_2 \frac{\mathrm{d}\Phi}{\mathrm{d}t} \tag{4-3}$$

式中,略去原绕组的电阻 R_1,并设 $\Phi = \Phi_\mathrm{m} \sin\omega t$,则:

$$e_1 = -N_1 \frac{\mathrm{d}(\Phi_\mathrm{m} \sin\omega t)}{\mathrm{d}t} = -N_1 \Phi_\mathrm{m} \omega \cos\omega t$$

有效值为:

$$E_1 = \frac{N_1 \Phi_\mathrm{m} \omega}{\sqrt{2}} = \frac{2\pi f N_1 \Phi_\mathrm{m}}{\sqrt{2}} = 4.44 f N_1 \Phi_\mathrm{m} \tag{4-4}$$

同样,在 Φ 的作用下,副绕组产生的感应电动势的有效值为:

$$E_2 = 4.44 f N_2 \Phi_\mathrm{m} \tag{4-5}$$

考虑 $U_1 \approx E_1$,$U_{20} \approx E_2$
其有效值之比为:

$$\frac{U_1}{U_{20}} \approx \frac{E_1}{E_2} = \frac{N_1}{N_2} = K \tag{4-6}$$

式中,K 称为变压器的变比,亦即原、副绕组的匝数比。当 $K<1$ 时,为升压变压器;当 $K>1$ 时,为降压变压器。

必须指出,变压器空载时,若外加电压的有效值 U_1 一定,主磁通 Φ_m 的最大值也基本不变,则有:

$$\dot{U}_1 \approx -\dot{E}_1 = \mathrm{j}4.44fN_1\dot{\Phi}_\mathrm{m} \tag{4-7}$$

用有效值形式表示为：

$$U_1 \approx E_1 = 4.44fN_1\Phi_\mathrm{m} \tag{4-8}$$

在式(4-8)中：当 f、N_1 为定值时,主磁通最大值 Φ_m 的大小只取决于外加电压有效值 U_1 的大小,而与是否接负载无关。若外加电压 U_1 不变,则主磁通 Φ_m 也不变。这个关系对分析变压器的负载运行及电动机的工作原理都非常重要。

4.2.2　变压器负载运行及电流变换

变压器负载运行是将变压器的原绕组接上电源,副绕组接有负载的情况,如图 4-4 所示。副绕组接上负载 Z 后,在电动势 e_2 的作用下,副边就有电流 i_2 流过,即副边有电能输出。原绕组与副绕组之间没有电的直接联系,只有磁通与原、副绕组交链形成的磁耦合来实现能量传递。那么,原、副绕组电流之间关系怎样呢?

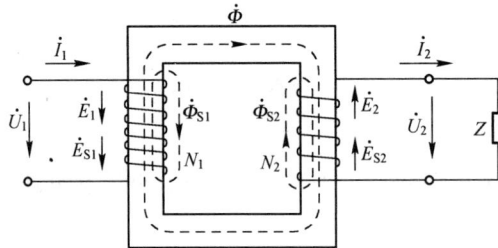

图 4-4　变压器的负载运行原理图

变压器未接负载前其原边电流为 i_0,它在原边产生磁动势 i_0N_1,在铁芯中产生的磁通 Φ。接上负载后,副边电流 i_2 产生磁动势 i_2N_2,根据楞次定律,i_2N_2 将阻碍铁芯中主磁通 Φ 的变化,企图改变主磁通的最大值 Φ_m。但是,当电源电压有效值 U_1 和频率 f 一定时,随着负载电流 i_2 的出现,通过原边电流 i_0 将增大为 i_1,产生的磁动势 i_0N_1 必然也随之增大为 i_1N_1,以维持磁通最大值 Φ_m 基本不变,即与空载时的 Φ_m 大小接近相等。因此,有负载时产生的原、副绕组的合成磁动势 $(i_1N_1 + i_2N_2)$ 应该与空载时产生主磁通的原绕组的磁动势 i_0N_1 差不多相等,即

$$i_1N_1 + i_2N_2 \approx i_0N_1$$

用相量表示为：

$$\dot{I}_1N_1 + \dot{I}_2N_2 \approx \dot{I}_0N_1 \tag{4-9}$$

式(4-9)称为磁动势平衡方程式。有载时,原边磁动势 i_1N_1 可视为两个部分 $(i_0N_1 + i_1'N_1)$：i_0N_1 用来产生主磁通 Φ；$i_1'N_1$ 用来抵消副边电流 i_2 所建立的磁动势 i_2N_2,以维持铁芯中的主磁通最大值 Φ_m 基本不变。

由式(4-9)得到：

$$\dot{I}_1 \approx \dot{I}_0 + \left(-\frac{N_2}{N_1}\dot{I}_2\right) \tag{4-10}$$

一般情况下,空载电流 I_0 只占原绕组额定电流 I_{1N} 的 3% ～ 10%,可以略去不计。于

是式(4-10)可写成：

$$\dot{I}_1 \approx -\frac{N_2}{N_1}\dot{I}_2 \qquad (4\text{-}11)$$

由式(4-11)可知,原、副绕组的电流关系为：

$$\frac{I_1}{I_2} \approx \frac{N_2}{N_1} = \frac{1}{K} \qquad (4\text{-}12)$$

式(4-12)表明变压器原、副绕组的电流之比近似与它们的匝数成反比。

根据式(4-6)、式(4-12)可得：

$$\frac{U_1}{U_{20}} \approx \frac{I_2}{I_1}$$

由于副绕组的内阻抗很小,副绕组带负载时的电压与空载时电压基本相等,即 $U_2 \approx U_{20}$,所以：

$$\frac{U_1}{U_2} = \frac{I_2}{I_1}$$

此式表明变压器的电压与电流成反比,电压高的一边电流小,而电压低的一边电流大。

变换后可得：

$$U_1 I_1 = U_2 I_2$$

此式则表明,变压器可以把一次侧的能量通过磁通的联系传输到二次侧去,实现了能量的传输。

4.2.3 阻抗变换

变压器除了变换电压和变换电流外,还可进行阻抗变换,以实现"匹配"。

在图 4-5(a)中,负载阻抗 Z 接在变压器副边,而图中的虚线框部分可用一个阻抗 Z' 来等效代替,如图 4-5(b)所示。两者的关系可通过下面计算得出：

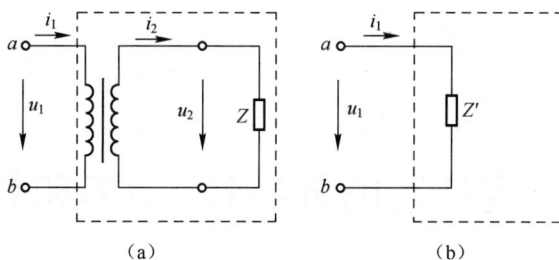

(a)   (b)

图 4-5 阻抗变换

根据式(4-6)和式(4-12)可得出：

$$Z' = \frac{U_1}{I_1} = \frac{\dfrac{N_1}{N_2}U_2}{\dfrac{N_2}{N_1}I_2} = \left(\frac{N_1}{N_2}\right)^2 \frac{U_2}{I_2} = K^2 \frac{U_2}{I_2}$$

由图 4-5(a)可知：$\dfrac{U_2}{I_2} = Z$

由图 4-5(b)可知：$\dfrac{U_1}{I_1} = Z'$

代入后得： $$Z' = K^2 Z \qquad\qquad (4\text{-}13)$$

式(4-13)中 Z' 和 Z 为阻抗的大小。它表明在忽略漏磁阻抗影响下，只需调整匝数比，就可把负载阻抗变换为所需要的数值，且负载性质不变。这种变换通常称为阻抗变换，常用于实现信号源与负载之间的匹配。

【例 4-1】有一信号源的电动势为 1.5 V，内阻抗为 300 Ω，负载阻抗为 75 Ω。欲使负载获得最大功率，必须在信号源和负载之间接一阻抗匹配变压器，使变压器的输入阻抗等于信号源的内阻抗，如图 4-6 所示。求变压器的变压比，原、副边的电流各为多少？

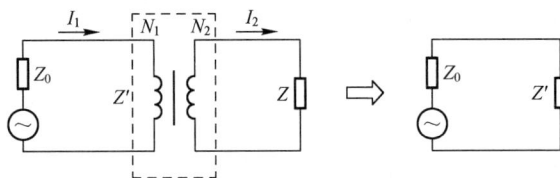

图 4-6　例 4-1 电路图

解：依题意可知负载阻抗 $Z = 75\,\Omega$，变压器的输入阻抗 $Z' = Z_0 = 300\ \Omega$。应用变压器的阻抗变换公式，可求得变比为：

$$K = \frac{N_1}{N_2} = \sqrt{\frac{Z'}{Z}} = \sqrt{\frac{300}{75}} = 2$$

因此，信号源和负载之间接一个变比为 2 的变压器就能达到阻抗匹配的目的。这时变压器的原边电流为：

$$I_1 = \frac{U_S}{Z_0 + Z_1} = \frac{1.5}{300 + 300} = 2.5\ \text{mA}$$

副边电流为：

$$I_2 = KI_1 = 2 \times 2.5 = 5\ \text{mA}$$

4.3　变压器的外特性、功率和效率

4.3.1　变压器的铭牌

使用变压器时，应了解变压器的额定值。变压器正常运行的状态和条件，称为变压器的额定工作情况，而表征变压器额定工作情况的电压、电流和功率等数值，称为变压器的额定值，它一般标在变压器的铭牌上。变压器的铭牌数据是变压器安全、正常运行的重要依据，铭牌上不仅标有变压器的额定值，还有变压器的型号、相数、接线方式及生产日期等，如图 4-7 所示。

铝 线 圈 电 力 变 压 器						
产品标准					型号 SJL-560 / 10	
额定容量560千伏安			相数3		额定频率 50赫	
额定电压	高压	10 000伏	额定电流	高压	32.3安	
	低压	400—230伏		低压	808安	
使用条件		户外式		绕组温升 65℃	油面温升 55℃	
阻抗电压		%75℃		冷却方式	油浸自冷式	

油重370千克	器身重1 040千克	总重1 900千克

线圈连接图		相量图		连接组	开关	分接
高压	低压	高压	低压	标号	位置	电压
A B C / X Y Z	a b c N	C A / B	c a / N b	T，yno	I	10 500 伏
					II	10 000 伏
					III	9 500 伏

出厂序号	上海××厂	19 年 月 出品

图 4-7 变压器的铭牌

1. 变压器的型号

电力变压器型号的表示及含义如下：

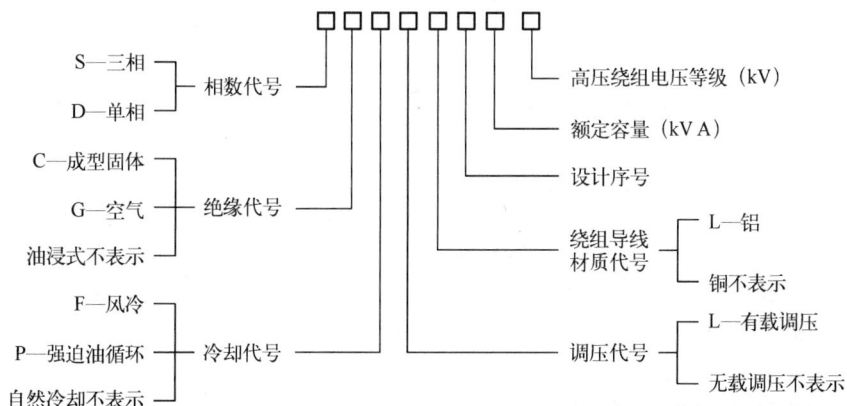

例如：S9-1250/10 表示三相油浸自冷双绕组铜线无载调压、额定容量为 1250 kVA、高压绕组额定电压 10 kV 级的电力变压器。

2. 额定值

（1）额定电压 U_{1N} 和 U_{2N}。变压器一次侧额定电压 U_{1N} 是指变压器在绝缘强度和散热条件规定的情况下能保证其正常运行时一次侧所允许加的电压。变压器二次侧额定电压 U_{2N} 是指变压器一次侧加额定电压，二次侧开路（或空载）时的电压。

对于三相变压器,铭牌上给出的额定电压 U_{1N} 和 U_{2N} 均为原、副绕组的线电压,其单位为 V 或 kV。

(2) 额定电流 I_{1N} 和 I_{2N}。变压器的额定电流 I_{1N} 和 I_{2N} 是根据绝缘材料所允许的温度而规定的原、副绕组中允许长期通过的最大电流值。在三相变压器中,I_{1N} 和 I_{2N} 均为原、副绕组的线电流,其单位为 A 和 kA。

(3) 额定容量 S_N。变压器的额定容量是指变压器在额定条件下输出的视在功率,其单位为伏安(VA)或千伏安(kVA)。

对于单相变压器,不计内部损耗时,$S_N = U_{1N}I_{1N} = U_{2N}I_{2N}$

对于三相变压器,不计内部损耗时,$S_N = \sqrt{3}U_{1N}I_{1N} = \sqrt{3}U_{2N}I_{2N}$

变压器的额定值决定于变压器的构造和所用的材料。使用变压器时一般不能超过其额定值,此外,还必须注意:其工作温度不能过高,原、副绕组必须分清,并防止变压器绕组短路,以免烧毁变压器。

【例 4-2】 一台三相油浸式电力变压器,额定容量 $S_N = 100$ kVA,额定电压 $U_{1N}/U_{2N} = 10/0.4$ kV,Yyn 联结,忽略变压器内部损耗,试求:

(1) 变压器的一、二次侧绕组的额定相电压。

(2) 变压器的一、二次侧额定电流。

(3) 变压器的一、二次绕组的额定相电流。

解: (1) 因为题中三相变压器的一次侧和二次侧均为星形接线方式,

$$相电压 = \frac{线电压}{\sqrt{3}},$$

所以变压器的一次侧绕组的额定相电压为 $U_{1Np} = \frac{U_{1N}}{\sqrt{3}} = \frac{10}{\sqrt{3}} \approx 5.77$ kV

变压器的二次侧绕组的额定相电压为 $U_{2Np} = \frac{U_{2N}}{\sqrt{3}} = \frac{0.4}{\sqrt{3}} \approx 0.23$ kV

(2) 变压器的一次侧额定电流为 $I_{1N} = \frac{S_N}{\sqrt{3}U_{1N}} = \frac{100}{\sqrt{3}\times 10} \approx 5.77$ A

变压器的二次侧额定电流为 $I_{2N} = \frac{S_N}{\sqrt{3}U_{2N}} = \frac{100}{\sqrt{3}\times 0.4} \approx 144.34$ A

(3) 因为星形接线时,相电流 = 线电流。

所以变压器的一次绕组的额定相电流为 $I_{1Np} = I_{1N} \approx 5.77$ A

变压器的二次绕组的额定相电流为 $I_{2Np} = I_{2N} \approx 144.34$ A

4.3.2 变压器的外特性

变压器的外特性是指电源电压 U_1、f_1 为额定值,负载功率因数 $\cos\varphi_2$ 一定时,U_2 随 I_2 变化的关系曲线,即 $U_2 = f(I_2)$,如图 4-8 所示。

从外特性曲线中可清楚地看出,负载变化时所引起的变压器副边电压 U_2 的变化程度,既与原、副绕组的漏磁阻抗(包括原副绕组的电阻及漏磁感抗)有关,又与负载的大小及性质有关。对于阻性和感性负载而言,U_2 随负载电流 I_2 的增加而下降,其下降程度还与负载的功率因数有关。对容性负载来说,U_2 可能高于 U_{2N},外特性曲线是上翘的。由外特性曲线还可以看到,阻性负载时,U_2 的变化随电流 I_2 增加稍有下降。

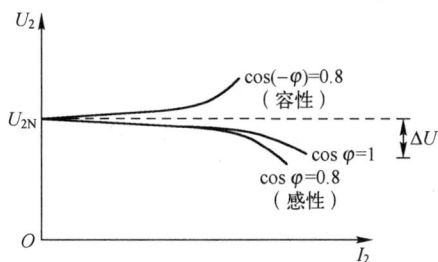

图 4-8 变压器的外特性

变压器副边电压 U_2 随 I_2 变化的程度用电压变化率 ΔU 表示,即

$$\Delta U = \frac{U_{20} - U_2}{U_{20}} \times 100\% \tag{4-14}$$

在一般变压器中,由于其绕组电阻和漏磁感抗均甚小,电压变化率是不大的,为 $2\% \sim 5\%$。

变压器的电压变化率表征了电网电压的稳定性,一定程度上反映了变压器供电的质量,是变压器的主要性能指标之一。为了改善电压稳定性,对感性负载,可在负载两端并联适当容量的电容器,以提高功率因数和减小电压变化率。

4.3.3 变压器的功率

变压器原绕组的输入功率为:

$$P_1 = U_1 I_1 \cos \varphi_1 \tag{4-15}$$

式中:φ_1 ——原绕组电压与电流的相位差。

变压器副绕组的输出功率为:

$$P_2 = U_2 I_2 \cos \varphi_2 \tag{4-16}$$

式中:φ_2 ——副绕组电压与电流的相位差。

输入功率与输出功率的差就是变压器所损耗的功率,即

$$\Delta P = P_1 - P_2 \tag{4-17}$$

变压器的功率损耗,包括铁损 ΔP_{Fe}(铁芯的磁滞损耗和涡流损耗)和铜损 ΔP_{Cu}(线圈导线电阻的损耗)。即

$$\Delta P = \Delta P_{Fe} + \Delta P_{Cu} \tag{4-18}$$

铁损和铜损可以用实验方法测量或计算求出,铜损($I_1^2 r_1 + I_2^2 r_2$)与负载大小有关,是可变损耗;而铁损与负载大小无关,当外加电压和频率确定后,一般是常数。

4.3.4 变压器的效率

变压器的效率等于变压器输出功率与输入功率之比的百分值,即

$$\eta = \frac{P_2}{P_1} \times 100\% = \frac{P_2}{P_2 + \Delta P_{Fe} + \Delta P_{Cu}} \times 100\% \tag{4-19}$$

变压器的效率较高。大容量变压器在额定负载时的效率可达 98％～99％,小型电源变压器的效率为 70％～80％。

变压器的效率还与负载有关,轻载时效率很低,因此应合理选用变压器的容量,避免长期轻载或空载运行。

【例 4-3】 有一额定容量为 2 kVA、电压为 380/110 V 的单相变压器。(1)求原、副边的额定电流;(2)若负载为 110 V、25 W、cos φ＝0.8 的小型单相电动机,求满载运行时可接入多少台这样的电动机?

解:(1)原、副边的额定电流为:

$$I_{1N}=\frac{S_N}{U_{1N}}=\frac{2\ 000}{380}=5.26\ A \qquad I_{2N}=\frac{S_N}{U_{2N}}=\frac{2\ 000}{110}=18.18\ A$$

(2)每台小电机的额定电流为:

$$I=\frac{P}{U\cos\varphi}=\frac{25}{110\times0.8}=0.28\ A$$

故可接 $\quad\frac{18.18}{0.28}=65(台)$

4.4　变压器绕组的极性

变压器在使用中有时需要把绕组串联以提高电压,或者把绕组并联以增大电流,但必须注意绕组的正确连接。例如,一台变压器的原绕组有相同的两个绕组,如图 4-9(a)中的 1—2 和 3—4。假定每个绕组的额定电压为 110 V,当接到 220 V 的电源上时,应把两绕组的异极性端串联,如图 4-9(b);接到 110 V 的电源上时,应把两绕组的同极性端并联,如图 4-9(c)。如果连接错误,若串联时将 2 和 4 两端连在一起,将 1 和 3 两端接电源,此时两个绕组的磁动势就互相抵消,铁芯中不产生磁通,绕组中也就没有感应电动势,绕组中将流过很大的电流,会把变压器烧毁。

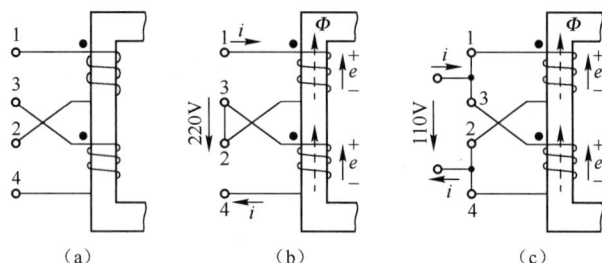

图 4-9　变压器绕组的正确连接

为了正确连接,在线圈上标以记号"·"。标有"·"号的两端称为同极性端,又称同名端。图 4-9 中的 1 和 3 是同名端,当然 2 和 4 也是同名端。当电流从两个线圈的同名端流入(或流出)时,产生的磁通方向相同;或者当磁通变化(增大或减小)时,在同名端感应电动势的极性也相同。在图 4-9 中,绕组中的电流是增加的,故感应电动势 e 的极性(或方向)如图 4-9 所示。

应该指出,只有额定电流相同的绕组才能串联,额定电压相同的绕组才能并联,否则,即使极性连接正确,也可能使其中某一绕组过载。如果将其中一个线圈反绕,如图 4-10 所示,则 1 和 4 两端应为同名端。串联时应将 2 和 4 两端连在一起。可见,同名端的标定,还与绕圈的绕向有关。

当一台变压器引出端未注明极性或标记脱落,或绕组经过浸漆及其他工艺处理,从外观上已看不清绕组的绕向时,通常用下述两种实验方法来测定变压器的同名端。

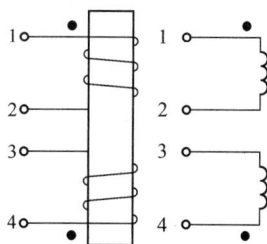

图 4-10　线圈反绕

1. 交流法

用交流法测定绕组极性的电路如图 4-11(a)所示。将两个绕组 1—2 和 3—4 的任意两端(如 2 和 4)连接在一起,在其中一个绕组(如 1—2)的两端加一个比较低的便于测量的交流电压。用电压表分别测量 1、3 两端的电压 U_{13} 和两绕组的电压 U_{12} 及 U_{34} 的数值,若是两绕组的电压之差,即 $U_{13}=U_{12}-U_{34}$,则 1 和 3 是同极性端;若 U_{13} 是两绕组电压之和,即 $U_{13}=U_{12}+U_{34}$,则 1 和 4 是同极性端。

2. 直流法

用直流法测定绕组极性的电路如图 4-11(b)所示。当开关 S 闭合瞬间,如果电流计的指针正向偏转,则 1 和 3 是同极性端,即与电源正极连接端和电流表正极连接端为同名端;若反向偏转,则 1 和 4 是同极性端。

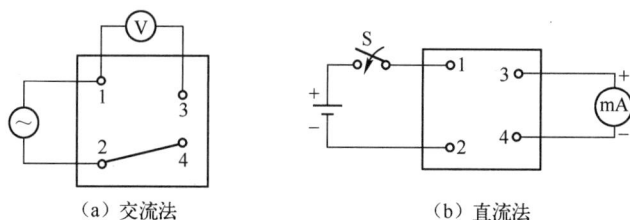

（a）交流法　　　　　　　　　（b）直流法

图 4-11　测定变压器的同名端

4.5　三相变压器

交流电能的产生和输送几乎都采用三相制。要把某一数值的三相交流电压变换为同频率的三相电压,可用三台单相变压器来实现,但通常是使用一台三相变压器。

4.5.1　三相变压器的磁路系统

三相变压器的磁路系统可分为各相磁路互相独立和各相磁路彼此相关两大类,因此三相变压器按铁芯结构不同分为三相组式变压器和三相心式变压器两种。

三相组式变压器是由三台独立的结构完全相同的单相变压器按照一定的连接方式连接而成的,各相的主磁通沿各自的磁路闭合,各相磁路之间彼此独立,如图 4-12 所示。

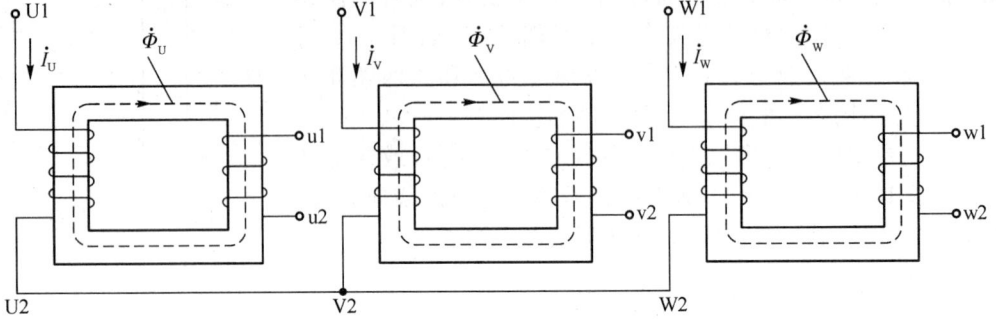

图 4-12　三相组式变压器及其磁路

三相组式变压器便于制造和运输且备用变压器的容量较小,但是所用材料较多,造价较高,占地面积大,仅用于运输条件受到限制且大型和超大型的电力变压器。

三相心式变压器每一相都有一个铁芯柱,三相磁路彼此相关,任一相的主磁通都要借助其他两相的磁路作为自己的闭合磁路,如图 4-13 所示。当三相对称绕组接到三相对称电源上,三相电流也对称,三相主磁通也对称,因此三相主磁通之和等于零。即:

$$\dot{\Phi}_U + \dot{\Phi}_V + \dot{\Phi}_W = 0$$

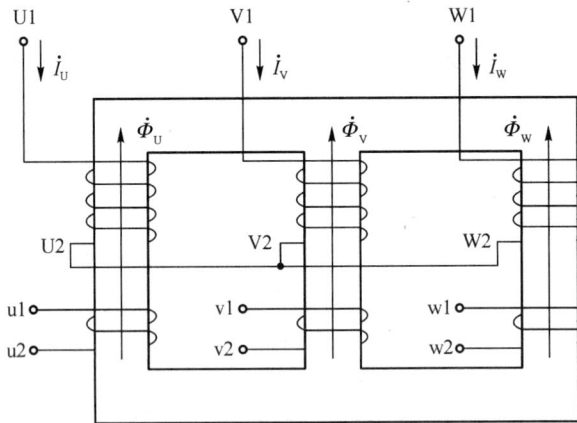

图 4-13　三相心式变压器

这样中间铁芯柱上没有磁通通过,可将其省略。为了便于制造和降低成本,同时也减小铁芯的体积,将三个铁芯柱置于一个平面内,便得到三相心式变压器的铁芯结构,如图 4-14 所示。

与三相组式变压器相比,三相心式变压器节省材料,效率高,成本低,安装占地面积较小,运行维护比较方便,因此三相心式变压器得到了广泛的应用。

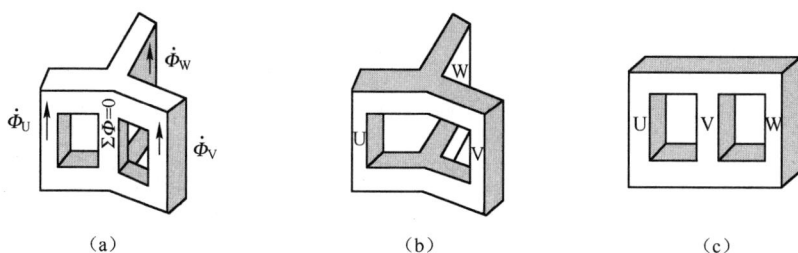

图 4-14　三相心式变压器的磁路系统

4.5.2　三相变压器绕组的接法

三相变压器高、低压绕组的出线端都分别给予标记,以供正确连接和使用变压器,其出线端标记如表 4-1 所示。如图 4-15 所示为三相变压器铁芯和绕组原理图。

表 4-1　三相变压器首末端标记

绕组名称	首端	末端	中性点
高压绕组	U1,V1,W1	U2,V2,W2	N
低压绕组	u1,v1,w1	u2,v2,w2	n

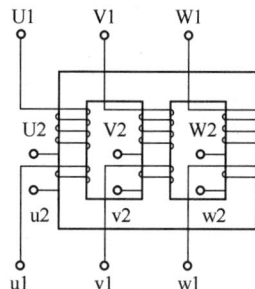

图 4-15　三相变压器铁芯和绕组原理图

在三相电力变压器中,高压绕组的始端和末端分别用 U1、V1、W1 和 U2、V2、W2 表示。低压绕组的始端和末端分别用 u1、v1、w1 和 u2、v2、w2 表示。

高、低压绕组可根据需要接成星形或三角形。国家标准规定,高压绕组接成星形用 Y 表示,有中线用 Y_N 表示,高压绕组接成三角形用 D 表示,低压绕组接成星形用 y 表示,有中线用 yn 表示,低压绕组接成三角形用 d 表示。最常用的组合形式有三种,即 Y_{yn};Y_{Nd};Y_d。图 4-16(a)所示为 Y_{yn} 接法;图 4-16(b)所示为 Y_d 接法。

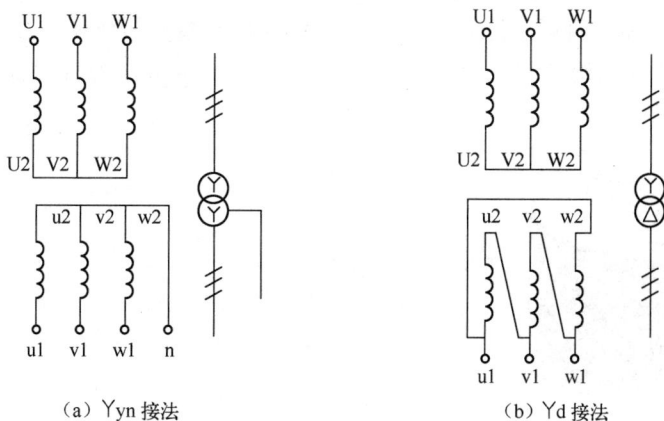

（a）Y_{yn} 接法　　　　　（b）Y_d 接法

图 4-16　三相绕组的接法

4.6　其他用途变压器

4.6.1　自耦变压器

　　普通变压器一般指双绕组变压器,其一、二次绕组在电路上是互相分开的。而自耦变压器是一种单绕组变压器,这种变压器只有一个绕组,其中一次绕组的一部分线圈兼作二次绕组。因此,自耦变压器的一、二次绕组之间不仅有磁的耦合,在电路上还互相连通,如图 4-17 所示。

　　与普通变压器一样,当一次绕组接上交流电压 U_1 后,铁芯中产生交变磁通,在 N_1 和 N_2 上的感应电动势分别为:

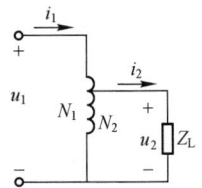

$$E_1 = 4.44 f N_1 \Phi_{\mathrm{m}}$$

$$E_2 = 4.44 f N_2 \Phi_{\mathrm{m}}$$

因此变压器的变比为:

$$K = \frac{E_1}{E_2} = \frac{N_1}{N_2}$$

图 4-17　自耦变压器

自耦变压器一、二次电压、电流间的关系与普通变压器完全相同,即

$$K = \frac{E_1}{E_2} = \frac{N_1}{N_2} \approx \frac{U_1}{U_2} \approx \frac{I_2}{I_1}$$

　　由此可见,适当选择匝数 N_2 就可以在二次侧电路中获得所需要的电压 U_2。若将二次绕组接通电源 U_1(在二次绕组额定电压之内),则自耦变压器可作为升压变压器使用。

　　自耦变压器的优点是:结构简单,节省用铜量,效率比普通变压器高。其缺点是:由于高低压绕组在电路上是相通的,高压电容易侵入低压绕组,对使用者构成潜在的危险。因此,自耦变压器的变压比一般不超过 $1.5 \sim 2$。

　　对于低压小容量的自耦变压器,可将其二次绕组的分接头做成能沿着线圈自由滑动的触头,因而可以平滑地调节二次侧电压。这种自耦变压器又称为自耦调压器,如图 4-18 所示。

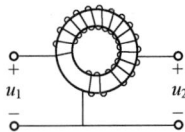
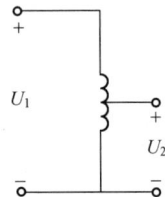

　　（a）外形图　　　　　　　　　（b）结构示意图　　　　　　　（c）电路图

图 4-18　自耦变压器

自耦调压器常在实验室中使用。注意在使用自耦调压器之前,必须把手柄转到零位,使输出电压为零,然后再慢慢顺时针转动手柄使输出电压逐步上升。

按照电气安全操作规程的规定,自耦变压器不能作为安全变压器使用,因为线路万一接错,将会发生触电事故。因此,规定安全变压器一定要采用一次绕组和二次绕组互相分开的双绕组变压器。

4.6.2　电焊变压器

电焊变压器在生产上应用很广,它实质上是一个特殊的降压变压器。它的工作原理与普通变压器相同,但它的性能与普通变压器差别很大。电焊变压器的特点是,焊接前,二次绕组要有足够的引弧电压($60 \sim 75$ V),焊接时,随焊接电流的增大,二次电压又能迅速下降,即使二次侧短路(如焊条碰到工件时,二次侧电压为零),二次侧电流也不会太大。也就是说,电焊变压器的输出电压 u_2 与输出电流 i_2 之间的关系如图 4-19(b)所示。

电焊变压器具有以上特点,是因为它的结构与一般变压器不同。电焊变压器原理如图 4-19(a)所示。它的一、二次绕组分装在两个铁芯上,二次绕组与一个电抗器串联,电抗器的铁芯不但有一定的空气隙,而且转动螺杆还可以改变空气隙的长短来获得不同大小的焊接电流。当气隙增加时,电流增大,外特性曲线右移,反之当气隙减小时,电流也将减小,外特性曲线左移。

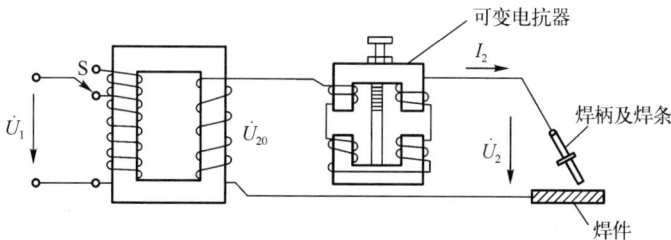

(a) 原理示意图

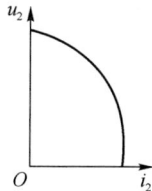

(b) 电焊变压器的外特性

图 4-19　电焊变压器

习 题

4-1 变压器的作用是什么？

4-2 变压器的铁芯材料由什么制成？说明其原因。

4-3 某单相变压器的一次侧电压 U_1 为 220 V，二次侧电压 U_2 为 36 V，二次侧匝数 N_2 为 225 匝，求变压器的变比和一次绕组的匝数。

4-4 如图 4-20 所示，扬声器的电阻 $R_L = 8\ \Omega$，为了在输出变压器的一次侧得到 256 Ω 的等效电阻，求输出变压器的变比。

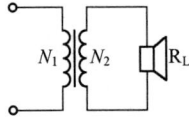

图 4-20 题 4-4 图

4-5 有一台三相变压器，其容量为 2 500 kV·A，高压侧的额定电压为 35 kV，低压侧的额定电压为 10.5 kV，高压绕组做 Y(星形)连接，低压绕组做 d(三角形)连接，求变压器一、二次侧的额定电流和一、二次绕组上的额定相电流。

4-6 单相变压器一、二次的额定电压为 220/36 V，容量 $S_N = 2$ kV·A。

(1) 求一、二次侧的额定电流。

(2) 当一次侧加以额定电压后，问是否对任何负载其一、二次绕组中的电流都是额定值？为什么？

(3) 二次侧接 36V/100W 的白炽灯 15 盏，求此时的一、二次侧电流？

4-7 什么是变压器的电压变化率，有何意义？

4-8 变压器中有哪些损耗，它们是因为什么原因产生的？什么是变压器的效率？

4-9 自耦变压器有何特点？

第5章 三相异步电动机

本章要点

1. 了解异步电动机的结构及工作原理。
2. 掌握异步电动机的特性及使用方法、铭牌数据。
3. 熟悉异步电动机常用控制电路。
4. 了解可编程控制器。

5.1 三相异步电动机的基本结构

三相异步电动机主要由定子(固定部分)和转子(旋转部分)两个基本部分组成,如图 5-1 所示。

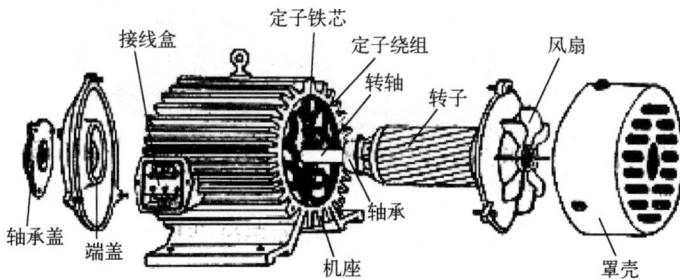

图 5-1 三相异步电动机的结构

三相异步电动机的定子是由机座、装在机座内的圆筒形铁芯及其中的三相定子绕组 3 部分组成。定子铁芯是电动机磁路的一部分,紧贴机座内壁。为了减小损耗,它是用 0.5 mm 互相绝缘的硅钢片压叠而成。定子铁芯的内圆周有均匀分布的许多线槽,用来嵌放定子绕组,如图 5-2 所示。

定子绕组一般用高强度漆包线绕制成,并对称均匀地嵌放在定子铁芯槽之内,每相之间互成120°角度。三相绕组的首端用 A、B、C 表示,末端用 X、Y、Z 表示,三相共 6 个出线端固定在接线盒内。机座大多数是用铸铁浇铸成型,用于固定和支撑定子铁芯。

三相异步电动机的转子由转子铁芯、转子绕组、转轴和风扇等部分组成。转子的铁芯也是电动机磁路的一部分,由外圆周上冲有均匀线槽的硅钢片叠成,用来放置转子绕组。
转子铁芯装在转轴上,轴上加机械负载。

　　按照转子结构的不同,三相异步电动机可分为鼠笼式和绕线式两种。

　　鼠笼式异步电动机若去掉转子铁芯,嵌放在铁芯槽中的转子绕组,就像一个"鼠笼",
它一般是用铜或铝铸成,如图5-3所示。

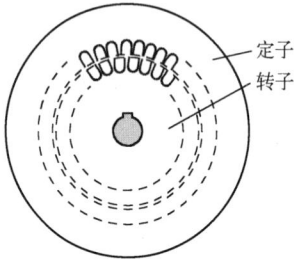

图 5-2　定子和转子的铁芯片　　　　　　图 5-3　铸铝的鼠笼式转子

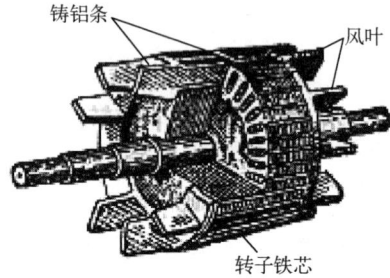

　　绕线式异步电动机的转子绕组同定子绕组一样,也是由绝缘导线绕制而成的,组成三
相对称绕组,它连接成星形。每相绕组的始端连接在三个铜制的滑环上、滑环固定在转轴
上。环与环、环与转轴之间都是互相绝缘的。在环上有弹簧压着的碳质电刷。

　　启动电阻和调速电阻是借助于电刷同滑环和转子绕组连接,如图5-4所示。

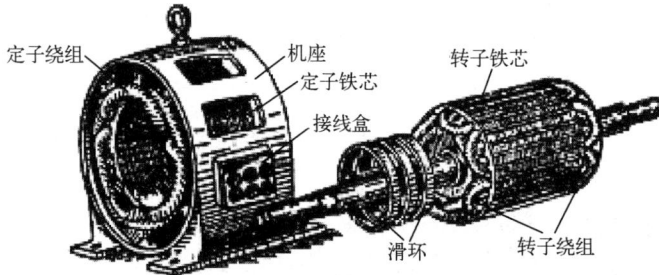

图 5-4　绕线式异步电动机的结构

5.2　旋　转　磁　场

5.2.1　旋转磁场的产生

　　三相异步电动机的定子绕组嵌放在定子铁芯槽内,按一定规律连接成三相对称结构。

三相绕组 AX,BY,CZ 在空间互成 120°,它可以连接成星形,也可以连接成三角形。当三相绕组接至三相对称电源时,则三相绕组中便通入三相对称电流 i_A、i_B、i_C,即

$$i_A = I_m \sin\omega t$$

$$i_B = I_m \sin(\omega t - 120°)$$

$$i_C = I_m \sin(\omega t + 120°)$$

电流的参考方向及随时间变化的波形图如图 5-5、图 5-6 所示。

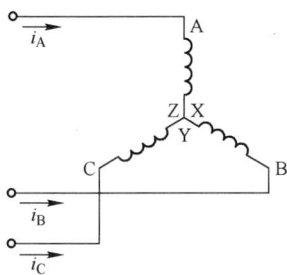

图 5-5　三相对称电流的方向　　　　　　图 5-6　三相对称电流的波形

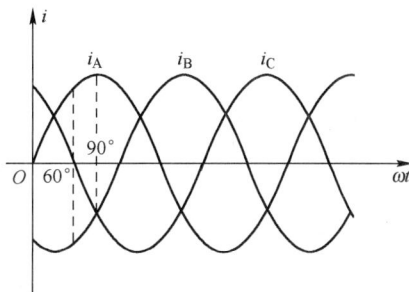

用瞬时法分析,三相交变电流在两极定子绕组中产生的合成磁场如图 5-7 所示。规定电流的参考方向是从绕组的首端流入、末端流出。当电动机定子绕组通入三相电流后,电动机内产生的旋转磁场可逐一分析如下:

在 $\omega t = 0$ 时,定子各绕组中的电流方向如图 5-7(a)所示,此时电流 $i_A = 0$。i_B 为负值,即 i_B 的实际方向是从 Y 流入(用符号⊗表示电流流入),从 B 流出(用⊙符号表示电流流出)。电流 i_C 为正值,即自 C 流入,从 Z 流出。按绕组中通过的电流方向,应用右手螺旋定则,可以知道在 3 个线圈通过电流后该瞬间所产生的合成磁场形成一对磁极,磁极位置为上端 N 极,下端 S 极。

在 $\omega t = \pi/2$ 时,定子各绕组中的电流方向如图 5-7(b)所示。此时电流 i_A 为正值,i_B 仍为负值,电流 i_C 也为负值。这时三相绕组通过电流后该瞬间所产生的合成磁场仍为一对磁极,但磁极的位置相对于 $\omega t = 0$ 时顺时针旋转了 90°。

在 $\omega t = \pi$ 时,定子各绕组中的电流方向如图 5-7(c)所示。此时电流 $i_A = 0$,i_B 为正值,电流 i_C 为负值。这时三相绕组通过电流后该瞬间所产生的合成磁场的磁极位置相对于 $\omega t = 0$ 时顺时针旋转了 180°。

在 $\omega t = 3\pi/2$ 时,定子绕组中的电流方向如图 5-7(d)所示,此时电流 i_A 为负值,i_B 仍为正值,电流 i_C 也为正值。这时三相绕组通过电流后该瞬间所产生的合成磁场的磁极位置相对于 $\omega t = 0$ 时顺时针旋转了 270°。

在 $\omega t = 2\pi$ 时,定子各绕组中的电流方向如图 5-7(e)所示,合成磁场的磁极位置已从 $\omega t = 0$ 时的位置沿顺时针旋转了 360°,即一周。

由分析可知,当定子绕组中通入三相对称电流后,由于三相对称电流不断地随时间变化,产生的合成磁场也随着电流的变化而在空间不断地旋转着,这就是旋转磁场。

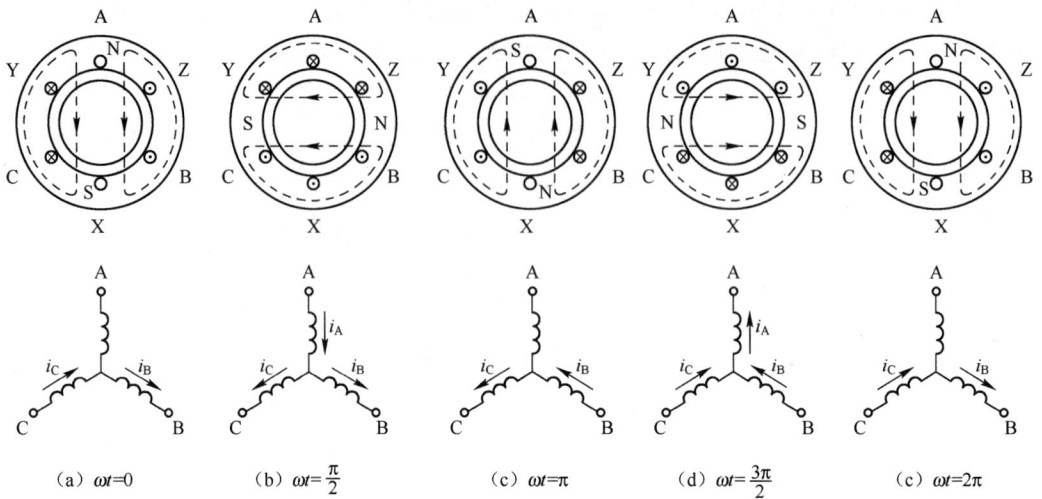

(a) $\omega t=0$　　(b) $\omega t=\dfrac{\pi}{2}$　　(c) $\omega t=\pi$　　(d) $\omega t=\dfrac{3\pi}{2}$　　(c) $\omega t=2\pi$

图 5-7　旋转磁场的形成

5.2.2　旋转磁场的转向

从旋转磁场可以看出,在 $\omega t=0$ 的时,A 相的电流 $i_A=0$,此时旋转磁场的轴线与 A 相绕组的轴线垂直;当 $\omega t=90°$时,A 相的电流 $i_A=+I_m$ 达到最大,这时旋转磁场轴线的方向恰好与 A 相绕组的轴线一致。三相电流出现正幅值的顺序为 A—B—C,由图 5-7 可看出,旋转磁场的旋转方向是与通入绕组的电流相序是一致的,即旋转磁场的转向与三相电流的相序一致。如果将与三相电源相连接的电动机三根导线中的任意两根对调一下,则定子电流的相序随之改变,旋转磁场的旋转方向也发生改变。电动机就会反转,如图 5-8 所示。

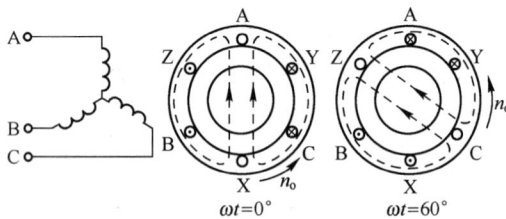

图 5-8　旋转磁场的反转

5.2.3　旋转磁场的极数

三相异步电动机的极数就是旋转磁场的极数。在图 5-7 的情况下,每相绕组只有一个线圈,三相绕组的始端之间相差 $120°$,则产生的旋转磁场具有一对磁极,即 $p=1$。

如将定子绕组按图 5-9 所示安排。即每相绕组有两个均匀安排的线圈串联,三相绕组的始端之间只相差 60°的空间角,则产生的旋转磁场具有两对磁极,即 $p=2$。

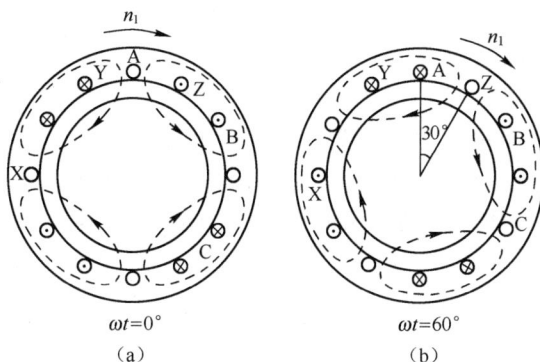

图 5-9 三相电流产生的旋转磁场($p=2$)

依此类推,旋转磁场的极数与三相定子绕组的安排有关,每相绕组串联线圈越多,三相绕组的始端之间相差的空间角越小,则产生的旋转磁场的极数越多。

5.2.4 旋转磁场的转速

三相异步电动机的转速与旋转磁场的转速有关,而旋转磁场的转速取决于旋转磁场的极数。由图 5-7 所示可以证明在磁极对数 $p=1$ 的情况下,三相定子电流变化一个周期,所产生的合成旋转磁场在空间亦旋转一周。设电源频率为 f_1 时,对应的旋转磁场转速 $n_0=60f_1$。当电动机的旋转磁场具有 p 对磁极时,合成旋转磁场的转速为:

$$n_0 = \frac{60f_1}{p}$$

式中 n_0 称为同步转速即旋转磁场的转速,其单位为 r/min(转/分);我国电力网电源频率 $f=50$ Hz。当电动机磁极对数 p 分别为 1、2、3、4 时,相应的同步转速 n_0 应分别为 3 000 r/min、1 500 r/min、1 000 r/min、750 r/min。

5.3 三相异步电动机的工作原理

5.3.1 三相异步电动机工作原理

图 5-10 是三相异步电动机的工作原理图。根据安培定律,载流导体与磁场相互作用而产生电磁力 F,其方向由左手定则决定。电磁力对于转子转轴所形成的转矩称为电磁转矩 T,在它的作用下,电动机转子便转动起来。

三相定子绕组接到三相电源后,三相绕组内将流过对称的三相电流,如前所述,将会在电动机内产生一个两极旋转磁场。并以恒定同步转速 n_0(旋转磁场的转速)按顺时针方向旋转。磁场顺时针方向旋转,就等于转子导体逆时针方向切割磁力线。由电磁感应原理可知,在转子导体内会产生感应电动势,感应电动势的方向由右手定则确定。由于转子绕组是短接的,所以在感应电动势的作用下,产生感应电流,即转子电流 I_2。载流的转子导体在磁场中又受到电磁力的作用,电磁力的方向由左手定则确定,各转子导体所受电磁力对转轴

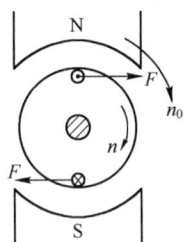

图 5-10　三相异步电动机工作原理示意图

形成一电磁转矩,转子就在此电磁转矩作用下转动起来,由图 5-10 可见,电磁转矩与旋转磁场的转向是一致的,故转子旋转的方向与旋转磁场的方向相同。但电动机转子的转速 n 必须低于旋转磁场转速 n_0。如果转子转速达到 n_0,那么转子与旋转磁场之间就没有相对运动,转子导体将不切割磁通,于是转子导体中不会产生感应电动势和转子电流,也不可能产生电磁转矩,所以电动机转子不可能维持在转速 n_0 状态下运行。可见该电动机只有在转子转速 n 低于同步转速 n_0 时,才能产生电磁转矩并驱动负载稳定运行。因此,这种电动机称为异步电动机。又由于转子电流是由电磁感应而产生的,故又称为感应电动机。

5.3.2　转差率

由上可知,异步电动机的转子转速 n 与旋转磁场的同步转速 n_0 之差是保证异步电动机工作的必要条件。为了描述 n 与 n_0 相差程度,将这两个转速之差与同步转速之比称为转差率,用 s 表示,即

$$s = \frac{n_0 - n}{n_0} \times 100\% \tag{5-1}$$

上式可写为:

$$n = (1 - s)n_0 \tag{5-2}$$

由于异步电动机的转速 $n < n_0$,且 $n > 0$,故转差率在 0 到 1 的范围内,即 $0 < s < 1$。在电动机启动瞬间 $n = 0$、$s = 1$。对于常用的异步电动机,在额定负载时的额定转速 n_N 很接近同步转速 n_0,所以它的额定转差率 s_N 很小,为 $0.01 \sim 0.07$,电动机空载运行时 $s < 0.5\%$。

5.4　三相异步电动机的电磁转矩和机械特性

电磁转矩和机械特性是三相异步电动机的重要物理量和主要特性,它表征一台电动机拖动生产机械能力的大小和运行性能。

5.4.1　电磁转矩

由前述三相异步电动机的工作原理可知,驱动电动机旋转的电磁转矩是由转子导体中的电流 I_2 与旋转磁场每极的主磁通 Φ 相互作用而产生的,因此电磁转矩的大小与 I_2 及 Φ 成正比。由于转子绕组既有电阻,也有电感存在,所以电磁转矩实际上与转子电流 I_2 的有功分量成正比。故电磁转矩的表达式可写为:

$$T = K_T \Phi_m I_2 \cos \varphi_2 \tag{5-3}$$

式中,K_T 是电动机的转矩常数。Φ 及 I_2 的大小,由工作原理还可知,它们都是因定子绕组接入三相交流电压 U_1 后而产生的,故 Φ 及 I_2 都与电源电压有关。

综上所述,可得出这样一个重要概念,即三相异步电动机的电磁转矩与电源电压 U_1 的平方成正比,因此电源电压的波动对电动机的电磁转矩将产生很大的影响。例如,当电源电压下降 10% 时,电动机的转矩则将降到原转矩的 81%,此时电动机将不能正常工作。

另外从理论分析还知道,转子电流 I_2 与转差率 s 有关,故电磁转矩 T 与 s 也有关,其关系如图 5-11 所示,即 $T = f(s)$ 曲线,通常称为异步电动机的转矩特性。从曲线上可以看到,随着 s 的增大,转矩 T 也开始增大,但达到最大值 T_{max} 以后,随着 s 的增大,T 反而减小,最大转矩称临界转矩,对应 T_{max} 的 s_m 称为临界转差率。

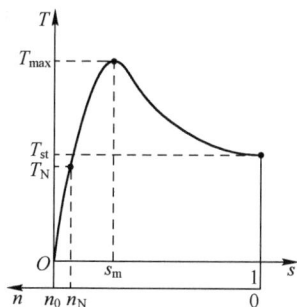

图 5-11　三相异步电动机的 $T=f(s)$ 曲线　　　图 5-12　三相异步电动机的 $n=f(T)$ 机械特性曲线

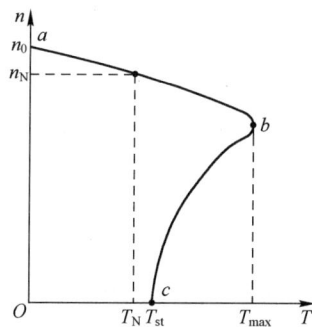

5.4.2　机械特性

在实际应用中,异步电动机的转矩特性曲线不够直观,应用不太方便,所以通常用异步电动机的机械特性来分析问题。所谓机械特性就是在电源电压不变的条件下,电动机的转速 n 和电磁转矩 T 之间的关系,即 $n=f(T)$,如图 5-12 所示。实质上图 5-12 是由图 5-11 顺时针方向转 $90°$,再把两个坐标轴变换而得到的,两者只是表示形式不同而已。

在机械特性曲线上值得注意的是两个区域和三个转矩值。

1. 额定转矩 T_N

电动机在额定电压下,带动额定负载,以额定转速运行,输出额定功率时的转矩称为额定转矩 T_N,根据力学原理分析可得

$$T_N = 9550 \frac{P_N}{n_N} \tag{5-4}$$

式中：P_N——异步电动机的额定功率，kW；

n_N——异步电动机的额定转速，r/min；

T_N——异步电动机的额定转矩，N·m。

2. 最大转矩 T_{max}

最大转矩是电动机所能产生的转矩最大值，即机械特性曲线上 b 点所对应的转矩。

通常用最大转矩 T_{max} 与额定转矩 T_N 的比值 λ 来反映电动机过载运行的能力，即常用过载系数 λ_m 表示。

$$\lambda_m = \frac{T_{max}}{T_N} \tag{5-5}$$

一般三相异步电动机的过载系数为 1.8～2.2。

3. 启动转矩 T_{st}

电动机接通电源的瞬间（$n=0$、$s=1$）的转矩称启动转矩，用 T_{st} 表示。启动时，要求启动转矩 T_{st} 必须大于电动机静止时的负载转矩 T_L 才能启动。由机械特性曲线可看出，电动机的转速逐渐升高，直到 $T=T_L$ 时，电动机以某一转速稳定运行，T_{st} 大，启动快，启动过程短。

当 $T_{st}<T_L$ 时，则电动机无法启动，此时会出现电动机堵转现象，电动机的电流上升直至最大值，造成电动机过热。此时，应立即切断电源，减轻负载或排除故障再重新启动。

异步电动机的启动能力常用启动转矩与额定转矩的比值，即启动系数 λ_{st} 表示：

$$\lambda_{st} = \frac{T_{st}}{T_N} \tag{5-6}$$

一般鼠笼式电动机的启动能力为 0.8～2.2。

4. 电动机的稳定运行

电动机接通电源后，只要 T_{st} 大于负载转矩 T_L，转子便启动旋转，由机械特性曲线 $n=0$ 的 c 点沿 cb 段运行，因 cb 段转矩是随着转速 n 升高而不断增大。经过 b 点后，由于 T 随 n 的增加而减小，直到 a 点 $T=T_L$，电动机就以恒定速度 n 稳定运行。

若由于某种原因使负载转矩 T_L 变化，转速 n 也随之变化时，从机械特性 ab 段可以看出，电磁转矩 T 随 n 的变化而变化，如 T_L 增加时，n 下降，电磁转矩 T 增加，直至 $T=T_L$ 达到转矩的平衡，故 ab 段曲线为稳定区。如 T_L 增加至 $T_L>T_{max}$ 时，进入曲线 bc 段，随 n 的下降，电磁转矩 T 减小，T 的减小又进一步使 n 下降，最后电动机的转速 n 下降到零而停止转动（堵转），可见在 bc 段内工作时，电磁转矩将不能自动适应负载的变化，电动机不能稳定运行。在电动机堵转时，其定子绕组仍接在电源上，而转子被堵不转，所以这时定子绕组中的电流会剧增，若不及时切断电源，电动机将迅速过热而烧毁。

【例 5-1】 有一台三相鼠笼式异步电动机，其额定功率 $P_N = 55$ kW，额定转速 $n_N = 1\ 480$ r/min，$\lambda_{st}=1.3$，$\lambda_m=2.2$。试求这台电动机的额定转矩 T_N，启动转矩 T_{st} 和最大转矩 T_{max} 各为多少？

解：电动机的额定转矩由式(5-4)可推得：

$$T_N = 9550 \frac{P_N}{n_N} = 9550 \times \frac{55}{(1480)} = 354.9 \text{ N·m}$$

电动机的启动转矩由式(5-6)可推得：

$$T_{st} = \lambda_{st} \times T_N = 1.3 \times 354.9 = 461 \text{ N·m}$$

电动机的最大转矩由式(5-5)可推得：

$$T_{max} = \lambda_m \times T_N = 2.2 \times 354.9 = 781 \text{ N·m}$$

5.5　三相异步电动机的使用

5.5.1　铭牌数据

每一台电动机的机座上都安装有一块铭牌，上面标有这台电动机的主要技术数据。为了正确选择、使用和维护电动机，必须熟悉这些铭牌数据的含义。现以 Y160M—4 型电动机的铭牌为例，来说明铭牌上各个数据的含义。

三相异步电动机		
型　　号　Y160M—4	功　　率　18.5 kW	频　　率　50 Hz
电　　压　380 V	电　　流　7.2 A	接　　法　△
转　　速　960 r/min	工作方式　连续	绝缘等级　B
产品编号　××××××	质　　量　180 kg	
××电机厂		××××年××月××日

图 5-13　Y160M—4 型电动机铭牌

1. 型号

型号是电动机类型、规格的代号。国产异步电动机的型号由汉语拼音字母及国际通用符号和阿拉伯数字组成，如 Y160M—4 中

Y：三相笼型异步电动机。

160：机座中心高 160 mm。

M：机座长度代号(S—短机座；M—中机座；L—长机座)。

4：磁极数(磁极对数 $p=2$)。

2. 接法

接法是电动机在额定电压下，三相定子绕组的接法。Y 系列三相异步电动机额定功率在 3 kW 及以下的为丫连接，4 kW 以上的为△连接。

铭牌上标有△/丫两种连接时，应同时标有相应的两种额定电压和两种额定电流。

3. 额定频率

额定频率是指电动机定子绕组所加交流电源的频率,我国工业用交流电标准频率为50 Hz。

4. 额定电压

额定电压是指电动机在额定运行时加到定子绕组上的线电压的有效值。Y 系列三相异步电动机的额定电压统一为 380 V。

电动机如标有两种电压值,如 220/380 V,其接法应标出△/丫,它表示当三相电源线电压为 220 V 时,电动机应连接成三角形;当三相电源线电压为 380 V 时,电动机应连接成星形。

5. 额定电流

额定电流是指电动机在额定运行时,定子绕组线电流的有效值。标有两种电压的电动机相应标出两种额定电流。如 10.6 / 6.2 A,表示当定子绕组作三角形连接时,其额定电流为 10.6 A,而作星形连接时,其额定电流为 6.2 A。

6. 额定功率和效率

额定功率是指电动机在额定电压、额定频率、额定负载运行时,其转轴上输出的机械功率,也称额定容量。

$$P_N = \sqrt{3} U_N I_N \cos \varphi_N \eta_N$$

$$\eta_N = \frac{P_2}{P_1}$$

效率是指输出的额定机械功率与输入电功率之比。

7. 额定转速

在额定频率、额定电压和额定输出功率时,电动机每分钟的转数,即额定转速。

8. 温升和绝缘等级

运行时电动机温度高出环境温度的容许值叫容许温升。环境温度为 40℃,温升为65℃的电动机最高允许温度为 105℃。

绝缘等级是指电动机定子绕组所用绝缘材料允许的最高温度等级,有 A、E、B、F、H五级。目前,一般电动机采用较多的是 E 级和 B 级。

容许温升的高低与电动机所采用的绝缘材料等级有关。常用绝缘材料的绝缘等级和最高容许温度见表 5-1。

表 5-1　常用绝缘材料的绝缘等级和最高容许温度

级　别	A	E	B	F	H
最高容许温度/℃	105	120	130	155	180

9. 功率因数

功率因数即 $\cos \varphi$,就是定子相电压与相电流相位差的余弦。

三相异步电动机中,由于存在较大的空气隙,故功率因数较低,在额定运行时为 0.7~0.9,而在轻载和空载时更低,空载时只有 0.2~0.3。

10. 工作方式

异步电动机的工作方式有 3 种。

(1) 连续工作方式。

可在铭牌上规定的额定功率下长期连续使用,且温升不会超过容许值,可用代号 S_1 表示。

(2) 短时工作方式。

每次只允许在规定时间以内按额定功率运行,如果运行时间超过规定时间,会使电动机过热而损坏,可用代号 S_2 表示。

(3) 断续工作方式。

电动机以间歇方式运行。如吊车和起重机械的拖动多为此种方式,用代号 S_3 表示。

5.5.2　三相异步电动机的启动、调速和制动

1. 三相异步电动机的启动

电动机接通电源后,转速由零上升到稳定值的过程为启动过程。

启动开始时,$n=0$,$s=1$,旋转磁场和静止转子之间的相对转速最大,因此转子中的电流很大,定子从电源吸收的电流也必然很大,这时的定子电流称为启动电流。对中小型笼型异步电动机,启动电流可达额定电流的 4~7 倍,但启动过程很短,仅几分之一秒到几秒。如果频繁启动,则电动机会发热甚至烧毁,同时过大的启动电流在输电线路上造成的电压降较大,影响同一电网上其他用电设备的正常运行。例如,使其他电动机因电压降落,电磁转矩变小,转速下降,甚至导致停转。为此常采用一些适当的启动方法把启动电流限制在一定数值内,但要有足够大的启动转矩,以保证顺利启动。异步电动机的启动方法通常有以下几种:

1) 直接启动

将额定电压直接加在定子绕组上使电动机启动的方法称为直接启动,又叫全压启动。如图 5-14 所示,这种方法设备简单、操作方便,启动迅速,但启动电流较大,只要电网的容量允许,应尽量采用直接启动。

电动机能否直接启动,电力管理部门有一定的规定。如果用户由独立的变压器供电,对频繁启动的电动机,其容量不超过变压器容量的 20% 时,允许直接启动;对于不经常启动的电动机,其容量不超过变压器容量的 30% 时,可以直接启动。如果用户没有独立的变压器供电,电动机在直接启动时引起的电压降不应超过 5%。

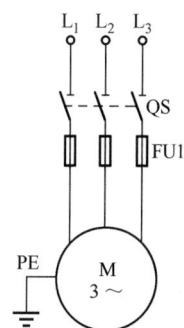

图 5-14　直接启动

2）降压启动

如果电动机容量较大或启动频繁,为了限制启动电流,通常采用降压启动。降压启动是在启动时降低加在定子绕组上的电压,待电动机转速升高到接近额定值时,再使加在定子绕组上的电压恢复到额定值,转入正常运行。

降压启动时定子绕组电压降低,减小了启动电流,但启动转矩也减小,所以这种方法只能在轻载或空载下启动,启动完毕后再加上机械负载。

常用的降压启动方法有两种:

(1) Y—△换接启动。这种方法是在电动机启动时把定子绕组接成星形,待转速上升到接近额定值时,再换接成三角形进入正常运行,电路如图 5-15 所示。启动时将转换开关 Q_2 投向"Y启动"位置,使定子绕组接成星形,启动完毕,再将 Q_2 投向"△运行"位置,把定子绕组换接成三角形。这种换接启动,在启动时使定子绕组相电压降低为额定电压的 $1/\sqrt{3}$,启动电流降为直接启动时的 $1/3$,启动转矩也减小为直接启动的 $1/3$。这种启动方法适合于电动机正常运行时定子绕组为△连接的空载或轻载启动。目前,功率在 4 kW 以上的 Y 系列异步电动机均设计为△连接。

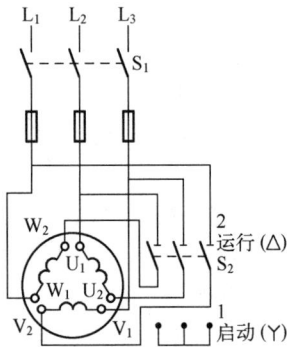

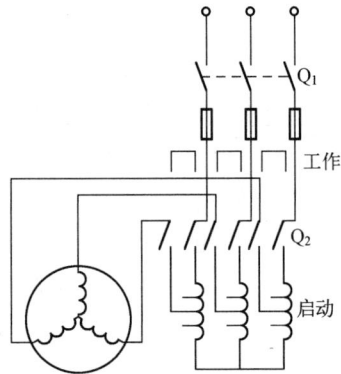

图 5-15　Y—△换接启动接线图　　　　图 5-16　自耦变压器降压启动接线图

(2) 自耦变压器降压启动。这种方法是利用三相自耦变压器来降低启动时加在定子绕组上的电压,如图 5-16 所示。启动前,先将 Q_2 投向"启动"位置,电网电压经自耦变压器降压后送到电动机定子绕组上,启动完毕后,将 Q_2 接至"工作"位置,自耦变压器被脱离三相电源,额定电压加在定子绕组上正常运行。自耦变压器常备有三个抽头,其输出电压分别为电源电压的 80%、60% 和 40%,可以根据对启动转矩的不同要求选用不同的输出电压。自耦变压器降压启动的优点是启动电压可根据需要选择,但设备笨重,成本较高,适用于功率较大的电动机和不能用Y—△换接启动的电动机。

2. 三相异步电动机的调速

调速是指在负载不变的情况下,人为地改变电动机的转速,以满足各种生产机械的需求。调速的方法很多,可以采用机械调速,也可以采用电气调速。采用电气调速可大大简化机械变速机构,并能获得较好的调速效果。

由式(5-2)可知,$n=(1-s)n_0=(1-s)\dfrac{60f_1}{p}$,可见异步电动机的转速可以通过改变频

率 f_1、磁极对数 p 和转差率 s 三种方法来实现。

1）变极调速

改变定子绕组的接法，可以改变磁极对数，从而得到不同的转速，由于磁极对数 p 只能成倍变化，所以这种方法不能实现无级调速。目前已生产的变极调速电动机有双速、三速、四速等多种电动机。变极调速虽不能平滑无级调速，但比较经济、简单。在机床中常用减速齿轮箱来扩大调速范围。

2）变频调速

异步电动机的转速和电源的频率 f_1 成正比，随着电力电子技术的迅速发展，很容易实现大范围平滑地改变电源频率 f_1，从而得到平滑的无级调速。这种调速方法，是交流电动机调速的发展方向。

我国电网供电频率是固定的 50 Hz，要改变电源频率 f_1 来调速，就需要一套变频装置。目前变频装置有两种。

（1）交—直—交变频装置（简称 VVVF 变频器），这种变频装置先用晶闸管整流装置将交流电转换成直流电，再用逆变器将直流电变换成频率可调、电压值可调的交流电供给交流电动机，如图 5-17 所示。目前，随着大功率晶体管（GTR、IGBT）和微机控制技术的引入，使 VVVF 变频器的变频范围、调速精度、保护功能、可靠性与性能大大提高，但这种变频装置较复杂，故该方法不是变频调速的主流。

图 5-17　逆变器变频调速

（2）交—交变频装置。利用两套极性相反的晶闸管整流电路向三相异步电动机每组绕组供电，交替地以低于电源频率切换正、反两组整流电路的工作状态，使电动机绕组得到相应频率的交变电压。

3）变转差率调速

变转差率调速只适用于绕线型电动机。在绕线型电动机转子电路中接入一个调速电阻，改变电阻的大小，就能实现调速。这种调速方法的优点是设备简单、调速平滑，但能量消耗大，常用于起重设备与恒转矩负载中。

3. 三相异步电动机的制动

当电动机断电后，由于电动机及生产机械的惯性，要经过一段时间才能停转。为了提高生产效率及确保人身和设备安全，必须采取有效的制动措施使电动机能迅速停车或反转。

制动的方法有机械制动和电气制动两类。

机械制动通常利用电磁抱闸来实现。电动机启动时，电磁抱闸线圈同时通电，电磁铁吸合，使抱闸打开；电动机断电时，抱闸线圈同时断电，电磁铁释放，在弹簧作用下，抱闸把电动机转子紧紧抱住，实现制动。起重机常用这种方法制动。

电气制动就是要求电动机产生的转矩与转子的转动方向相反，即产生一个制动转矩，使电动机迅速停止转动。常用的电气制动方法有以下两种。

1）反接制动

反接制动电路如图 5-18 所示。开关 QS 由运行位置转换到制动位置,在电动机脱离电源后,把电动机与电源连接的三根导线中的任意两根对调一下,使旋转磁场反转,而转子因惯性仍沿原方向转动,因而产生的电磁转矩与电动机转动方向相反,电动机迅速减速,当转速接近于零时,利用控制电器将三相电源切断,以免电动机反转。

反接制动的优点是制动比较简单,制动转矩较大,停机迅速,但制动电流较大,消耗能量较大,机械冲击强烈,易损坏传动部件,为减小制动电流,常在三相制动电路中串入电阻或是电阻器。一般用于不经常启动和制动的场合。

2）能耗制动

能耗制动如图 5-19 所示,开关 QS 由运行位置切换到制动位置后,切断三相电源,同时给定子绕组 V、W 通入直流电,在定子与转子之间形成一个固定磁场,由于转子的惯性,仍按原方向转动切割固定磁场,产生一个与转子旋转方向相反的制动转矩,使电动机迅速停止。停转后,转子与磁场相对静止,制动转矩随之消失。

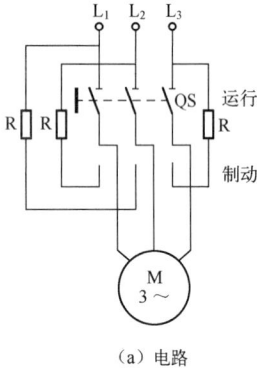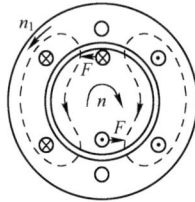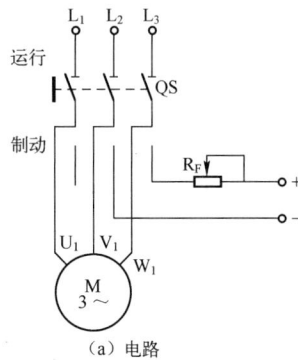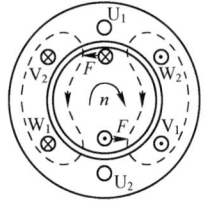

（a）电路　　　　（b）原理　　　　　　　　（a）电路　　　　（b）原理

图 5-18　反接制动　　　　　　　　　　图 5-19　能耗制动

这种方法是把转子的动能转换为电能,在转子电路中以热能形式迅速消耗掉的制动方法,故称为能耗制动。其优点是制动能量消耗小、制动平稳,虽要直流电源,但随着电子技术的迅速发展,很容易从交流电获得直流电。一般用于制动要求准确、平稳的场合。

5.5.3　三相异步电动机的选择

三相异步电动机应用最为广泛,选择是否合理,对运行的安全性和经济、技术指标的实现都有很大影响。在选择电动机时,应根据实际需要,考虑经济、安全等因素,必须合理选择其功率、类型、电压和转速等。

1. 功率的选择

电动机功率(即容量)的选择,由生产机械所需的功率决定。功率选得过大,会造成

"大马拉小车",虽然能保证正常运行,但不经济;功率选得过小,不能保证电动机和生产机械正常工作,长期过载运行,将使电动机烧坏并造成严重设备事故。

对连续运行的电动机,先要算出生产机械的功率,使电动机的额定功率等于或稍大于生产机械功率即可。

对短时运行的电动机,电动机的额定功率可根据生产机械额定功率的 $1/\lambda_m$ 来选择,λ_m 为电动机的过载系数。

2. 类型的选择

选择电动机的类型可从电源类型、机械特性、调速与启动特性、维护及价格等方面来考虑。

(1)通常生产现场所用的都是三相交流电源,如果无特殊要求,一般都采用交流电动机。

(2)笼型电动机的结构简单、价格低廉、维护方便;但调速困难、功率因数低、启动性能较差。在要求机械特性较硬而无特殊调速要求的场合尽可能选用笼型电动机。

(3)在要求启动性能好和小范围内平滑调速时,可选用绕线型电动机。

(4)要求转速恒定或功率因数较高时,宜选用同步电动机。

3. 电压的选择

电压的选择要根据电动机类型、功率及使用地点的电源电压来决定。大容量的电动机(大于 100 kW)在允许条件下一般选用如 3kV 或 6kV 高压电动机,小容量的 Y 系列笼型电动机只有 380 V 一个等级。

4. 转速的选择

电动机的额定转速取决于生产机械的要求和传动机构的变速比。额定功率一定时,转速越高,则体积越小,价格越低,但需要变速比大的传动减速机构。因此,必须综合考虑电动机和机械传动等方面的因素。

异步电动机通常采用 4 个极的,即同步转速 $n_0 = 1\,500$ r/min 的。

5. 结构形式的选择

生产机械的种类繁多,它们的工作环境也不同。如果在潮湿或含有酸性气体的环境中工作,则绕组的绝缘很快受到侵蚀。在灰尘很多的环境中工作,则容易脏污,导致散热条件恶化。因此,必须生产各种结构形式的电动机,以保证在不同工作环境中能安全可靠地运行。

按照上述要求,常制成下列几种结构形式。

(1)开启式。

在结构上无特殊防护装置,通风良好,适用于干燥无灰尘的场所。

(2)防护式。

在机壳或端盖下面有通风罩,以防止铁屑等杂物掉入,或将外壳做成挡板状,防止在一定角度内有雨水滴入。

（3）封闭式。

封闭式电动机的外壳严密封闭，靠电动机自身风扇冷却或外部风扇冷却，并在外壳带有散热片。在灰尘多、潮湿或含有酸性气体的场所，采用这种电动机。

（4）防爆式。

整个电动机严密封闭，用于有爆炸性气体的场所。

此外，也要根据安装要求，采用不同的安装结构。电动机的安装形式有：机座带底脚，端盖无凸缘；机座不带底脚，端盖有凸缘；机座带底脚，端盖有凸缘。

习　题

5-1　三相笼型异步电动机主要由哪些部分组成？各部分的作用是什么？

5-2　试分别画出三相异步电动机定子绕组的 6 个出线端接成 Y 形和 D 形接法的接线图。

5-3　什么叫旋转磁场？它是怎样产生的？

5-4　简述三相异步电动机的工作原理。

5-5　一台三相异步电动机，旋转磁场转速 $n_0 = 1\,500$ r/min，这台电动机为几对磁极电动机？试分别求出 $n = 0$ 时和 $n = 1\,450$ r/min 时该电动机的转差率。

5-6　画出三相异步电动机的机械特性，指出稳定工作区和非稳定工作区。

5-7　型号为 Y-200L1-4 的三相异步电动机，输出功率 $P_2 = 30$ kW，电压 $U_1 = 380$ V，电流 $I_1 = 56.8$ A，效率 $\eta = 92.2\%$，额定转速 $n_N = 1\,470$ r/min，电源的频率为 50 Hz。求该电动机的功率因数、输出转矩和转差率。

5-8　三相异步电动机直接启动存在什么问题，有什么危害？

5-9　什么叫三相异步电动机的降压启动？有哪几种降压启动方法？并比较它们的优缺点。

5-10　一台三相异步电动机，在电源电压 $U_1 = 380$ V 时，电动机 D 形连接时，电动机的 $I_{st}/I_N = 7$，额定电流 $I_N = 20$ A，求：

（1）电动机 D 形连接时的启动电流 I_{st}；

（2）采用 Y—△方法换接启动时的启动电流。

5-11　一台三角形接法的三相异步电动机，额定功率 $P_N = 10$ kW，额定转速 $n_N = 1450$ r/min，启动能力 $T_{st}/T_N = 1.2$，过载系数 $\lambda_m = 2$，求：

（1）电动机的额定转矩 T_N；

（2）启动转矩 T_{st}；

（3）最大转矩 T_{max}；

（4）电动机用 Y—△方法启动时的 T_{stY}。

5-12　三相异步电动机有哪几种调速方式？并比较各自的优缺点。

5-13　画图说明如何改变三相异步电动机的转向。

5-14　有一台异步电动机，其 $P_N = 11 \text{ kW}$，$n_N = 1\ 460 \text{ r/min}$，$U_N = 380 \text{ V}$，$\triangle$ 接法，$\eta_N = 88\%$，$\cos \phi = 0.84$，$T_{st}/T_N = 2$，$\dfrac{I_{st}}{I_N} = 7$。试求：

（1）I_N 和 T_N；

（2）用 Y—$\triangle$ 启动时的启动电流和启动转矩；

（3）负载转矩为额定转矩的 70% 和 60% 时，电动机能否采用 Y—$\triangle$ 启动？

第6章 电气控制技术

本章要点

1. 了解低压电器的结构和原理。
2. 熟悉三相异步电动机的常用控制电路。
3. 了解可编程控制器的组成及工作原理。
4. 掌握可编程控制器的梯形图和指令表程序的简单编写。

电气控制就是继电—接触器控制,它是通过开关、按钮、继电器和接触器等各种控制电器实现对电动机的启动、正反转、调速等运行性能的控制以满足生产工艺的要求,同时当发生过载、短路等情况时,保护电器能按预先确定的要求准确地做出反应动作,以保证人身和设备安全。

6.1 常用的低压电器

低压电器是指工作在交流额定电压 1 200 V 及以下、直流额定电压 1 500 V 及以下,用来切换、保护、控制和调节用电设备的电器。它广泛用于输配电系统和电力拖动系统中,在实际生产中起着非常重要的作用。

6.1.1 刀开关、主令电器和熔断器

1. 闸刀开关

闸刀开关就是生产中常用的 HK 系列开启式负荷开关,又称为瓷底胶盖刀开关,简称刀开关。刀开关的结构简单,其外形、结构图如图 6-1 所示,其符号如图 6-2 所示。

闸刀开关适用于交流 50 Hz、额定电压单相 220 V 或 380 V、额定电流 10 A 至 100 A 的照明、电热设备及小容量电动机等不需要频繁接通和断开电路的控制线路。

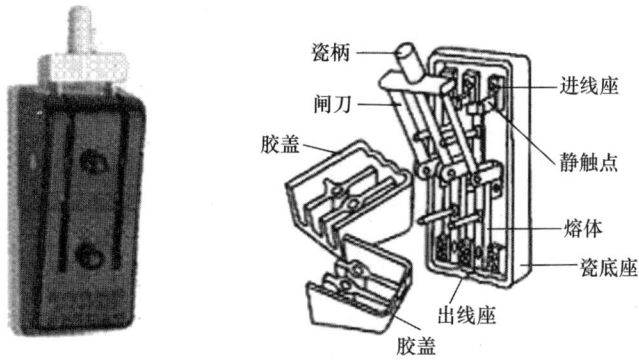

图 6-1　刀开关的外形和结构图

（a）刀开关的符号　　　　　（b）带熔断器刀开关符号

图 6-2　闸刀开关的符号

2. 组合开关

组合开关又称转换开关,如图 6-3 所示,它由几层动、静触头分别装在绝缘件内组装而成,动触头安装在附有操作手柄的转动方轴上,改变操作手柄的位置,就改变了触头的通或断。组合开关有单极、双极、三极和四极等几种,其图形符号如图 6-4 所示。

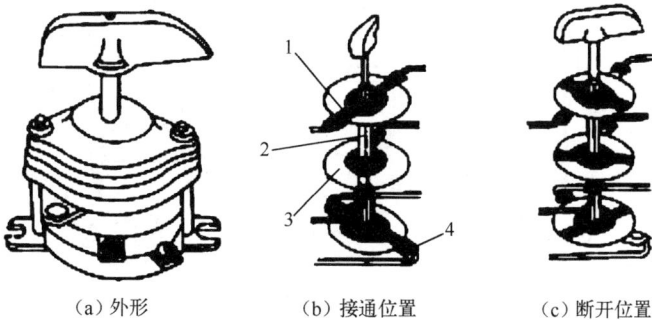

（a）外形　　　　　（b）接通位置　　　　　（c）断开位置

图 6-3　组合开关

1—动触头;2—方轴;3—绝缘垫板;4—静触头

3. 按钮

按钮是最简单的主令电器。其外形如图 6-5 所示。按钮有常闭按钮(停止按钮)、常开按钮(启动按钮)和复合按钮。复合按钮具有常闭和常开触头,如图 6-6 所示。按钮的符号如图 6-7 所示。

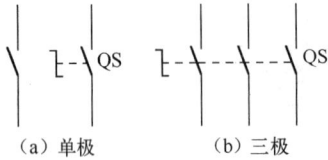

（a）单极　　　　（b）三极

图 6-4　组合开关的符号

图 6-5　按钮外形

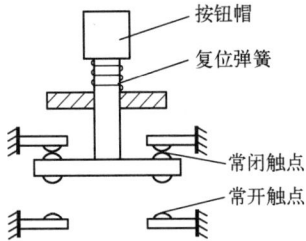

按钮帽

复位弹簧

常闭触点

常开触点

图 6-6　按钮的结构图

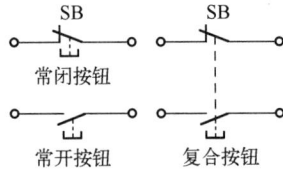

SB　　　　　　SB

常闭按钮

常开按钮　　　复合按钮

图 6-7　按钮的符号

4. 行程开关

行程开关是一种按运动部件的行程或位置要求进行动作的电器,其外形如图 6-8 所示。行程开关的结构与按钮类似,但其触点动作要由机械撞击实现。

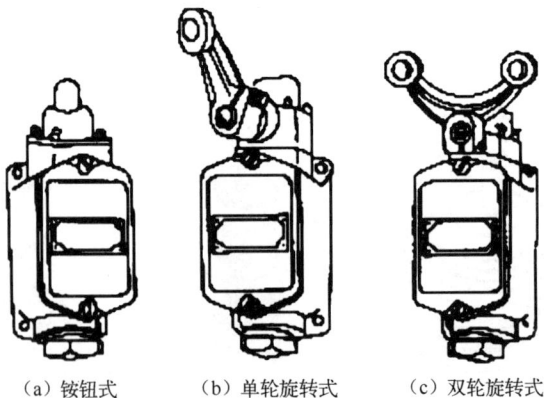

（a）铵钮式　　　（b）单轮旋转式　　　（c）双轮旋转式

图 6-8　行程开关外形

在实际生产中,将行程开关安装在预先安排的位置,当装于生产机械运动部件上的模块撞击行程开关时,行程开关的触点动作,实现电路的切换。因此,行程开关是一种根据运动部件的行程位置而切换电路的电器,它的作用原理与按钮类似。

行程开关广泛用于各类机床和起重机械,用以控制其行程,进行终端限位保护。在电梯的控制电路中,还利用行程开关来控制开关轿门的速度、自动开关门的限位,轿厢的上、下限位保护。行程开关的符号如图 6-9 所示。

| 常开触头 | 常闭触头 | 复合行程开关 |

图 6-9　行程开关符号

5. 熔断器

熔断器又称保险,是一种应用十分广泛、简便、有效、价格低廉的短路保护器。一旦发生短路或严重过载时,熔体就立即熔断,图 6-10 为瓷插式熔断器,图 6-11 为螺旋式熔断器,熔断器的符号如图 6-12 所示。

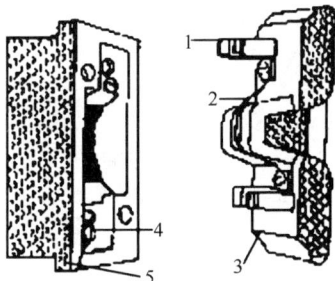

图 6-10　瓷插式熔断器

1—动触头;2—熔丝;3—瓷盖;4—静插头;5—瓷座

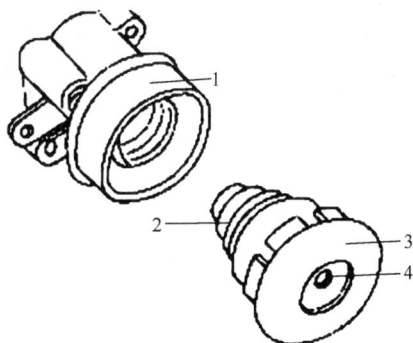

图 6-11　螺旋式熔断器

1—底座;2—熔体;3—瓷帽;4—色点

熔断器中的熔片或熔丝用导电性能好的易熔合金制成,如铅锡合金,或用截面积很小的导体制成,如铜、银等。线路在正常工作时,熔断器中的熔丝或熔片不应熔断。一旦发生短路或严重过载时,熔断器中的熔丝或熔片应立即熔断,起短路保护作用。

图 6-12　熔断器符号

熔丝的额定电流有许多种,在照明和电热器电路中,熔丝的额定电流应等于或略大于设备的额定电流。在电动机电路中,熔断器熔丝的额定电流一般为电动机额定电流的 2～3 倍。

6.1.2　交流接触器

接触器由电磁系统、触头、灭弧装置、辅助触头、支架及底座等组成。接触器按照通过励磁线圈电流的类型分为直流移触器和交流接触器两大类,图 6-13 所示为交流接触器,其符号如图 6-14 所示。交流接触器的原理示意图如图 6-15 所示,当励磁线圈通电时,产生电磁吸力,吸引动铁芯,并带交流动触头移动,使常开主触头闭合,常闭触头断开。当励磁线圈断电时,磁力消失,在反作用弹簧的作用下,使铁芯释放,各触头又恢复到原来的位置。

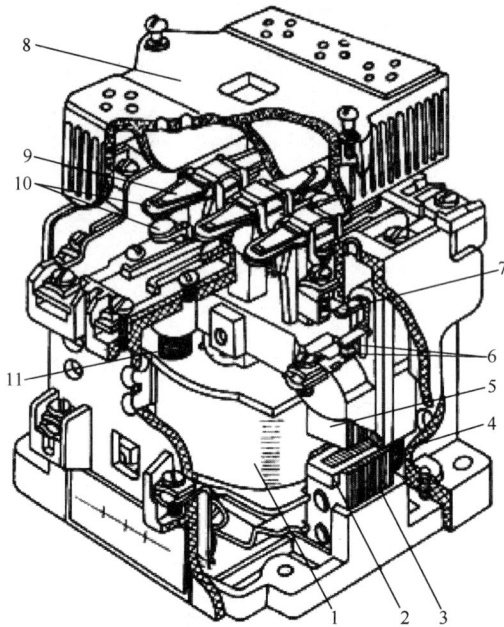

图 6-13　交流接触器

1—励磁线圈；2—短路环；3—静铁芯；4—缓冲弹簧；5—动铁芯；6—辅助常开触头；
7—辅助常闭触头；8—灭弧罩；9—触头压力弹簧片；10—主触头；11—反作用弹簧

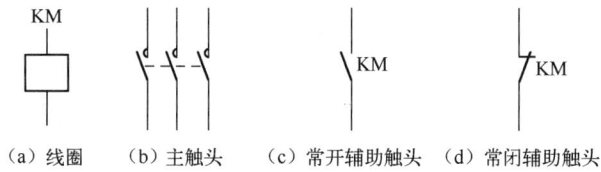

（a）线圈　　（b）主触头　　（c）常开辅助触头　（d）常闭辅助触头

图 6-14　交流接触器的符号

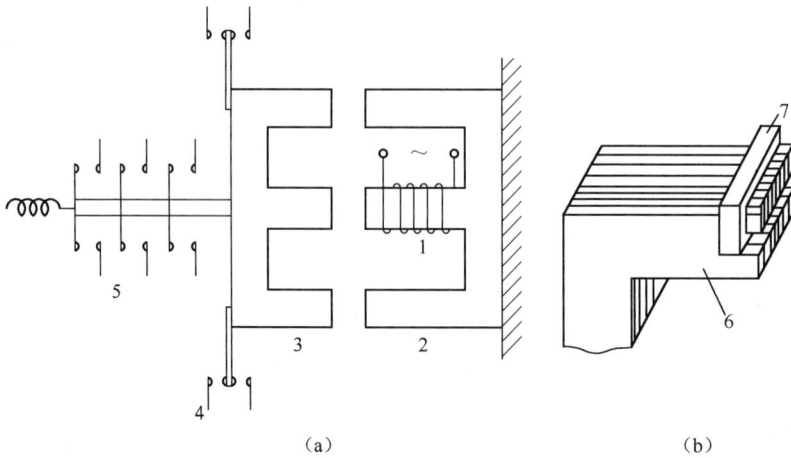

（a）　　　　　　　　　　　　　　　　　（b）

图 6-15　接触器原理示意图

1—励磁线圈；2—静铁芯；3—衔铁（动铁芯）；4—辅助触头（常开和常闭）；5—主触头；6—铁芯；7—短路环

6.1.3　热继电器和时间继电器

1. 热继电器

热继电器是利用电流热效应原理工作的保护电器。它在电路中作电动机的过载保护，使电动机免受长期过载的危害。

热继电器主要由热元件（电阻丝）、双金属片、触头等部分组成，其结构原理图如图 6-16 所示，热继电器的符号如图 6-17 所示。热元件串接在主电路中，流过热元件的电流是负载电流。双金属片是由两层线膨胀系数不同的金属片经热轧粘合而成，一端固定在支架上，另一端是自由端，其下层金属片膨胀系数大，受热后双金属片将向上翘，同时在弹簧作用下推动绝缘拉杆右移，使静、动触头断开，从而可控制接触器吸引线圈的电路，使电动机脱离电源起到保护作用。热继电器动作后，双金属片经过一定时间冷却，使热继电器的常闭触头自动复位，当不能自动复位时，须经手动复位，才能继续使用。由于热惯性，热继电器不能作短路保护。

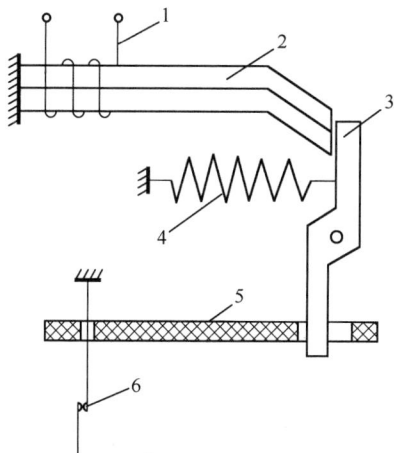

图 6-16　热继电器的结构原理图
1—电阻丝；2—双金属片；3—扣杆；
4—释放弹簧；5—连杆；6—常闭触头

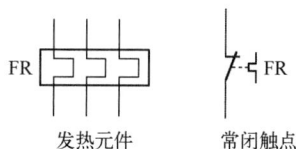

图 6-17　热继电器的符号

2. 时间继电器

时间继电器是一种利用电磁原理或机械动作原理实现触头延时接通或断开的自动电器，其种类很多，常用的时间继电器有电磁式、空气式、电动式和晶体管式。

空气式时间继电器是利用空气阻尼原理获得延时的，它由电磁机构、延时机构和触头3 部分组成。电磁机构为直动式双 E 型，触头系统是借用微动开关动作的，延时机构采用气囊式阻尼器，可以做成通电延时型时间继电器，也可以做成断电延时型时间继电器。现以通电延时型时间继电器为例介绍其工作原理，如图 6-18(a)所示。

其工作原理为：当线圈1 通电后，衔铁3 被铁芯2 吸合，活塞杆6 在塔形弹簧8 的作用下，带动活塞12 及橡皮膜10 向上移动。但由于橡皮膜下方气室的空气稀薄，形成负压,因此活塞杆 6 只能缓慢地向上移动,其移动的速度视进气孔的大小而定,孔的大小可通过调节螺杆 13 进行调整。经过一定的延时时间后,活塞杆才能移到最上端,这时通过杠杆 7 将微动开关 15 压动,使其常闭触头分断,常开触头闭合,起到通电延时作用。当线圈 1 断电时,电磁吸力消失,衔铁 3 在反力弹簧 4 的作用下释放,并通过活塞杆 6 将活塞 12 推向下端,这时橡皮膜 10 下方气室内的空气通过橡皮膜 10、弱弹簧 9 和活塞 12 的肩部所形成的单向阀,迅速地从橡皮膜上方的空气缝隙中排掉,因此杠杆 7 和微动开关 15 能迅速复位。在线圈 1 通电和断电时,微动开关 15 和微动开关 16 在推板 5 的作用下都能瞬时动作,为时间继电器的瞬动触头。

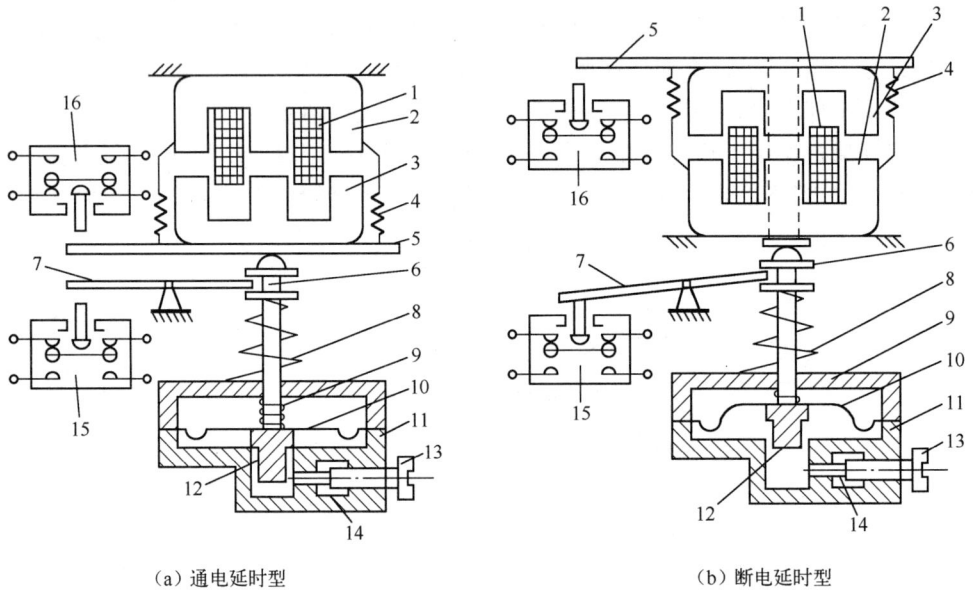

(a) 通电延时型　　　　　　　　　　(b) 断电延时型

图 6-18　空气式时间继电器

1—线圈;2—铁芯;3—衔铁;4—反力弹簧;5—推板;6—活塞杆;7—杠杆;8—塔形弹簧;9—弱弹簧;
10—橡皮膜;11—空气室壁;12—活塞;13—调节螺杆;14—进气孔;15、16—微动开关

　　将通电延时的时间继电器的电磁机构翻转 180°安装时,即为断电延时型,如图 6-18(b)所示。时间继电器的符号如图 6-19 所示。

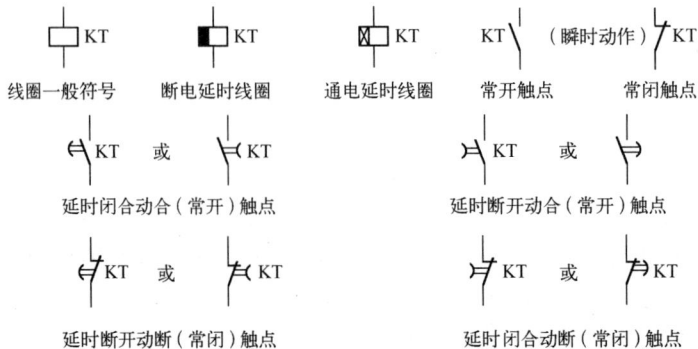

图 6-19　时间继电器的符号

6.2　电气控制原理图及基本控制环节

6.2.1　电气控制原理图

电气控制原理图的绘制一般按以下原则进行。

（1）电气控制原理图分为电源电路、主电路、控制电路和辅助电路四部分。电源电路一般按水平方向画，三相交流电源相序 L1、L2、L3 自上而下依次再出。主电路是供给大电流的电路或接到电动机的电路，包括电动机或其他电气设备、启动器、开关、熔断器、热继电器的热元件等，主电路垂直于电源电路绘制。控制电路指控制接触器、继电器等励磁线圈的电路，该电路电流小，用来控制主电路的通断。辅助电路主要指照明和信号电路。有时把控制电路与辅助电路合称为辅助电路。

（2）电气控制原理图中各种电器均采用国家标准规定的图形符号和文字符号，不得自行采用其他符号。其中基本文字符号（单字母或双字母）表示各种电气设备装置和元器件。辅助文字符号用以表示电气设备、装置和元器件的功能、状态和特性。在原理图中同一电器的各元件（如线圈、触头）常常不画在一起，但要用同一文字符号。同类元件有几个时在文字符号后加数字区别。

（3）电气控制原理图中的电器应是电路未通电或电器未受外力作用时的状态，例如接触器的常开触头按线圈不通电时的状态画出，常开触头应是断开的，按钮应是未按压的位置等。

（4）无论是主电路还是辅助电路，各电器元件一般应按动作顺序从上到下，从左到右依次排列，可水平布置或垂直布置。

（5）与电路无直接关系的零部件，一般不予画出。

（6）原理图中有直接联系的交叉连接点要画一实心圆点。

6.2.2　电气控制的基本环节

1）点动环节

如图 6-20 所示为三相笼型异步电动机点动控制线路图。图中三相电源按相序排列标记为 L1、L2、L3，三相隔离手动开关为 QS，主电路中电动机三个引出端用 U、V、W 表示，三相异步电动机通过接触器主触头 KM 和熔断器压接电源和为熔断器，FU1 起作短路保护作用。

控制电路通过熔断器 FU2、常开按钮 SB（点动按钮）和接触器线圈 KM 串联与电源相接。单向点动操作顺序为：

① 合上电源开关 QS，引入电源；

② 按下点动按钮 SB→接触器 KM 线圈通电→KM 主触头闭合→电动机 M 通电启动；

③ 松开 SB→KM 线圈断电→KM 主触头断开→电动机 M 断电停车。

2）自锁环节

要实现电动机长期运行这个目的，只需要在点动之后把点动开关短路即可，如图 6-21 所示为三相异步电动机单向运转线路，其 SB2 为启动按钮，当按下 SB2，接触器 KM 线圈通电，其常开主触头闭合接通电源使电动机 M 启动，与此同时接触器的辅助常开触点闭合，把 SB2 短路，松开 SB2 后，仍然使 KM 通电，启动后的电动机能继续运行。这种将接触器的常开辅助触头并联在启动按钮两端，锁闭其励磁线圈所在电路的环节，称为自锁（或自保）。

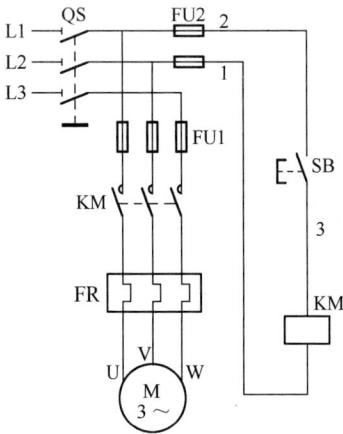

图 6-20 三相笼型异步电动机点动控制线路 　图 6-21 三相异步电动机单向起动运转控制线路

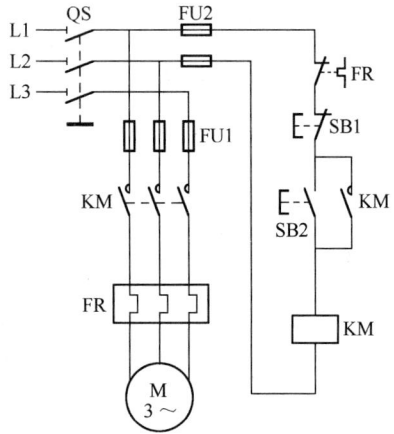

按钮 SB1 是停止按钮，它是常闭按钮，串联在控制电路中，启动和运行时其闭合；若需停车，则按下 SB1，使接触器 KM 线圈断电，电动机停止运行。操作顺序为：

① 合上电源开关 QS，引入电源。

②启动：按下启动按钮 SB2→接触器 KM 线圈通电→ ┌→KM 主触头闭合 → 电动机
　　　　　　　　　　　　　　　　　　　　　　　　　接通电源启动并运行
　　　　　　　　　　　　　　　　　　　　　　　　└→KM 辅助触头闭合自锁（称为
　　　　　　　　　　　　　　　　　　　　　　　　　　自锁触头）

③停止：按下停止按钮 SB1→接触器 KM 线圈断电→ ┌→KM 主触头断开 → 电动机
　　　　　　　　　　　　　　　　　　　　　　　　　断电停车
　　　　　　　　　　　　　　　　　　　　　　　　└→KM 自锁触头断开

3）联锁环节

如图 6-22 所示为三相异步电动机正反转控制线路，其中图 6-22(a)、(b)、(c)是三种不同方式的控制电路，实现同一个联锁（又称互锁）环节。所谓联锁就是两只控制电器利用它们各自触头锁住对方。三相异步电动机正反转是通过改变电动机电源的相序实现的，图 6-22(a)中接触器 KM1 主触头闭合电动机正转，接触器 KM2 主触头闭合电动机反转。两个接触器不能同时通电，否则会造成短路事故（图中为第一、三相短路），这就需要用联锁环节实现。

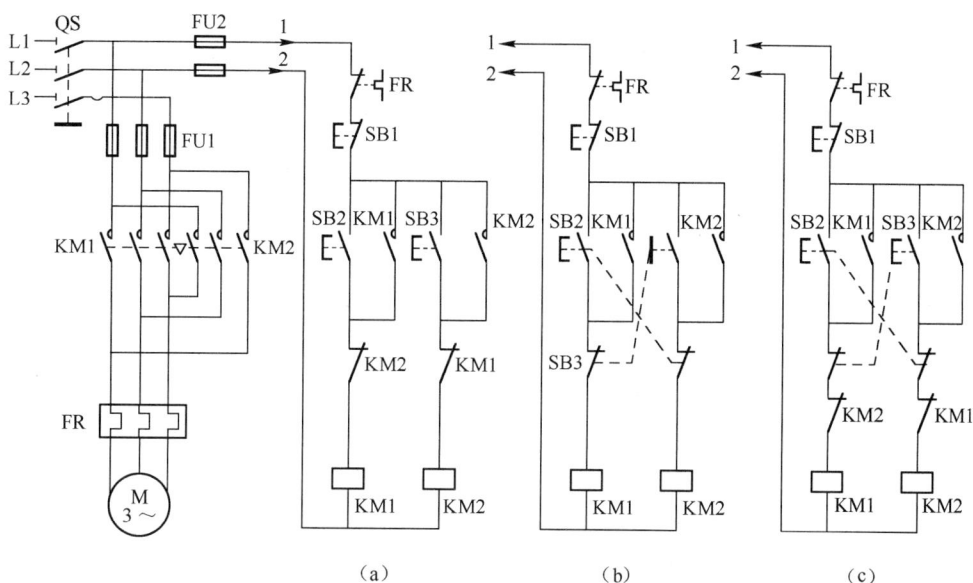

图 6-22 三相异步电动机正反转控制线路

（1）辅助触头作联锁。无论电动机正转或反转，每一部分控制电路都有自锁环节，不再重复。联锁的实现是在正转控制电路中串联了反转接触器的常闭辅助触头，在反转控制电路中串联了正转接触器的常闭触头，这两个常闭辅助触头分别牵制了对方的动作。由接触器辅助触头作联锁是一种电气联锁，在控制电路中起联锁作用的接触器触头称为联锁触头。

图 6-22(a)中电动机正反转的操作顺序为：

①合上电源开关；

②正转运行：按下正转按钮 SB2→接触器 KM1 线圈通电

> ┌→ KM1 自锁触头闭合
> ├→ KM1 主触头闭合→电动机 M 通电正转
> └→ KM1 常闭辅助触头（联锁触头）分开

③反转运行：先按下停止按钮 SB1→接触器 KM1 线圈断电

> ┌→ KM1 自锁触头断开复位
> ├→ KM1 主触头断开→电动机 M 断电
> └→ KM1 联锁触头闭合复位

再按反转按钮 SB3→接触器 KM2 线圈通电

> ┌→ KM2 自锁触头闭合
> ├→ KM2 主触头闭合→电动机 M 通电反转
> └→ KM2 常闭辅助触头（联锁触头）分开

从上面操作顺序来看，在图 6-22(a)控制线路中，要改变电动机的转向时，必须先按停止按钮 SB1，使互锁常闭触头复位后，再按反转启动按钮 SB3 或正转启动按钮 SB2 来改变电动机的转向。这种控制线路是"正—停—反"控制线路。

若生产中要求直接实现正反转的交换控制（"正—反"控制），可采用图 6-22(b)、6-22(c)两种控制线路。

（2）按钮联锁。图 6-22(b)所示的正反转联锁控制电路是用复合按钮的常闭触头代替接触器的常闭触头，复合按钮 SB2 和 SB3 都有常开和常闭触头。SB1 为停止按钮，SB2

为正转按钮,SB3 为反转按钮。当按下正转按钮 SB2 时,SB2 的常开触头接通正转接触器 KM1 线圈,同时 SB2 的常闭触头断开,切断了反转接触器 KM2 线圈的通路,保障电动机正转时,反转接触器 KM2 的主触头不能闭合。在正转时若要直接改为反转,只要按下反转按钮 SB3 即可。这种复合按钮互锁是一种机械互锁。

(3) 复合联锁。图 6-22(c)所示控制电路采用电气联锁和机械联锁的复合联锁。串接在正转接触器 KM1 线圈回路中的有两个常闭触头,一个是反转接触器 KM2 的常闭触头,一个是反转按钮 SB3 的常闭触头;同样,串接在 KM2 线圈回路中的也有 KM1 和 SB2 的两个触头。这种电路也能实现在运行时,快速直接地进行转向交换;而且由于采用了复合联锁,使得电路能更可靠地工作。

4) 保护环节

电气控制系统一方面要控制电动机的启动、运行、制动等,另一方面要保护电动机长期安全、可靠地运行以及保障人身的安全。所以保护环节是任何自动控制系统中不可缺少的组成部分。常见的保护环节有短路保护、过电流保护、过载保护、欠(失)压保护和零励磁保护。

(1) 短路保护。当电动机或线路的绝缘损坏等原因引起短路故障时,很大的短路电流将产生过高的热量,导致电动机、电器以及线路损坏,所以发生短路时必须立即切断电源。

常用的短路保护元件是熔断器、过电流继电器和自动开关。

熔断器做短路保护时,很可能一相熔丝熔断,造成单相运行;而过电流继电器和自动开关做短路保护时,能断开主触头同时切断三相电源,所以后者广泛应用于要求较高的场合。

(2) 过载保护。负载的突然增大,三相电动机单向运行或欠电压运行都会造成电动机的过载。电动机长期超载运行,电动机绕组温升将超过允许值,其绝缘材料就要变脆,寿命降低,严重时将损坏电动机。过载保护一般采用热继电器,将其发热元件串联在主电路中,如图 6-21 中的 FR。

(3) 欠电压保护。电网电压降低时,电动机的电磁转矩将随电压的平方而减小。若负载不变,就会造成电动机电流增大而过载运行;另一方面,当电压降到 U_N 的 60% 时,控制电动机的接触器既不释放,又不可靠吸合,从而使交流接触器线圈的电流增大甚至过热损坏,所以,当电源电压降到允许值以下时,必须及时切断电源。欠压保护一般采用欠压继电器和自动开关来实现,欠压继电器并联在任意两相电源上。

6.3　三相异步电动机的常用控制电路

1. 行程控制

行程开关也称为位置开关,主要用于将机械位移变为电信号,以实现对机械运动的电气控制。当机械的运动部件撞击触杆时,触杆下移使常闭触点断开,常开触点闭合;当运动部件离开后,在复位弹簧的作用下,触杆回复到原来位置,各触点恢复常态。行程开关的结构图如图 6-23 所示。

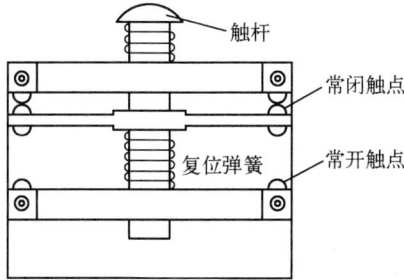

图 6-23　行程开关结构图

　　一些生产机械运动部件运动状态的转换靠其运动信号进行控制,称为行程控制或位置控制。图 6-24 为机床自动往返并具有限位保护的控制线路,线路中的 SQ1、SQ2 是用于自动往返的行程开关,SQ3、SQ4 是用于终端限位保护。工作台上有两块挡块,向左移动时,左挡块撞到行程开关 SQ1,电动机正转控制电路断开,由于行程开关 SQ1 的常开触头并联在反转控制电路的自锁环节上,因此同时接通了反转控制电路,电动机反转,工作台返回右移。一旦 SQ1 失灵,则工作台继续左移,左挡块撞到行程开关 SQ3,切断正转控制电路,进行保护。同理,SQ2、SQ4 在工作台向右移动时起到类似向左移动时的位置控制和限位保护作用。

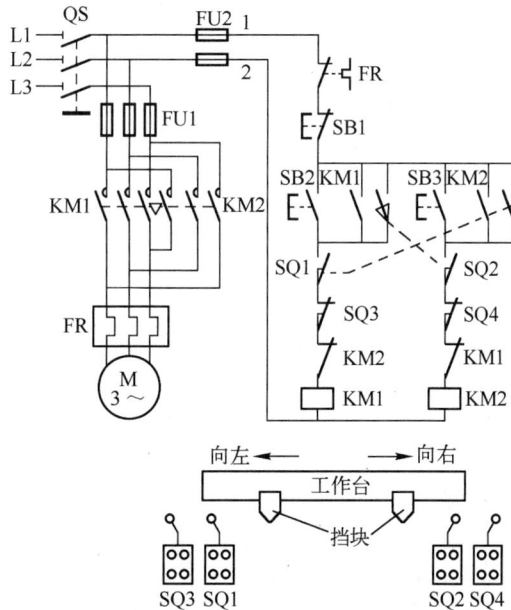

图 6-24　三相异步电动机自动往返控制线路

2. 时间控制

　　自动控制系统中经常需要由时间继电器输出延时信号,按时间顺序进行控制,如三相异步电动机串电阻启动、三相异步电动机丫—△降压启动等。

如图 6-25 所示,该控制线路为三相异步电动机星形—三角形降压启动控制线路。其中用了通电延时的时间继电器 KT。KM、KM$_Y$、KM$_\triangle$ 是三个交流接触器,电动机定子绕组六个出线端 U1、U2、V1、V2、W1、W2。接触器 KM$_Y$ 主触头闭合时,定子绕组组成星形连接,以此延时一段时间,接触器 KM$_Y$ 主触头断开接触器 KM$_\triangle$ 主触头闭合,定子绕组结束星形连接换为三角形连接。

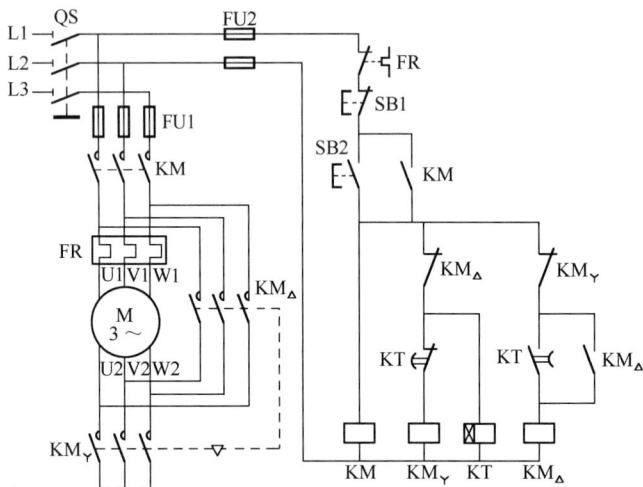

图 6-25　三相异步电动机星形—三角形降压启动控制线路

3. 顺序控制

在生产设备中,为了保证操作正确、安全可靠,有时需要按一定的顺序对多台电动机进行启、停操作。例如,铣床上要求主轴电动机转动后,进给电动机才能启动,像这种要求一台电动机启动后另一台才能启动的控制方式,称为电动机的顺序控制。

图 6-26 所示为两台电动机 M1 和 M2 的顺序控制线路。

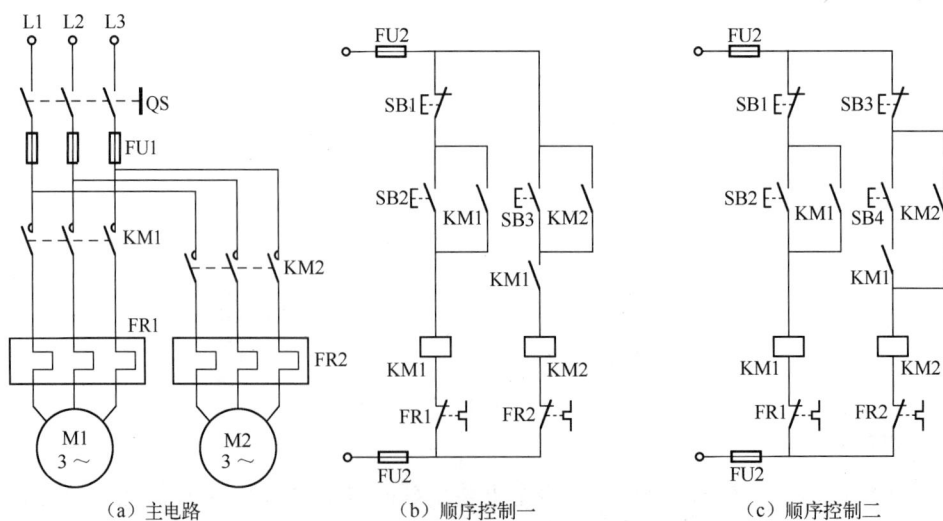

（a）主电路　　　　　（b）顺序控制一　　　　　（c）顺序控制二

图 6-26　两台电动机顺序控制线路

图 6-26(a)所示为主电路。采用 6-26(b)控制线路的特点是：M1 启动后 M2 才能启动，M1 和 M2 同时停止。在控制线路中，将接触器 KM1 的常开触点串入接触器 KM2 的线圈电路中，这就保证了只有 KM1 线圈接通，M1 启动后，M2 才能启动。当按下 SB2，接触器 KM1 线圈得电，M1 启动，同时串联在 KM2 线圈电路中 KM1 的常开触点闭合，KM2 线圈电路才有可能接通，这时再按下 SB3，KM2 得电，M2 才启动。当 M1 和 M2 在运行时，按下停止按钮 SB1，电动机 M1 和电动机 M2 同时断电停转。

采用图 6-26(c)所示的控制线路，其控制特点是：按下 SB2，M1 启动后，再按 SB4，M2 才能启动，M1 和 M2 可单独停止。图 6-26(c)的控制线路与图 6-26(b)控制线路相比，主要区别在于 KM2 的自锁触点包括了 KM1 联锁触点，当 KM2 因线圈得电吸合，KM2 的自锁触点自锁后，KM1 对 KM2 失去了控制作用，SB1 和 SB3 可以单独使 KM1 和 KM2 线圈断电，使电动机 M1 或电动机 M2 单独停转。

4. 多地控制

电动机的多地控制是指能在两地或多地控制同一台电动机的控制方式。在实际中，有些生产设备，特别是大型生产设备，为了操作方便，常常需要在两个地点进行同样的操作。

图 6-27 所示为两地控制线路。其中 SB11、SB12 为安装在甲地的停止按钮和启动按钮；SB21 和 SB22 是安装在乙地的停止和启动按钮。线路的特点是：两地的启动按钮 SB12 和 SB22 要并联在一起；停止按钮 SB11 和 SB21 要串联在一起。

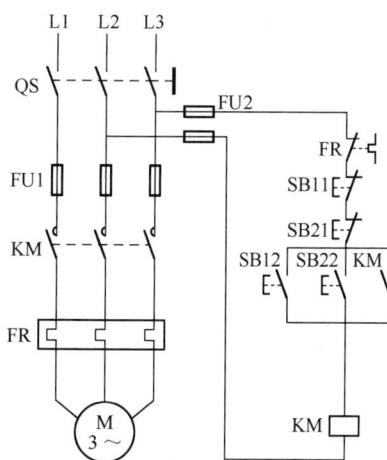

图 6-27　两地控制线路

这样可以在甲、乙两地分别启、停同一台电动机，方便操作。对三地或多地控制，只要把各地的启动按钮并联在一起，停止按钮串联在一起，就可实现。

5. 混凝土搅拌机的控制线路

1）主要结构

混凝土搅拌机是道桥及建筑施工中常用的机械设备，它的主要结构由搅拌滚筒，物料拖斗及拖动滚筒和拖斗的电动机 M1 和 M2，YB 为制动电磁铁。

混凝土搅拌有以下几道工序：滚筒正转开始搅拌混凝土，反转使搅拌好的混凝土出料；拖斗电动机正转，拖斗提升将配好砂、石和水泥倒入搅拌滚筒内，反转使拖斗下降平放准备下次装料；与此同时，打开水管阀门，向滚筒放水，水管阀门关闭，停止向滚筒内供水。

2）混凝土搅拌的工作过程

如图 6-28 所示，当按下按钮 SB6，电动机 M2 反转，拖斗放下，以待装料。按下按钮 SB2，电动机 M1 正转滚筒转动搅拌混凝土。按下按钮 SB5，电动机 M2 正转，使拖斗提升，把物料倒入转动的滚筒中。按下按钮 SB7，控制水阀的电磁铁线圈 YV 通电，打开水管的阀门，向滚筒供水，释放 SB7，停止供水。按下按钮 SB3，电动机 M1 反转，滚筒反转，把搅拌好混凝土倒出来。每当主回路得电时,电磁铁也会动作,制动器松开电动机 M2 的轴,电动机自由转动,当电动机断电时,电磁铁也断电,制动器会紧紧地箍住电动机 M2 的轴,使其停止转动。STa、STb 为行程开关,用来限制料斗的上下端的极限位置。

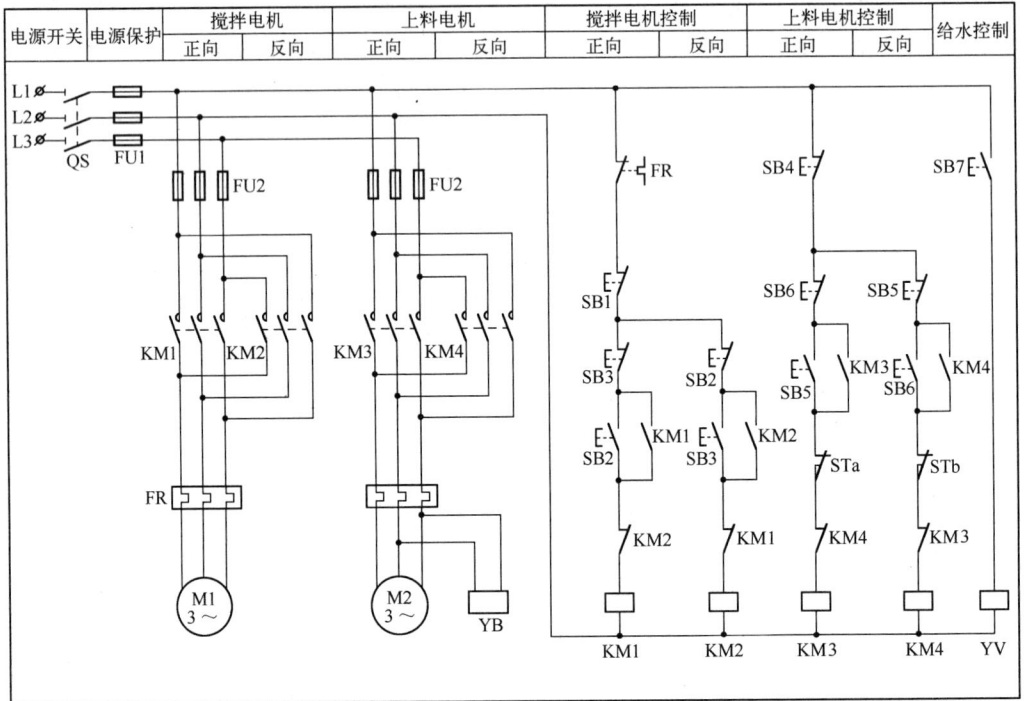

图 6-28　混凝土搅拌机的电气控制原理图

6.4　可编程控制器的概述

6.4.1　可编程控制器的定义及特点

在 20 世纪 60 年代以前,继电—接触器控制在工业生产自动控制领域中占有主导地位。继电—接触器控制系统采用固定接线的硬件实现控制,如果生产任务或工艺要求发生变化,既要重新选择控制元件又要重新接线,造成资金和时间的浪费。特别是大型的工业控制系统采用继电—接触器控制,所用继电器较多,对应的机械触点就多,控制系统体积大、耗能多,系统的可靠性较差。为解决这一问题,美国数字设备公司于 1969 年研制出世界上第一台可编程控制器,并在通用汽车公司汽车自动装配线上试用获得成功。

为了使这一新型的工业控制装置的生产和发展规范化,国际电工委员会 IEC(International Electrical Committee)给可编程控制器进行了定义。可编程控制器(Programmable Logic Controller)简称为 PLC,它是一种数字运算操作的电子系统,专为在工业环境下应用而设计,它采用可编程序的存储器,用来在其内部存储执行逻辑运算、顺序控制、定时、计数和算术运算等操作的指令,并通过数字式、模拟式的输入和输出,控制各种类型的机械或生产过程。可编程控制器及其有关外部设备,都应按易于与工业控制系统形成一个整体、易于扩充功能的原则设计。

可编程控制器的生产厂家及种类很多,外形也各异,图 6-29 展示了三种 PLC 的外形图。

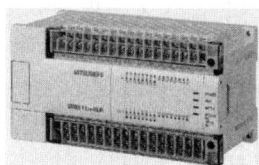　　　　　　

(a)三菱 FX$_{2N}$ 系列PLC　　　　　(b) 西门子PLC　　　　　(c) 欧姆龙PLC

图 6-29　PLC 的外形图

在工业自动控制系统中,可编程控制器与传统的继电—接触器控制系统及其他的各种控制方式相比具有以下特点。

(1) 可靠性高,抗干扰能力强。

(2) 控制程序可变,对生产工艺改变适应性强。

(3) 编程语言简单易学,便于掌握。

(4) 体积小,重量轻,能耗低。

(5) 功能强,性能价格比高。

(6) 安装简单、调试方便、维护工作量小。

6.4.2　可编程控制器的组成

可编程控制器实质上是一种专为工业控制而设计的专用计算机,尽管 PLC 的品种繁多,结构、功能和指令各异,但是系统组成和工作原理基本相同,其硬件结构框图如图 6-30 所示。可编程控制器主要由微处理器、存储器、I/O 接口电路、电源、扩展接口及外设接口等组成。

1. 微处理器(CPU)

CPU 是 PLC 的核心组成部分,相当于 PLC 的大脑和心脏,它的具体作用如下。

(1) 接受、存储用户程序。

(2) 以扫描方式接收来自输入单元的数据和状态信息,并存入相应的数据存储区。

(3) 执行监控程序和用户程序,完成数据和信息的逻辑处理,产生相应的内部控制信号,完成用户指令规定的各种操作。

(4) 响应外部设备(如编程器、打印机等)的请求。

可编程控制器中所采用的 CPU 通常随机型的不同而不同,其 CPU 主要采用通用微处理器、单片机和位片式微处理器三种类型。

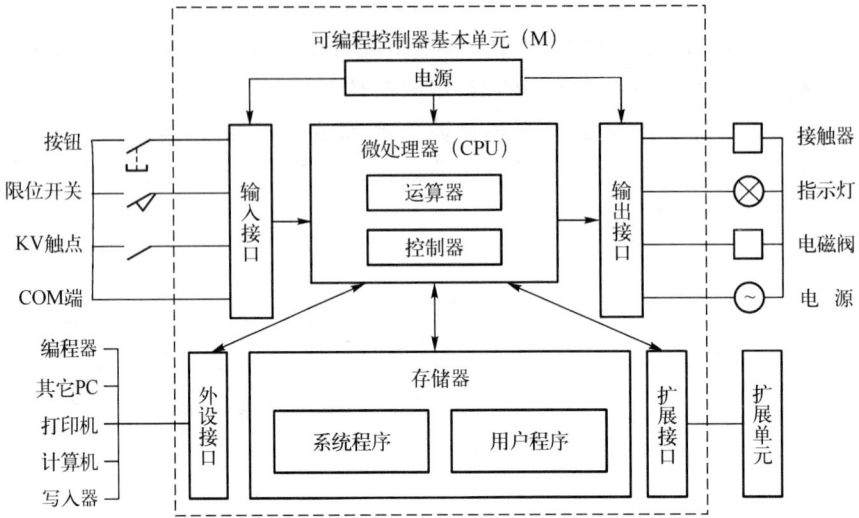

图 6-30　可编程控制器的硬件结构框图

2. 存储器

存储器(简称内存),用来存储数据或程序。可编程控制器的存储器按用途分为系统存储器和用户存储器,系统存储器用来存放系统管理程序,用户存储器用来存放用户编制的控制程序。

3. I/O 接口电路(又称 I/O 单元、I/O 模块)

输入/输出接口相当于系统的眼、耳和手,是 CPU 和外部现场联系的桥梁,它是将外部输入信号变换成 CPU 能接收的信号,将 CPU 的输出信号变换成需要的控制信号去驱动控制对象。

输入接口电路按输入端电源的性质分为三种类型:直流输入电路、交流输入电路和交直流输入电路,如图 6-31 所示。

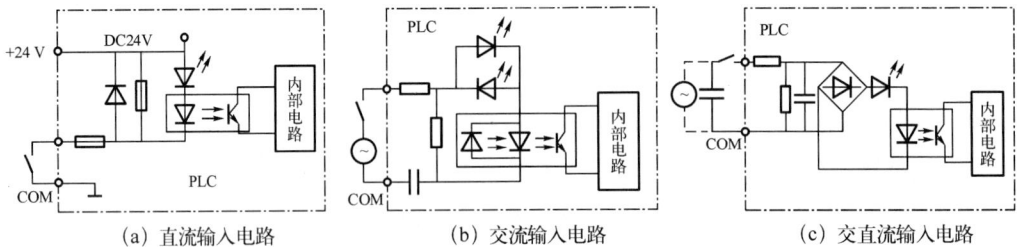

(a) 直流输入电路　　　　　　(b) 交流输入电路　　　　　　(c) 交直流输入电路

图 6-31　输入接口电路

输出接口电路按输出开关器件分为三种方式:继电器输出方式、晶体管输出方式和晶闸管输出方式,如图 6-32 所示。

4. 电源

电源部件将外部提供的交流电转换成 PLC 内部正常工作所需的直流电。PLC 的供电电源一般为单相交流 220 V,也有用直流 24 V 电源供电的。

5. 编程器

利用编程器可将用户程序输入 PLC 的存储器,另外,还可以利用编程器检查程序、修改程序,监视 PLC 的工作状态。编程器分为简易编程器和智能编程器。

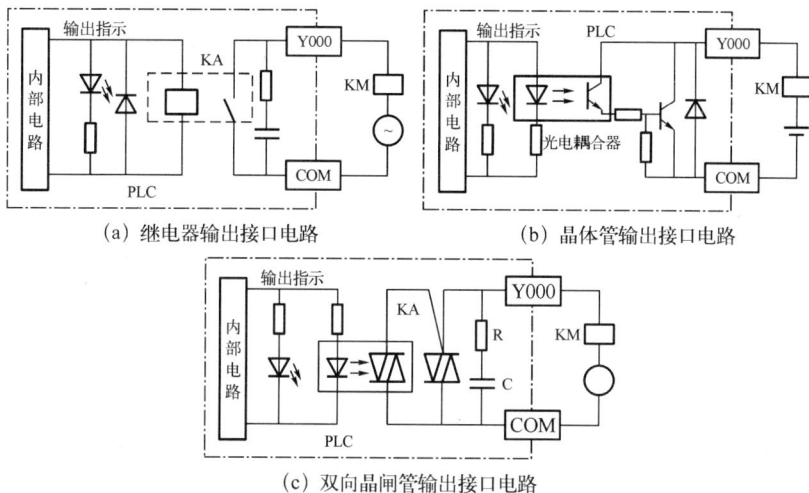

(a) 继电器输出接口电路　　　　　　　　(b) 晶体管输出接口电路

(c) 双向晶闸管输出接口电路

图 6-32　输出接口电路

6.4.3　可编程控制器的工作原理

为了更好地说明 PLC 的工作原理,下面以三相异步电动机单向运转控制为例来进行分析。如下图 6-33 所示。

图 6-33(a)是用继电—接触器控制三相异步电动机单向运转的线路,该图中的继电器、接触器是事先按控制要求设计好的固定方式接好的电路,不能灵活地变更其控制功能。而图 6-33(b)是用 PLC 控制三相异步电动机单向运转的等效电路。在 PLC 的输入端外接热继电器 FR、停止按钮 SB1 和起动按钮 SB2,它们分别和输入继电器 X0、X1 和 X2 的线圈相接。在 PLC 的输出端外接接触器线圈 KM,接触器线圈 KM 和输出继电器 Y0 的触点及外部交流电源、熔断器 FU2 相连。根据控制要求编好程序,如图 6-33(b)中所示的由输入继电器触点和输出继电器线圈组成的等效电路,从而实现对三相异步电动机单向运转的控制。

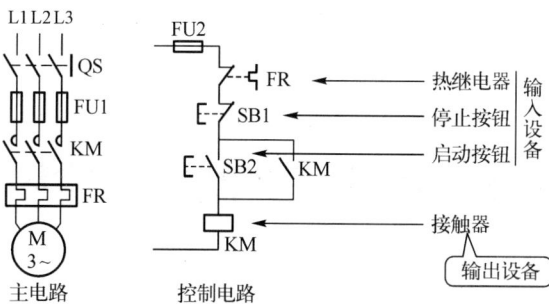

(a) 继电—接触器控制

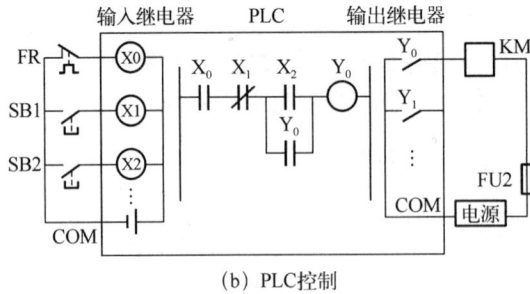

图 6-33 三相异步电动机单向运转控制线路

PLC 采用循环扫描的工作方式来执行用户程序,PLC 扫描工作过程主要分三个阶段:输入采样阶段、程序执行阶段和输出刷新阶段,如图 6-34 所示。

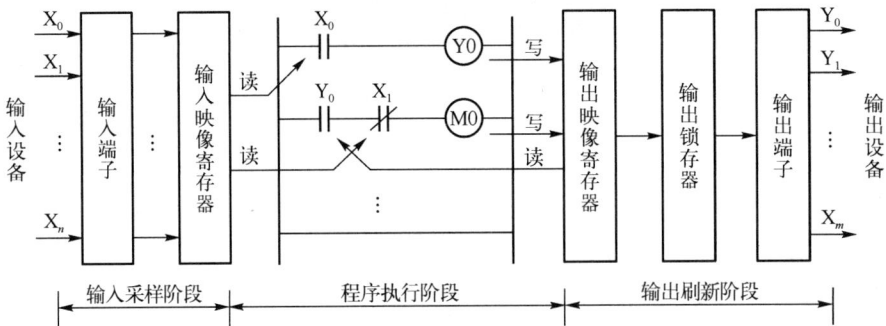

图 6-34 PLC 扫描工作过程

1. 输入采样阶段

在此阶段,PLC 首先扫描各个输入端子,按顺序将各个输入端子的通断状态送到输入映像寄存器中,这一过程就是输入采样阶段,又称为输入处理阶段或输入刷新阶段。

2. 程序执行阶段

在输入采样阶段结束后,PLC 按从上到下、从左到右的顺序扫描执行梯形图程序,按程序要求对数据进行逻辑和算术运算,再将正确的结果送到输出映像寄存器中。

3. 输出刷新阶段

当用户程序执行完后,PLC 把输出映像寄存器中的内容送到输出锁存器,通过输出接口电路使输出端子向外界输出控制信号,驱动外部负载。

6.5 可编程控制器的编程

在用 PLC 实现的工业自动控制系统设计中,正确合理地选择 PLC 和进行用户程序的设计是很关键的环节。因此以日本三菱公司的 FX 系列 PLC 为例来介绍与编程相关的内容。

6.5.1　FX$_{2N}$系列 PLC 的面板

为了便于使用 PLC,应了解 PLC 面板的布置及其含义,如图 6-35 所示。

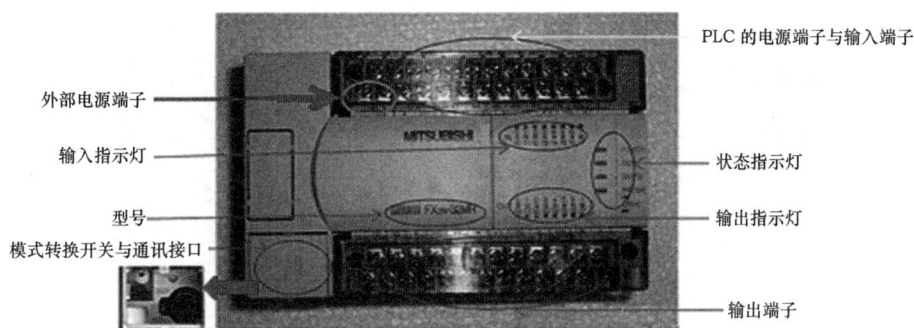

图 6-35　三菱 FX$_{2N}$系列 PLC 的面板图

1. FX 系列 PLC 的型号

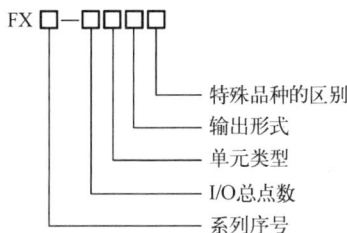

FX 后各参数意义如下:

系列序号:即系列名称,如 OS、ON、1N、1S、2N、2NC 等。

I/O 总点数:10~256。

单元类型:M——基本单元;　　　　　　　　E——输入输出混合扩展单元及扩展模块;

　　　　　EX——输入专用扩展模块;　　　　EY——输出专用扩展模块;

输出形式:R——继电器输出;　　　　　　　T——晶体管输出;

　　　　　S——晶闸管输出

特殊品种区别:

　　　　　D——DC 电源,DC 输入;　　　　　AI——AC 电源,AC 输入;

　　　　　H——大电流输出扩展模块(1A/1 点);　V——立式端子排的扩展模块;

　　　　　C——接插口输入输出方式;　　　　F——输入滤波器 1ms 的扩展模块;

　　　　　L——TTL 输入型扩展模块;　　　　S——独立端子(无公共端)扩展模块。

若特殊品种缺省,通常指 AC 电源、DC 输入、横式端子排,其中继电器输出:2A/1 点;晶体管输出:0.5A/1 点;晶闸管输出:0.3A/1 点。

例如:FX$_{2N}$——32MRD 含义是:三菱 FX$_{2N}$系列 PLC,输入输出总点数为 32 点,继电器输出,DC 电源、DC 输入的基本单元。

2. PLC 的输入端子、电源端子与输入指示灯

如图 6-36 所示,X 端子为 PLC 输入继电器的接线端子,它是将外部信号引入 PLC 的必经通道。COM 端子为 PLC 输入公共端子,通常在外接按钮、行程开关、传感器等外部信号元件时必须接的一个公共端子。带有". "符号的端子表示该端子没有被使用,不具功能。

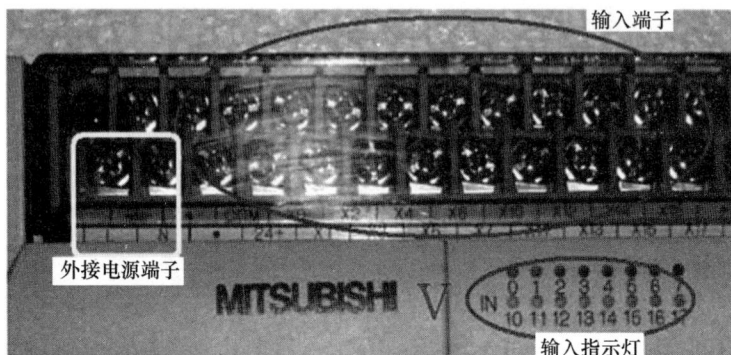

图 6-36　PLC 的电源端子、输入端子与输入指示灯

图 6-36 中 L、N、⏚端子为外接电源端子,通过这部分端子与 PLC 的外部电源(AC 220 V)相接。24＋端子为 PLC 的＋24 V 电源端子,PLC 自身为外部设备提供的直流 24 V 电源,多用于三端传感器。

IN 指示灯为 PLC 的输入指示灯,当 PLC 有正常输入时,所对应输入点的指示灯亮。

3. PLC 的输出端子与输出指示灯

如图 6-37 所示,Y 端子为 PLC 输出继电器的接线端子,它是将 PLC 指令执行结果传递到负载侧的必经通道。

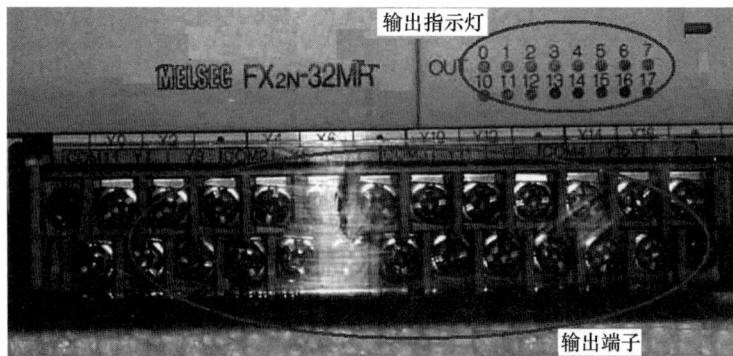

图 6-37　PLC 的输出端子与输出指示灯

图 6-37 中的 COM 端子为 PLC 输出公共端子。当 PLC 与交流接触器线圈、电磁阀线圈、指示灯等负载相连接,所需要连接的一个端子。

在使用 PLC 输出公共端子 COM 时,应注意以下两种情况。

（1）当负载所使用的电压类型和等级相同时，则需要将 COM1、COM2、COM3、COM4 用导线短接起来。

（2）当负载所使用的电压类型和等级不同时，则 Y0～Y3 共用 COM1，Y4～Y7 共用 COM2，Y10～Y13 共用 COM3，Y14～Y17 共用 COM4，Y20～Y27 共用 COM5。对于使用同一个公共端子的同一组输出时，必须使用同一电压类型和电压等级，而使用不同的公共端子组可使用不同的电压类型和电压等级。

OUT 指示灯为 PLC 的输出指示灯，当某个输出继电器被驱动后，则对应输出点的指示灯就会点亮。

4. PLC 的状态指示灯

如图 6-38 所示，POWER 指示灯是 PLC 的电源指示灯（绿灯）。当 PLC 接通 220V 交流电源后，该绿灯点亮，正常时仅有该灯点亮表示 PLC 处于编辑状态。

RUN 指示灯是 PLC 的运行指示灯（绿灯）。当 PLC 处于正常运行状态时，该绿灯点亮。

BATT. V 指示灯是 PLC 的内部锂电池电压低指示灯（红灯）。如果该指示灯点亮说明锂电池电压不足，应及时更换。

PROG-E(CPU-E)指示灯是 PLC 的出错指示灯（红灯），程序出错，灯闪烁；CPU 出错，灯常亮。如果 PROG-E 指示灯闪烁，大多数情况是程序出现了的错误，语法有问题。另外原因也有可能是参数设定出错，或者是外来噪声干扰导致程序内容产生变化。如果 CPU-E 指示灯常亮，可考虑以下几种情况。

图 6-38　PLC 的状态指示灯

（1）PLC 内部有导电性的粉尘侵入。

（2）PLC 的扫描时间超过 100ms 以上。

（3）通电中，将 RAM/EPROM/EEPROM 记忆卡匣拔下。

（4）PLC 附近有噪声干扰。

5. 模式转换开关与通讯接口

如图 6-35 所示，模式转换开关是用来改变 PLC 的工作模式。当 PLC 电源接通后，将转换开关打到 RUN 位置上，则 PLC 的运行指示灯（RUN）发光，表示 PLC 正处于运行状态；若将转换开关打到 STOP 位置上，则 PLC 的运行指示灯（RUN）熄灭，表示 PLC 正处于停止状态。

通讯接口是用来连接手持式编程器或电脑，通讯线一般有手持式编程器通讯线和电脑通讯线两种，通讯线与 PLC 连接时，务必注意通讯线接口内的"针"与 PLC 上的通讯接口是否（如图 6-39 所示）对应，确保完全对应后才可将通讯线接口用力插入 PLC 的通讯接口，避免损坏接口。

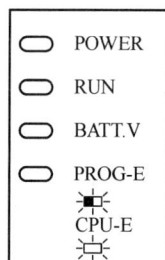

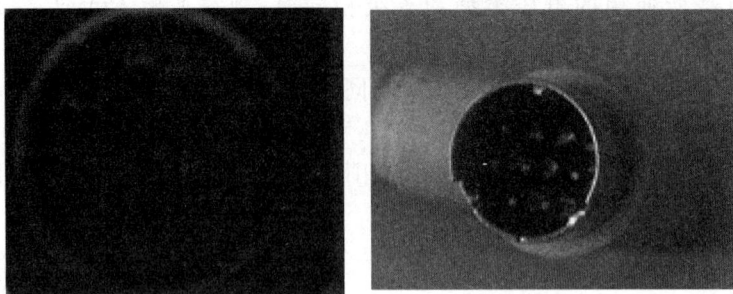

图 6-39 PLC 上的通讯接口与通讯线接口内的"针"

6.5.2 可编程控制器的编程语言

可编程控制器的控制任务是按程序的规定逐步进行实现的,程序就是用相应的语言把控制任务描述出来。目前可编程控制器常用的编程语言有梯形图、助记符(指令表)、功能图及高级语言,使用较多的是梯形图和助记符,这也是本书所主要介绍的编程语言。

1. 梯形图

梯形图是由表示 PLC 内部编程元件的图形符号所组成的阶梯形状的图形,在形式上沿用继电—接触器控制电路图,比较形象直观,易于电气技术人员接受。

对于同一控制电路,继电—接触器控制原理图和梯形图的输入、输出信号、控制过程等效,这是梯形图与继电—接触器控制原理图相同的地方。

在实际控制中,继电—接触器控制原理图使用的是硬继电器和定时器,所使用的是真正的"实物"器件,靠硬件连接组成控制线路;而梯形图使用的是内部"软器件",靠软件实现控制。这就是梯形图与继电—接触器控制原理图的根本不同之处。

梯形图程序编写有以下几个主要特点。

(1)梯形图按行自上至下,每一行按从左到右的顺序排列,如图 6-40(a)所示。

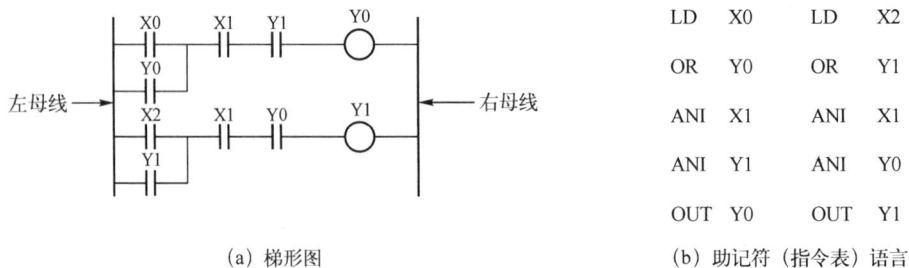

LD X0	LD X2
OR Y0	OR Y1
ANI X1	ANI X1
ANI Y1	ANI Y0
OUT Y0	OUT Y1

(a) 梯形图　　　　　　　　　　(b) 助记符(指令表)语言

图 6-40 梯形图与助记符(指令表)

(2)梯形图中用 —||— 和 —|/|— 分别表示内部继电器的常开触点和常闭触点,用 —○— 表示内部继电器线圈。

(3)梯形图左右两侧的垂直公共线称为公共母线,左右两侧母线相当于电源的两根线,其"概念电流"(假想的电流)从左母线经过两根母线之间的触点和线圈等流向右母线。

（4）梯形图左母线右侧放置输入接点和内部继电器触点，梯形图的最右侧必须放置输出器件，而且输出线圈与右母线直接相连。

（5）梯形图中触点可以串联、并联，而输出线圈只能并联。

（6）梯形图中仅出现输入继电器的触点，而不能出现输入继电器的线圈。输出继电器的线圈不能直接驱动输出设备。

（7）梯形图中触点和线圈都应有编号，以相互区别。

（8）梯形图程序结束要有结束表示符。

2. 助记符（指令表）

助记符与计算机汇编语言类似，是 PLC 的命令语句表达式，如图 6-40（b）所示。小型 PLC 由于配置原因，不能直接输入梯形图，要用助记符语言根据梯形图的控制逻辑描述出来，再用编程器送入 PLC 运行。助记符语言较难阅读，其逻辑关系很难一眼看出，不如梯形图语言直观。

6.5.3 FX 系列 PLC 的编程元件

可编程控制器是通过软件编程来实现控制的，在使用梯形图编写程序中用到许多逻辑器件和运算器件，他们是由 PLC 内部的电子电路和一个个存储单元所构成，统一称之为编程元件。编程元件按功能不同给每种元件一个名称，如计数器、定时器、辅助继电器等。同类编程元件有许多，为了便于区分，每个编程元件给一个编号。表 6-1 列出的是 FX_{2N}-16M 型 PLC 的几个编程元件的器件编号情况。

表 6-1 FX_{2N}-16M 型 PLC 的部分器件编号

继电器的名称	数量	编号	说明
输入继电器 X	8 点	X0～X7	外部输入决定 ON 或 OFF
输出继电器 Y	8 点	Y0～Y7	ON 或 OFF 状态决定输出状态
定时器 T	200 点	T0～T199	100ms 定时器，子程序用 T192～T199
计数器 C	100 点	C0～C99	非保持区域，通过参数设定可以改变为保持区域
辅助继电器 M	500 点	M0～M499	非保持区域，通过参数设定可以改变为保持区域

1. 输入继电器

输入继电器是 PLC 用来接收用户输入设备发来的输入信号。每个输入继电器的常开和常闭触点均可无数次使用。输入继电器的状态仅取决于外部输入信号，不受用户程序控制，因此在梯形图中绝对不能出现输入继电器的线圈，只能出现输入继电器的触点。

2. 输出继电器

输出继电器是用来将 PLC 内部信号输出传送给外部负载的软元件。输出继电器的状态只能由用户程序决定，不可能受外部信号控制。

3. 定时器

定时器相当于继电—接触器控制中的时间继电器，在程序中用于延时控制。

该定时器是根据时钟脉冲累积计数而达到定时的目的,定时器的时钟脉冲有 1 ms、10 ms、100 ms。其定时时间＝时钟脉冲×设定值,设定值可以用常数 K(K 的范围为 1～32767)或数据寄存器的内容来设定,当计时条件为 ON 时,定时器开始计时,当计时时间到后,其常开触点闭合,常闭触点断开。如图 6-41 所示。

在图 6-41 中,当 X1 接通后,定时器 T0 要延时 20 s 才能使其常开触点闭合,去接通 Y1 线圈。

4. 计数器

计数器在程序中用于计数控制。计数器的计数是对计数条件的上升沿进行检测,当计数到设定值时,常开触点闭合,常闭触点断开,这时无论计数条件的状态如何,计数器都会保持动作后的状态,要使计数器复位,必须另加 RST 指令使其复位,如图 6-42 所示。

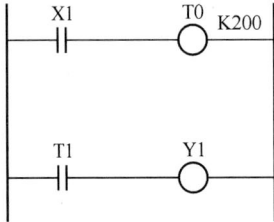

图 6-41　定时器功能示意图　　　　图 6-42　计数器功能示意图

在图 6-42 中,X0 的常开触点接通后,C1 被复位,C1 的常开触点断开,常闭触点闭合,同时计数器当前值被置为"0"。图中计数输入 X1 是计数器的计数条件,X1 每次驱动计数器 C1 的线圈一次,计数器的当前值加 1。"K6"为计数器的设定值。当第 6 次驱动计数器线圈指令时,计数器的当前值与设定值相等,C1 常开触点闭合,接通 Y0 线圈。在 C1 的常开触点闭合后(置 1),即使 X1 再动作,计数器的当前状态保持不变。

5. 辅助继电器

辅助继电器与继电—接触器控制中的中间继电器相类似,可作为中间状态存储及信号变换,在 PLC 内部传递信号。辅助继电器可分为通用辅助继电器、断电保持辅助继电器及特殊辅助继电器三大类。

在图 6-43 中,当 X0 接通后,辅助继电器 M100 线圈通电,M100 的常开触点闭合接通 Y0 线圈,M100 的常闭触点断开使 Y1 线圈断电。

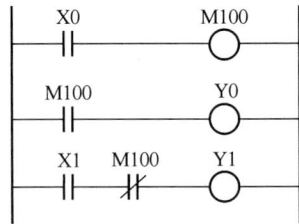

图 6-43　辅助继电器功能示意图

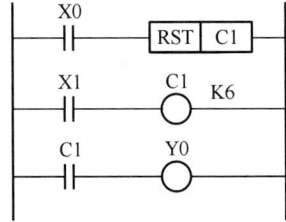

6.5.4　FX 系列 PLC 的基本指令

在实际中,小型 PLC 由于配置原因,仅有简易编程器,则需要将梯形图转换成指令表才能写入可编程控制器。基本逻辑指令是最基础的编程语言,指令通常由助记符号、编号和数据组成。下面以 FX 系列 PLC 为例,对基本指令进行介绍。

1. LD 、LDI 、OUT 指令

LD:取指令。用于与母线连接的常开触点,或触点组开始的常开触点。

LDI:取反指令。用于与母线连接的常闭触点,或触点组开始的常闭触点。

OUT:驱动线圈的输出指令。

如图 6-44 所示为 LD 、LDI 、OUT 指令的应用说明。

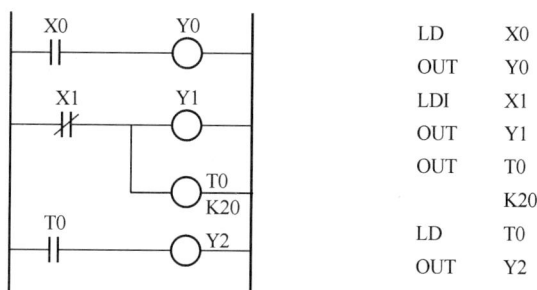

图 6-44　LD 、LDI 、OUT 指令的应用

OUT 指令使用说明如下。

(1) OUT 指令适用于输出继电器 Y、辅助继电器 M、定时器 T 和计数器 C,不能用于输入继电器 X。

(2) 并联时 OUT 指令可以连续使用若干次。

(3) OUT 指令用于定时器和计数器时,则必须设置常数 K,K 为定时器的延时时间或计数器的计数次数。

2. AND、ANI 指令

AND 指令:与指令。用于常开触点的串联。

ANI 指令:与非指令。用于常闭触点的串联。

如图 6-45 所示为 AND、ANI 指令的应用说明。

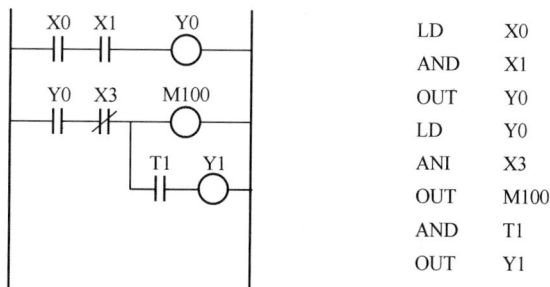

图 6-45　AND、ANI 指令的应用

AND、ANI 串联触点的数量不限,可多次使用该指令。

3. OR、ORI 指令

OR 指令:或指令。用于单个常开触点的并联。

ORI 指令:或反指令。用于单个常闭触点的并联。

如图 6-46 所示为 OR、ORI 指令的应用说明。

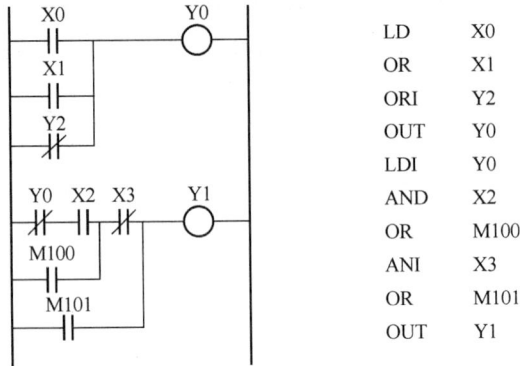

LD	X0
OR	X1
ORI	Y2
OUT	Y0
LDI	Y0
AND	X2
OR	M100
ANI	X3
OR	M101
OUT	Y1

图 6-46　OR、ORI 指令的应用

OR、ORI 指令使用说明如下。

OR、ORI 指令使用一般紧跟在 LD 、LDI 指令后,即对 LD 、LDI 指令规定的触点再并联一个触点(常开或常闭),并联的次数不受限制。

4. ANB 指令

ANB 指令:并联回路块的串联指令。

如图 6-47 所示为 ANB 指令的应用说明。

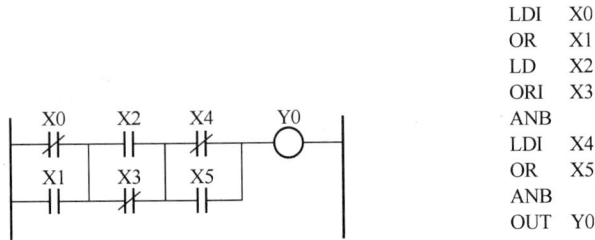

LDI	X0
OR	X1
LD	X2
ORI	X3
ANB	
LDI	X4
OR	X5
ANB	
OUT	Y0

图 6-47　ANB 指令的应用

ANB 指令使用说明如下。

(1) ANB 指令是不带操作元件的指令。

(2) 两个或两个以上触点并联连接的电路称为并联电路块。当并联电路块与前面的电路串联连接时,使用 ANB 指令,即:分支起点用 LD 、LDI 指令,串联电路块结束后需使用 ANB 指令,以表示与前面电路的串联。

(3) ANB 指令原则上可以无限次使用,但受 LD 、LDI 指令只能连续使用 8 次的限制,ANB 指令的使用次数也应限制在 8 次。

5. ORB 指令

ORB 指令:串联回路块的并联指令。

如图 6-48 所示为 ORB 指令的应用说明。

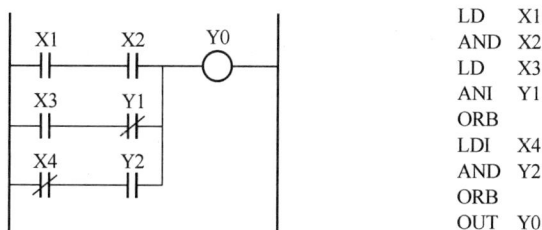

```
LD    X1
AND   X2
LD    X3
ANI   Y1
ORB
LDI   X4
AND   Y2
ORB
OUT   Y0
```

图 6-48 ORB 指令的应用

ORB 指令的使用说明如下。

（1）ORB 指令是不带操作元件的指令。

（2）两个或两个以上触点串联连接的电路称为串联电路块。串联电路块在并联连接时，用 LD、LDI 指令表示分支开始，用 ORB 指令表示分支结束。

（3）存在多条并联电路时，应在每个电路块后使用 ORB 指令，对使用的并联电路数没有限制，但考虑到 LD 、LDI 指令只能连续使用 8 次，ORB 指令的使用次数也应限制在 8 次。

6. END 指令

END 指令：结束指令，表示程序结束。

FX₂N系列 PLC 有 27 条基本指令，以上介绍的是其中的部分指令。

6.6 可编程控制器的应用举例

在了解了 PLC 的工作原理和相关的编程知识后，则可结合实际情况进行 PLC 控制系统的设计了。

6.6.1 PLC 控制系统设计的基本原则

为了更好地符合被控对象（生产过程或生产机械）的工艺要求和工艺流程，在设计 PLC 控制系统时应遵循以下基本原则。

（1）要最大限度地满足被控对象的控制要求。

（2）在满足控制要求的前提下，所设计的控制系统要简单、经济和实用，维护便利。

（3）确保控制系统的安全、可靠。

（4）考虑今后生产的发展和工艺的改进，选择 PLC 在 I/O 点数和内存容量上应适当留有余地。

（5）编写的程序结构要清楚，可读性强，程序简短，占用内存少，扫描周期短。

6.6.2　PLC 控制系统设计的基本内容

（1）选择用户输入设备（如：按钮）和输出设备（如：接触器、继电器等执行元件）及由输出设备驱动的控制对象（如：电动机）。

（2）选择 PLC。

选择 PLC 包括机型的选择、容量的选择以及 I/O 点数的选择等。

（3）分配 I/O 点，绘制电气连接接口图。

（4）设计控制程序（梯形图的设计和语句表）。

6.6.3　PLC 控制系统设计的一般步骤

（1）深入了解被控对象的工艺过程和工作特点，详细分析控制要求。

（2）根据控制要求确定所需的输入和输出设备，以此确定 PLC 的 I/O 点数。

（3）选择 PLC。

（4）分配 PLC 的 I/O 点，设计 I/O 电气连接接口图。

（5）设计梯形图，写指令表程序。

6.6.4　应用设计举例

1. 三相鼠笼式异步电动机正反转控制

该例子的继电—接触器控制电路如图 6-22（a）所示，现用 PLC 来实现，其设计步骤如下。

（1）分析控制要求

按下正转按钮 SB2，电动机正转；按下反转按钮 SB3，则电动机反转。按下停止按钮 SB1，电动机停止运行。

（2）确定 PLC 的 I/O 点数及其分配

通过分析控制要求可知：输入设备为三个按钮：停止按钮 SB1、正转启动按钮 SB2 和反转启动按钮 SB3，分别与 PLC 的输入端子 X0、X1 和 X2 相接来接收输入信号；输出设备为正转接触器线圈 KM1 和反转接触器线圈 KM2，分别与 PLC 的输出端子 Y0 和 Y1 相接。因此共需 5 个 I/O 点。

（3）选择 PLC。

根据以上分析，可选择 FX_{2N}-16MR。

（4）画出 PLC 的 I/O 电气接口图，如图 6-49 所示。

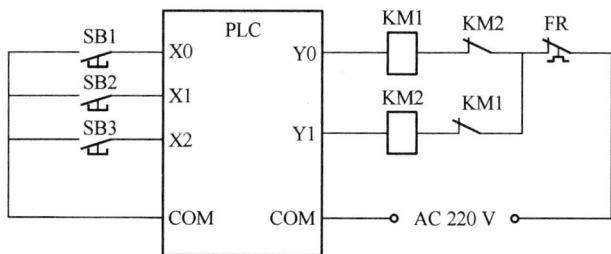

图 6-49　PLC 的 I/O 电气接口图

（5）设计梯形图，如图 6-50 所示。

（6）根据梯形图写出指令表程序，如图 6-51 所示。

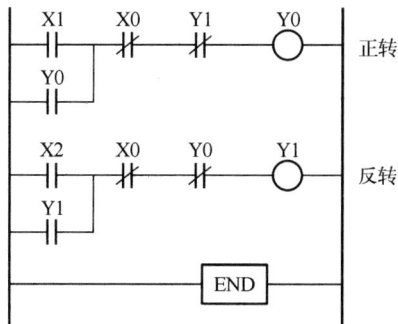

图 6-50　电动机正反转控制的梯形图

```
LD    X1
OR    Y0
ANI   X0
ANI   Y1
OUT   Y0
LD    X2
OR    Y1
ANI   X0
ANI   Y0
OUT   Y1
END
```

图 6-51　电动机正反转控制的梯形
图所对应的指令表程序

注意：

（1）为节省 PLC 的输入点数，I/O 电气接口图中把热继电器 FR 的常闭触点串联于输出电路中而未作为输入信号处理。

（2）在输出电路中设置了用以实现互锁的接触器常闭触点，是为了避免某一接触器线圈断电而其主触点熔焊仍接通情况下另一个接触器吸合。

2. 三相异步电动机的 Y—△ 降压启动控制

该例子的继电—接触器控制电路如图 6-25 所示，现用 PLC 来实现，其设计步骤如下。

（1）分析控制要求。

按下启动按钮 SB2 时，三相异步电动机作 Y 形连接降压启动，以此延时一段时间后自动切换为 △ 连接，三相异步电动机在额定电压下工作，按下停止按钮 SB1，则三相异步电动机停转。

（2）确定 PLC 的 I/O 点数及其分配。

通过分析控制要求可知：输入设备为两个按钮：停止按钮 SB1 和启动按钮 SB2，分别与 PLC 的输入端子 X0 和 X1 相接来接收输入信号；输出设备为三个接触器线圈 KM、

KM$_Y$ 和 KM$_\triangle$，KM、KM$_Y$ 控制电动机 Y 形接法启动运转，KM、KM$_\triangle$ 控制电动机 △ 形接法正常运转，三个接触器 KM、KM$_Y$、KM$_\triangle$ 线圈分别与 PLC 的输出端子 Y0、Y1 和 Y2 相接。因此共需 5 各 I/O 点。

（3）选择 PLC。

根据以上分析，可选择 FX$_{2N}$-16MR。

（4）画出 PLC 的 I/O 电气接口图，如图 6-52 所示。

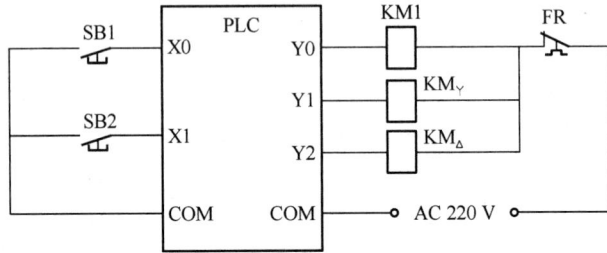

图 6-52　PLC 的 I/O 电气接口图

（5）设计梯形图。如图 6-53 所示。

（6）根据梯形图写出指令表程序。如图 6-54 所示。

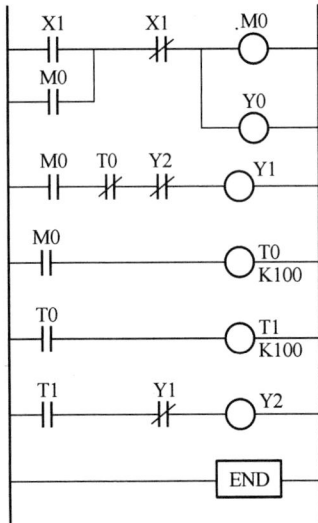

LD	X1
OR	M0
ANI	X0
OUT	M0
OUT	Y0
LD	M0
ANI	T0
ANI	Y2
OUT	Y1
LD	M0
OUT	T0
	K100
LD	T0
OUT	T1
	K10
LD	K10
ANI	T1
OUT	Y1
END	Y2

图 6-53　三相异步电动机的
Y—△ 降压启动控制

图 6-54　三相异步电动机的 Y—△ 降压
启动控制所对应的指令表程序

注意：

（1）T0 的作用是设定 Y 形启动延时的时间。

（2）T1 的作用是设定 Y—△ 切换的延时时间。

习　题

6-1　根据图 6-20 点动控制电路,将开关 QS 合上后,按下起动按钮,发现下列现象。

(1) 接触器 KM 不动作。

(2) 接触器 KM 动作,但电动机不转动。

(3) 电动机转动,但一抬手动电动机就不转。

(4) 接触器动作,但吸收不上。

(5) 接触器线圈冒烟甚至烧坏。

(6) 电动机不转动或转得极慢,并有"嗡嗡"声。

试分析和处理以上故障。

6-2　画出既能点动又能连续运转的异步电动机的继电—接触器的控制电路。

6-3　画出异步电动机的主电路和控制电路,要求具备:

(1) 短路保护;

(2) 过载保护;

(3) 电动机运行时绿色指示灯亮,停车时红色指示灯亮。设接触器线圈和指示灯的额定电压均为 220 V。

6-4　画出两台电动机不能同时工作的控制电路。

6-5　简述可编程控制器的定义。

6-6　可编程控制器由哪几部分组成? 各部分的作用是什么?

6-7　可编程控制器输入、输出方式各有哪几种?

6-8　可编程控制器采用什么方式来执行用户程序? PLC 执行用户程序的工作过程主要分哪几个阶段?

6-9　FX$_{2N}$系列 PLC 的面板布置包括哪几部分内容? 各有什么含义?

6-10　写出如图 6-55 所示梯形图的指令表程序。

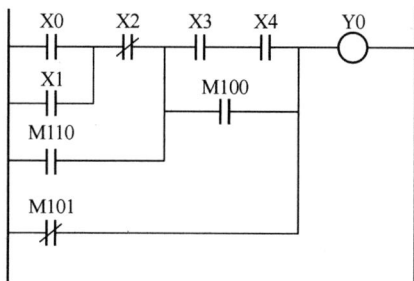

图 6-55　习题 6 梯形图

6-11 画出下列指令表程序对应的梯形图。

```
LD    X1
OR    M100
ANI   X2
OUT   Y1
OUT   M100
LD    X3
OUT   T0
      K30
OUT   Y2
LD    T0
OUT   T1
      K40
OUT   Y3
LD    X4
OUT   Y4
END
```

6-12 有两台三相鼠笼式异步电动机 M1 和 M2,要求电动机 M1 启动后,经过 10s 后 M2 能自行启动;M2 停止后,M1 才能停止。试用 PLC 实现此控制要求,画出主电路、PLC 的 I/O 电气接口图和梯形图,并写出指令表程序。

6-13 设计一个用 PLC 实现的三相异步电动机既能点动又能连续运转的控制电路(画出主电路、PLC 的 I/O 电气接口图和梯形图,并写出指令表程序)。

第7章 道桥工程供电设计

本章要点

1. 掌握施工工程用电量的计算。
2. 掌握变压器的选择方法。
3. 掌握导线截面积的选择方法。
4. 学会工程供电设计。

7.1 三相供电系统

在工程上所使用的电能,绝大部分都是交流电。交流电是由发电厂供给的,从发电到用户用电一般经过 4 个环节,即发电—输电—配电—用户用电。

7.1.1 发电

工程用电几乎都使用国家电力系统的电能,只有在偏僻地方的工程中才用流动式发电机供电。取用电力系统的电能有以下优点:第一,供电质量高,它可连续供电,且电能和频率波动性小;第二,供电可靠,因为电力系统是汇集多个发电厂的电能,即使其中一个发电厂有问题,也不致影响整个电网供电;第三,经济,由于发电厂一般都建在蕴藏能源比较集中的地区,所以成本比较低。

7.1.2 电能的输送和分配

发电厂与用电单位的距离往往比较远,所以发电厂生产的电能要用输电线路输送到用电地区。电厂输送的电功率为:

$$P = \sqrt{3} UI \cos \varphi \qquad\qquad (7\text{-}1)$$

由式可见,当输送的电功率一定,功率因数 $\cos \varphi$ 一定时,电网电压 U 越高,则输送的电流越小,从而使输电线路的能量损耗减小,输电导线截面积减小,节省造价。

三相交流发电机的电压一般是 6 kV、10 kV 或 15 kV,远距离输电,都要经过升压变压器将电压升高后再向外输送,目前我国输送电压有 35 kV、110 kV、220 kV、330 kV 及 500 kV 的高压。高压电在进入用电区或用电单位后,再利用降压变压器将高压变为 3 kV、6 kV 或 10 kV 电压。可见,输电是联系发电厂与用户的中间环节。

7.1.3　配电

配电室将 3~10 kV 高压降为 380/220 V 电压后,再通过低压输电线分配到各用户的用电设备。

低压配电采用的供电方式,在道桥施工工程中都是三相四线制,再从配电变压器的低压侧,引出三条火线和一条中线。这种供电方式既可供三相电源给动力负载用电,也可以供单相电源给照明负载用电,既含有线电压,又有相电压。

与输电设备相比,配电设备的电压较低,容量较小,但它靠近用户,所以安全、环保、防火等因素需要十分注意。

7.2　变压器的选择

变压器是输配电系统中用来改变电压数值必不可缺少的一项电器设备。任何一项工程选择适当的变压器供电,都是十分重要的。

7.2.1　变压器的选择原则

除了在无高压电源的偏远地区和局部临时用电可自己发电以外,绝大部分工程都是选择适当容量的变压器作为供电电源。

选择变压器的容量时,必须遵守以下原则。

(1)变压器的容量应满足负载取用的视在功率。

由前已知,变压器的容量是用视在功率(伏安)来表示的,所以必须把负载取用的有功功率换算成视在功率,即所选变压器的容量 S_N 为:

$$S_N = \frac{\text{负载实际取用的有功功率 } P}{\text{负载的功率因数 } \cos\varphi} \tag{7-2}$$

(2)变压器原、副边额定电压必须与当地电网的高压及负载所需要的电压相符合。

(3)必须贯彻节约的原则,既不能把容量选得过大,以致不能充分发挥设备能力,造成不必要的能量损失;也不能把容量选得过小,以致当负载略有过载时,变压器承担不了而发热或烧毁。

7.2.2　工程用电量的估算

道桥施工工程用电大体上分为动力用电和照明用电两类。动力用电量比照明用电量通常要大得很多,估算时往往先估算动力用电量,然后在动力用电量上外加 10% 作为照明的用电量。

估算动力用电量前,首先计算出工地上动力机械的总功率,然后按下式计算容量:

$$S_{动} = K_e \frac{\sum P_{机}}{\eta \cos \varphi} \tag{7-3}$$

式中:$\sum P_{机}$——表示各台电动机铭牌上的额定功率的总和;

　　　η——表示各台电动机的平均效率(一般在 0.75~0.92 之间);

　　$\cos \varphi$——表示各台电动机的平均功率因数;

　　　K_e——需要系数,因为各台电动机不一定同时工作也不一定同时满载运行,故需打一折扣,一般 $K_e < 1$,近似可取 $K_e = 0.5 \sim 0.75$,可参阅表 7-1 所示;

　　　$S_{动}$——动力设备所需的总容量,kVA。

最后,估算出施工用电总容量为:

$$S = 1.1 \times S_{动} \quad (kVA) \tag{7-4}$$

表 7-1　建筑工地设备的需要系数和功率因数

用电设备名称	用电设备数量(台)	需要系数(K_e)	功率因数 $\cos \varphi$
混凝土搅拌机及砂浆搅拌机	10 以下	0.7	0.68
	10~30	0.6	0.65
	30 以上	0.5	0.6
破碎机、筛洗机、泥浆泵、空气压缩机、输送机	10 以下	0.75	0.75
	10~50	0.7	0.7
	50 以上	0.65	0.65
提升机、起重机、掘土机	10 以下	0.30	0.70
	10 以上	0.20	0.65
电焊机	10 以下	0.45	0.45
	10 以上	0.35	0.40
自动焊接变压器		0.62~1	0.6
工地照明		0.8	1

7.2.3　变压器容量的选择

施工现场的电力供应问题是保证正常施工的一个重要环节。为此,在施工前必须对供应问题进行详细调查,特别是在工程量较大的施工中,用电量也较大,更要正确地估算施工用电量。

根据估算的施工用电总容量,再考虑负荷情况,供电可靠性、经济型、灵活性等因素,按下式选定变压器的额定容量,即

$$S_{额} \geqslant S \tag{7-5}$$

最后根据 $S_{额}$ 和变压器原、副边的额定电压值,从变压器产品目录中选取适当型号的变压器。

7.2.4 变压器安装位置的确定

配电变压器是供电系统的枢纽,确定其安放位置也要慎重考虑,一般应考虑以下因素:

(1) 尽量设置在负荷中心;

(2) 为了使高压进线方便,要尽量靠近高压电杆;

(3) 变压器低压为 380 V 时,供电半径一般不大于 700 m;

(4) 避开危险区和空气污秽的地方,地基牢固、防止流沙或山洪;

(5) 变压器运输和安装方便。

7.3　配电导线的选择

7.3.1　选择导线截面的原则

合理地选择配电导线不但可以节省有色金属,而且保证供电的质量与安全。因此,导线截面的选择应满足以下 3 条原则:

(1) 导线要能承受最低机械强度的要求,如导线的自重及风、雪、冰封等而不致断线;

(2) 应能满足负载长时间通过正常工作最大电流的需要;

(3) 导线上的电压降应不超过规定的允许电压降。

7.3.2　选择导线截面积的方法

根据上述 3 条原则,选择导线截面常用以下几种方法。

1. 按机械强度选择

为了保障供电安全,导线在各种不同敷设方式下,都必须具有一定的机械强度。不得小于表 7-2 列出的导线允许的最小截面。

表 7-2　导线按机械强度所允许的最小截面

单位:mm²

	铜　　线		铝　　线		
	绝缘线	裸线	绝缘线	铝绞线	钢芯铝绞线
室外	6	10	10	25①	16
室内	1	—	2.5	—	—

注:接户线必须用绝缘线,铜线不得小于 4 mm²,铝线不得小于 6 mm²。

① 高压线用 35 mm²。

2. 按容许电流选择

由于导线中存在电阻、电感等因素,当电流通过时,必将产生电压降落。在工程中就要求导线上引起的电压降必须在一定限度以内。如果电源端(变压器出口)的电压为 U_1,而负载端的电压为 U_2,那么,线路上电压降为 ΔU 则为:

$$\Delta U = U_1 - U_2$$

若用相对电压降 ε 表示时,则:

$$\varepsilon = \frac{\Delta U}{U_N} \times 100\% \tag{7-6}$$

式中: U_N——为电网的额定电压; ε 一般不超过 5%。

当给定了负载的电功率,已知送点距离,已知所允许的电压损失时,则配电导线的截面积可按下式求得:

$$S = K_e \frac{\sum(PL)}{C\varepsilon} \tag{7-7}$$

式中: P——负载的电功率或线路输送的电功率 ,kW;

L——送电线路的距离,m;

ε——容许的线路电压损失,%;

K_e——需要系数;

C——系数,视导线材料,送电电压及通电方式而定,如表 7-3 所示。

表 7-3　系数 C 值

线路额定电压 /V	线路系统及电流种类	系数 C 值	
		铜线/mm²	铝线/mm²
380/220	三相四线	77	46.3
220	单相或直流	12.8	7.70
110		3.2	1.9
36		0.34	0.21
24		0.153	0.092
12		0.038	0.023

【例 7-1】 某大桥施工工地配电箱动力用电 P_1 为 66 kW, P_2 为 28 kW,如图 7-1 所示,杆距均为 30 m。用 BBLX 导线,已知 $\varepsilon = 5\%$, $K_e = 0.6$,平均功率因数 $\cos\varphi = 0.76$,计算 AB 段的导线截面。

解: 通过 AB 段导线电流为:

$$I = K_e \frac{\sum(P_L)}{\sqrt{3}U\cos\varphi} = 0.6 \times \frac{(28+66) \times 1\,000}{\sqrt{3} \times 380 \times 0.76} = 112.75 \text{ A}$$

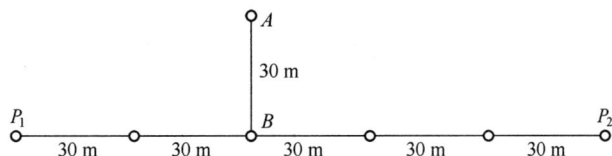

图 7-1　例 7-1 图

按此电流查 BBLX 导线安全载流表(附录 A 中的表 A - 14),可选截面为 35 mm², 它的安全载流为 138 A,大于实际电流 112.75 A,再按电压降计算导线截面,由公式(7-7)可得:

$$S = K_e \frac{\sum(PL)}{C\varepsilon} = 0.6 \times \frac{66 \times 90 + 28 \times 120}{46.3 \times 5} \approx 24.10 \text{ mm}^2$$

此时可选 $S = 25$ mm²,但是按电流选用 35 mm²,比较后应选两者中大的一个截面,因为它同时满足两个条件,故最后确定选用 $S = 35$ mm²。

在选择导线截面时,虽然有 3 个因素要去考虑,但在实际工作中,往往不需要一一进行计算,抓住主要矛盾就行。例如,一般道路工地作业线比较长,所以在长距离的输电线中电压降就是主要矛盾,这时导线截面可用容许电压降法来选择;当建筑工地和桥梁工地配电线路比较短时,导线截面可由容许电流法来选择;在小负荷的架空线路中往往只考虑机械强度。

7.4 道桥施工工程供电设计

7.4.1 概述

每个工程在开工之前必须解决供电问题,因此人们常说"电"是先行官。施工供电设计是在施工前进行周密组织与计划的一个组成部分。

施工工程供电设计一般包括以下内容:

(1)确定施工用电量,选择配电变压器;

(2)确定电源最佳位置;

(3)进行导线截面计算和选择;

(4)绘制电力供应平面图。

设计的前 3 个内容,前面都已阐述过,下面仅介绍一下怎样绘制电力供应平面图。

7.4.2 绘制施工现场电力供应平面布置图

电力供应平面图是施工组织设计的组成部分,对指导现场进行有组织、有计划地施工具有重要意义。为了在施工平面图上能明确地表示出电气设备及线路设施,则必须采用国家规定的统一图形符号,准确地表达设计意图,常用的电气符号和编号,可从有关手册查出。

电力供应平面布置是根据施工总平面图画出的,图上标出配电变压器的确切位置,配电线路的路径,配电箱及主要照明设备的位置等。

各条支路标注方法为:

$$a - b(c \times d)$$

其中:a——支路编号;b——导线型号;c——导线根数;d——导线截面。

例如：某工地第四支路选用导线情况的标注为：

$$4-LJ(3\times50+1\times35)$$

其中：4——第四支路；LJ——铝绞线；（3×50）——3 根火线，每根火线截面是 50 mm²；（1×35）——1 根中线，截面是 35 mm²。

【例 7-2】 为某立交桥梁新建工程做施工组织供电设计。如图 7-2 所示。

（一）已知条件（设计依据）

（1）立交桥梁总平面图纸一张，如图 7-2 所示。主要机械布局已由技术组安排妥当。

（2）本工程主要用电设备如下：

① 交流电焊机 8 台，每台折合有功功率为 15 kW，其中 4 台在钢筋加工厂，4 台在桥面现场；

② 钢筋加工机械 3 台，共 65 kW，均在钢筋加工厂；

③ 混凝土搅拌机 3 台，每台 10 kW；

④ 电动打夯机 4 台，每台 1 kW；

⑤ 振捣器 16 台，每台 1 kW；

⑥ 电动油压顶 4 个，每个 2.2 kW；

⑦ 卷扬机 1 台，11 kW；

⑧ 木工场电动机若干台，共 10 kW；

⑨ 施工照明：投光灯 12 盏，碘钨灯 10 盏，高压水银灯 8 盏，共 20 kW；

⑩ 生活区照明和食堂用电共 10 kW。

（3）用电参数如下：电动机平均效率 $\eta=0.8$，平均功率因数 $\cos\varphi=0.6$（现场照明亦然）。需要系数 $K_e=0.48$，容许电压降 $\varepsilon=5\%$。

（4）导线一律采用 BLX 铝芯橡皮绝缘玻璃丝编织线。

（5）当地高压线电压为 10 kV，负载需要三相四线 380/220 V 电压。

（二）设计计算

1. 估算工程用电总容量，选择配电变压器

用电设备总容量为：

$$\sum P_{机}=15\times8+65+30+4+16+9+11+10+20+10=259\ \text{kW}$$

其中，照明用电量所占比重很小，计算时可以不必单独计算，合并到动力负载一起即可。

$$S_{动}=Ke\frac{\sum P_{机}}{\eta\cdot\cos\varphi}=0.48\times\frac{295}{0.8\times0.6}=295\ \text{kV}\cdot\text{A}$$

查变压器产品目录（附录 A 中的表 A－5），选用 SJL1315/10 型，其额定容量 315 kVA，大于 295 kVA。原、副边电压亦符合当地高压及负载电压要求。变压器副边额定电压 0.4 kV，做Y接时可得到 380/220 V 电压。

2. 确定变压器的位置

根据施工平面图纸上的布局，钢筋加工厂用电量最大，变压器应尽量靠近负荷中心。同时，考虑到应尽量靠近高压电杆，因此将变压器位置选择在 29 号高压电杆西边，如图 7-2 所示。此处距原有旧路不远，运输、安装及保卫均方便。

3. 确定供电支路数

第一支路：由变压器至钢筋加工厂，共有 125 kW。$L=25$ m。

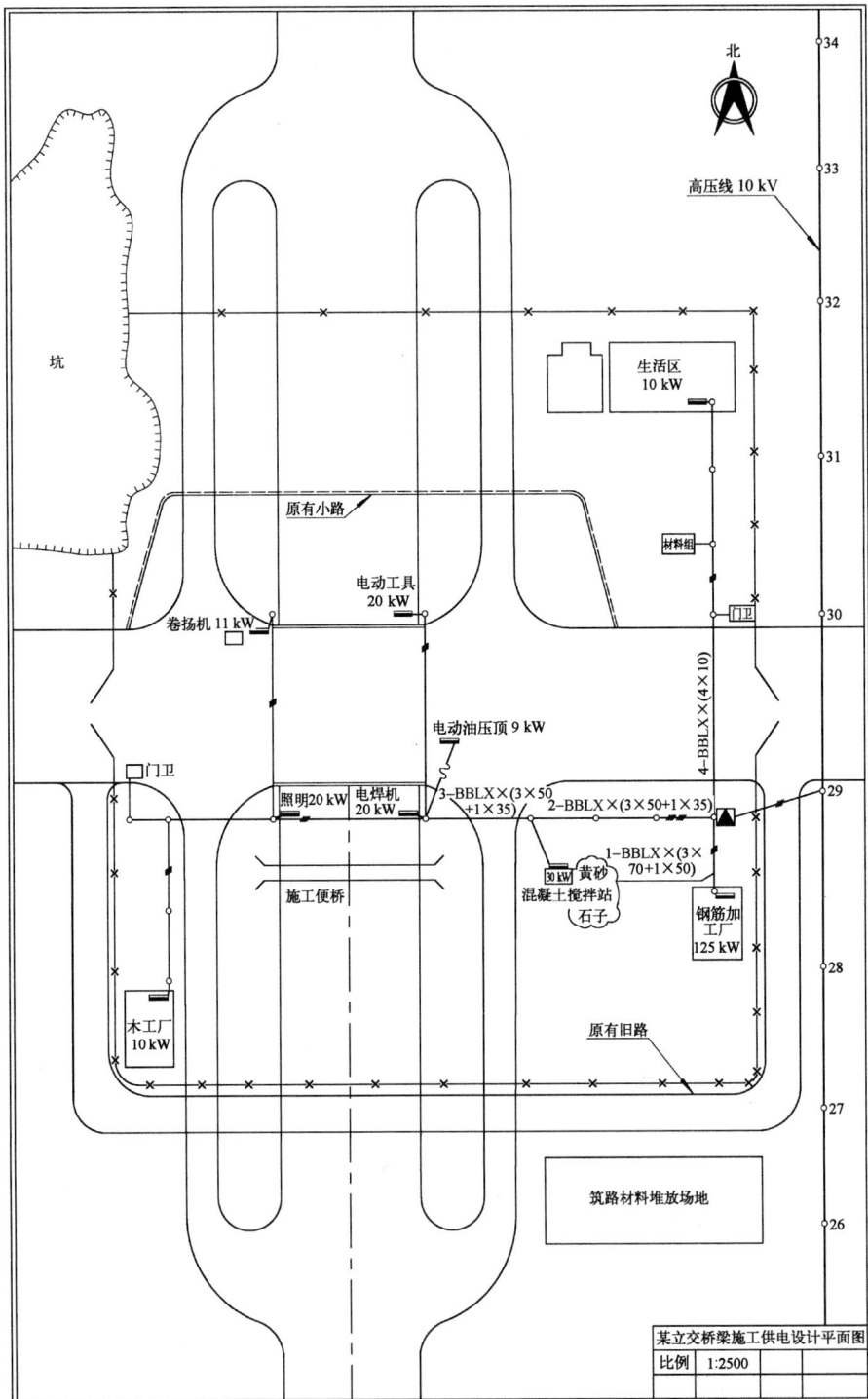

图 7-2　某立交桥梁施工供电设计平面图

第二支路:由变压器至混凝土搅拌站、桥面电焊机。$L_混 = 120$ m,$L_焊 = 180$ m。共有负载 90 kW。

第三支路：由变压器至卷扬机、电动油压顶、桥面照明及木工厂等处。共有负载 71 kW。

第四支路：由变压器至生活区，共有 10 kW，$L=140$ m。

确定支路数目的因素要考虑供电的可靠性，4 个支路呈放射形式供电，各支路互不影响。各支路负荷不一定相等，主要决定于供电方便与否。导线截面种类不宜过多，否则影响施工速度。

4. 计算各支路导线截面

1）第一支路

（1）按导线的容许电流选择：根据本支路总负荷量和已知各有关参数可求出导线实际线电流，叫作计算电流，计作 I_{is}。有：

$$I_{is}=K_e\frac{\sum P_{机}}{\eta\sqrt{3}U\cos\varphi}=0.48\times\frac{125\times10^3}{0.8\times\sqrt{3}\times380\times0.6}=189\text{ A}$$

查附录 A 中的表 A-14 得导线截面 $S=70$ mm²，其允许载流量为 220 A，可满足要求。

（2）按容许电压降选择：从总平面图中量知供电距离仅有 25 m，代入公式：

$$S=K_e\frac{\sum PL}{\eta C\varepsilon}=0.48\times\frac{125\times25}{0.8\times46.3\times5}=8\text{ mm}^2$$

（3）按机械强度选择：$S=10$ mm²。

通过以上计算可知钢筋加工厂距变压器很近，用电量大，电流是主要矛盾。最后确定导线截面 $S=70$ mm²。中线可以细一号，采用截面为 50 mm²，该支路导线标注为 1—BBLX（3×70＋1×50）。

2）第二支路

（1）按导线容许电流选择：本支路混凝土搅拌站和电焊机共有 90 kW。有：

$$I_{is}=K_e\frac{\sum P}{\eta\sqrt{3}U\cos\varphi}=0.48\times\frac{90\times10^3}{0.8\times\sqrt{3}\times380\times0.6}=137\text{ A}$$

查附录 A 中的表 A-14 得 $S=50$ mm²。其允许载流量为 175 A，可满足要求。

（2）按容许电压降选择。有：

$$S=K_e\frac{\sum PL}{\eta C\varepsilon}=0.48\times\frac{30\times120+60\times180}{0.8\times46.3\times5}=37.3\text{ mm}^2$$

通过这两次计算便可确定第二支路导线截面采用 50 mm²。中线亦可选细一些，采用 35 mm²，该支路使用导线标注为 2—BBLX（3×50＋1×35）。

3）第三支路

这一支路负荷比较分散，如果详细计算则每一个分支截面均不相同，在实际架线中往往并不一定逐段减小导线截面，除非供电距离很远，细算才有经济意义。如果施工场地不大，导线截面变化太多，工期又不长则反而浪费导线。本例只计算第三支路干线一段截面。

（1）按导线容许电流选择。有：

$$I_{is}=K_e\frac{\sum P_{机}}{\eta\sqrt{3}U\cos\varphi}=0.48\times\frac{71\times10^3}{0.8\times\sqrt{3}\times380\times0.6}=108\text{ A}$$

同理，查附录 A 中的表 A-14，可知 $S=35$ mm²。

（2）按容许电压降选择。

首先从平面图中量出各处负荷配电盘与变压器之间的距离（包括垂直用线距离），代入公式：

$$S = K_e \frac{\sum PL}{\eta C \varepsilon} = 0.48 \times \frac{9 \times 240 + 20 \times 300 + 11 \times 340 + 10 \times 360}{0.8 \times 46.3 \times 5} = 40.2 \text{ mm}^2$$

通过以上计算可以看出：第三支路中，线路电压降是主要矛盾，故采用标称截面 50 mm² 。第三支路用电量虽然比第二支路约少 20 kW，但是供电距离比较长，主要矛盾就由电流转化为线路电压降方面了。因此，这两支路负荷不同，导线截面却都是 50 mm²。

4）第四支路

从平面图可以看出生活区用电量很少，距离变压器也不算太远，电流和线路电压降可能都不是主要矛盾，通过以下计算可以核实。

（1）按容许电流选择。

由于生活区系照明负载，容量也小，可取 $K = 1, \cos \varphi = 1$。即：

$$I_{is} = \frac{10 \times 10^3}{\sqrt{3} \times 380} = 15.3 \text{ A}$$

查附录 A 中的表 A-14，可知 $S = 3 \text{ mm}^2$ 就足够了。

（2）按容许电压降选择。有：

$$S = \frac{10 \times 140}{46.3 \times 5} = 6 \text{ mm}^2$$

（3）按机械强度选择。有：

$$S = 10 \text{ mm}^2$$

通过上面计算可知导线只要能满足最低机械强度要求即可。

（三）绘制电力供应平面图

在施工平面图上，画出变压器的安装位置、低压配电线路的走向及电杆位置，并标示出所用导线的型号与规格，如图 7-2 所示。

7.4.3 供电设计实例

某山区新建公路与桥梁工程平面图如图 7-3 所示。根据平面图的施工布局，做供电设计。

（一）已知条件

本工程用电设备有：预制构件场地共计 50 kW。钢筋加工厂共计 137 kW，混凝土搅拌站 48 kW，生活区 28 kW，木工厂 50 kW，1 号主桥现场各种电动工具共计 80 kW，2 号小桥现场各种电动工具共计 30 kW。

各电气参数为：电动机平均效率 $\eta = 0.8$，平均功率因数 $\cos \varphi = 0.7$，需用系数 $K_e = 0.45$，线路容许电压降 $\varepsilon = 5\%$。

（二）设计内容

（1）根据工程用电量及现场高压线电压等情况，选择一台适当型号的配电变压器。容量计算要列出算式。

（2）选择变压器安装的最佳地点。

（3）确定供电线路支路数及其布局。

（4）计算各导线截面，要求选用 BBLX 型导线。

（5）确定各配电箱大致位置。

把以上各项结果均标注于总平面图上。导线截面要用标称截面。

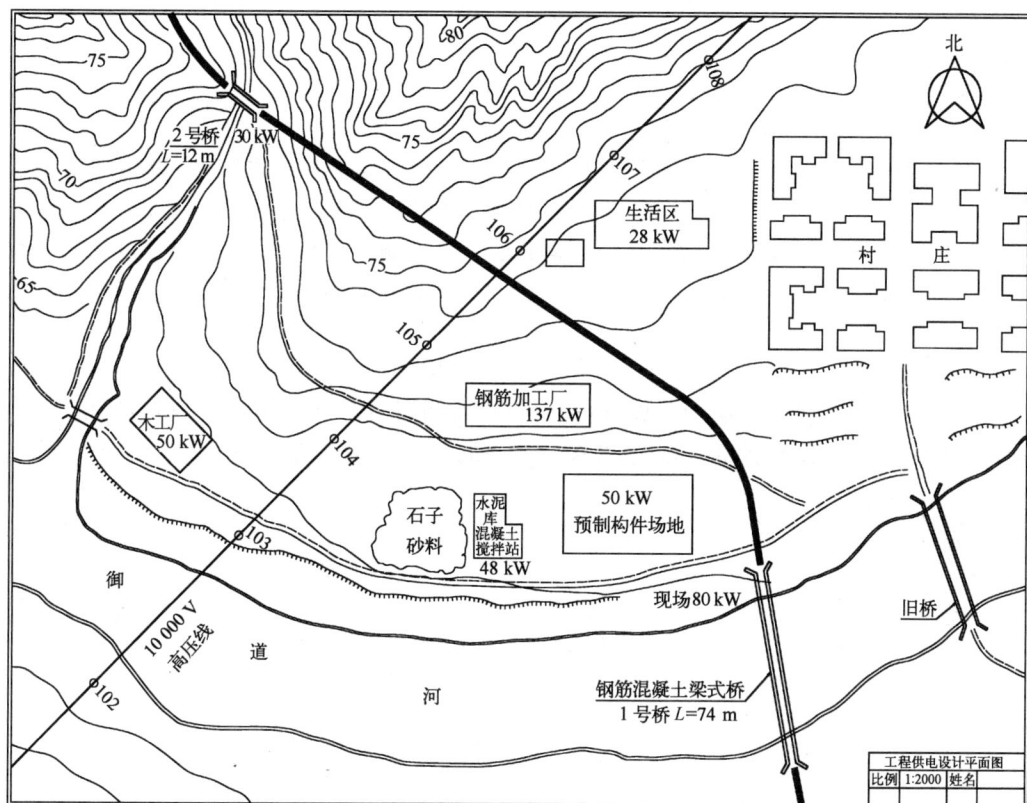

图 7-3　某山区新建公路与桥梁工程供电设计平面图

习　题

7-1　有一台低压照明变压器，铭牌上标明 380/36 V、300 VA。试问：能接 36 V、36 W 的白炽灯几盏？某隧洞工程需要 80 盏 36 V、60 W 的灯泡照明，问应选多大容量的变压器？

7-2　为了加快施工进度，某工地增加夜班施工照明，以突击抹灰，需 16 盏 60 W、36 V 的白炽灯，求应向材料组领何种规格的变压器？

7-3　试为某小学选配一台变压器，已知该校共用白炽灯 18 kW，日光灯 30 kW，其中 25 kW 的日光灯已装电容器，将功率因数提高到了 0.95，而其余 5 kW 日光灯未装电容器，功率因数按 0.5 考虑。当地高压线是 10 kV，照明需要 220 V，应选何种规格的三相变压器？

7-4　某建筑工地动力与照明用电情况如下：

混凝土搅拌机 5 台　　　　　　每台 7 kW

卷扬机 4 台　　　　　　　　　每台 4.5 kW

塔式起重机 2 台　　　　　　　每台 40 kW

少先式起重机 2 台　　　　　　每台 5 kW

振捣器 10 台　　　　　　　　　每台 1 kW

施工照明　　　　　　　　　　　每台 6 kW

生活照明　　　　　　　　　　　1 kW

动力设备平均功率因数为 0.75，平均效率 0.82，需要系数 0.5，照明设备需要系数 0.95，当地高压 10 kV，工地动力需 380 V，照明需 220 V，请选一台适当容量的变压器。

7-5　某小桥工程，距变压器 240 m，全部动力用电额定机械功率 85 kW，电动机平均效率为 0.83，平均功率因数为 0.8，需要系数 0.6，容许电压降 6%，试问应选多大截面的 BBLX 型导线？

7-6　有一工厂动力设备总容量为 25 kW，平均效率 0.8，平均功率因数 0.8，厂房内照明容量 2.5 kW，室外照明 300 W，均为白炽灯照明，拟用 380/220 V 三相四线供电，由配电变压器至工厂距离为 322 m，应选多大截面的 BBLX 型导线？（$K_e=0.6, \varepsilon=5\%$）

第8章 安全用电

本章要点

1. 了解触电的原因和方式。
2. 熟悉防止触电的方式和安全用电的基本知识。
3. 了解防雷的主要措施。

正确的利用电能可造福人类,但使用不当也会造成设备损坏及人身伤害。对从事工程技术的人员来说,一定要懂得一些安全用电的常识和技术,在工作中,采取相应的安全措施,正确的使用电器,以防止人身伤害和设备损坏,避免造成不必要的损失。

8.1 触　　电

人体因接触带电体,引起死亡或局部受伤的现象称为触电。按人体受伤害的程度不同,触电可分为电伤和电击两种。电伤是指人体外部由于电弧或熔丝熔断时飞溅的金属沫等而造成烧伤的现象。电击则是指因电流通过人体而使内部受伤的现象,这是最危险的触电事故。通过人体的工频电流超过 50 mA(0.05A)时,就会使人难以摆脱电源,结果导致生命危险。触电的伤害程度决定于通过人体电流的大小,人皮肤的电阻是变化的,干燥的皮肤电阻约为 $10^4 \sim 10^5 \, \Omega$。但人体电阻会因出汗或受潮而大大降低其阻值。

由此可知,人体所触及的电压大小,时间的长短和触电时的人体情况是决定触电伤害程度的主要因素。一般人体的电阻可按 $1\,000 \, \Omega$ 估计,而通过人体的电流和持续时间的乘积为 50 mA·s(毫安秒)时是一个危险的极限。因此,一般情况下 65 V 以上的电压就是危险的,潮湿时 36 V 的电压就有危险,在潮湿环境里,以 24 V 或 12 V 为安全电压。

图 8-1 给出了三种触电情况,图 8-1(a)所示为双线触电,当人体同时接触两根火线,人体受到的电压为线电压,是最危险的触电;图 8-1(b)所示为电源中性线接地的单线触电,这时人体受到的电压为相电压,仍然极为危险;图 8-1(c)所示为中性线不接地的单线触电,此时电流通过人体进入大地,再经过其他两相对地电容或绝缘电阻流回电源。当绝缘不良或对地电容较大时也有危险。

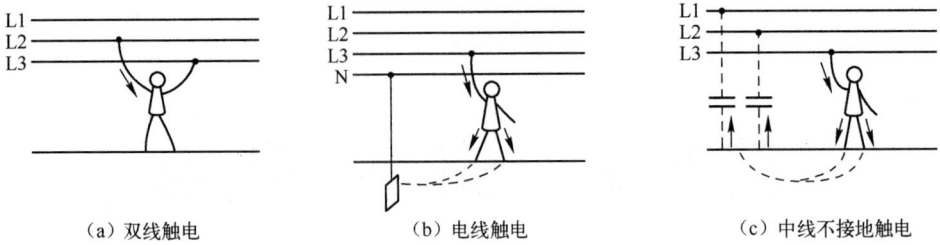

（a）双线触电　　　　　　　（b）电线触电　　　　　　（c）中线不接地触电

图 8-1　几种触电方式

8.2　保护接地和保护接零

正常情况下,电器设备的金属外壳是不带电的。但绝缘损坏使带电的导体碰触金属外壳,则外壳带电,如果有人触及该设备的金属外壳,就可能发生触电事故。为了防止触电,通常采取保护接地或保护接零的措施。

8.2.1　保护接地

把电器设备的金属外壳用电阻很小的导线与大地可靠地连接起来,这种接地方式称为保护接地。通常用埋入土中的钢筋、钢条作为接地极,其接地电阻不得超过 4Ω。

根据规定,在电压低于 1 000 V 的中性点不接地的电力网中或在电压高于 1 000 V 的电力网中均采用保护接地。图 8-2 所示为电动机保护接地的示意图,由此可见,电动机采用保护接地后,如果某相绕组因绝缘损坏而碰壳,当人触及电动机的外壳时,人体电阻与接地电阻并联,由于人体电阻远较接地电阻大,所以几乎没有电流通过人体,从而保证了人体安全。相反,若外壳不接地,则电流就要通过人体,再经过线路的对地电容或其他漏电途径形成回路,可能引起人身触电。

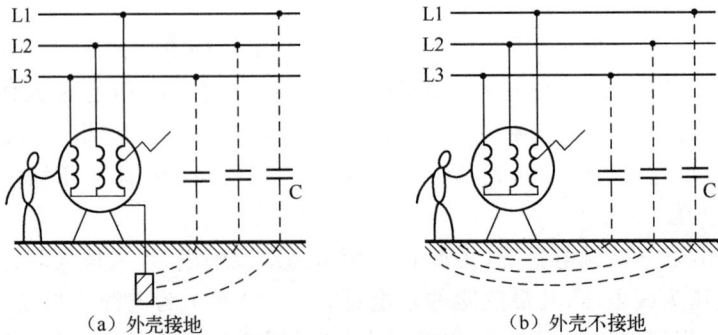

（a）外壳接地　　　　　　　　　　　（b）外壳不接地

图 8-2　电动机保护接地

8.2.2　保护接零

把电器设备的金属外壳用电阻很小的导线与电源的中性线可靠地连接起来,这种接地方式称为保护接零。如图 8-3 所示,这种方法适用于 1 000 V 以下的中性点良好接地的三相四线制中。采取保护接零措施后,如果某相绕组因绝缘损坏而碰壳,该相电源立刻被短路。短路电流立即将熔断器熔断,从而切断该相电源,消除了人触电的危险。

8.2.3　三孔插座和三极插头

单相电器设备常使用这种插座、插头。图 8-4 给出了正确的接线方法,应把用电器的金属外壳用导线接在中间那个比其他两个粗且长的插柱上,并通过插座与保护接中性线或保护接地线相连。由此可以看出,因为外壳是与保护接中性线或保护接地线相连,人体不会有触电危险。但是,绝不容许把接到用电器上的中性线和设备的外壳连通,必须由电源单独接一中性线到设备的外壳上,否则,可能引起触电事故。

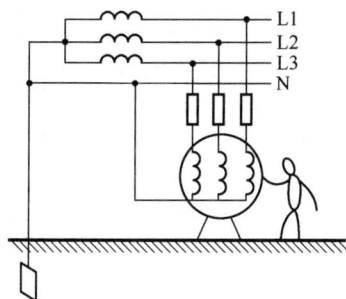

图 8-3　保护接零

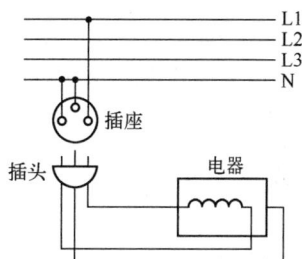

图 8-4　三孔插座和三极插头

8.3　防止触电的措施

8.3.1　安全用电常识

为了保障人身、设备安全,国家颁布了一系列规定和规程,工作人员应认真遵守这些规定和规程。为了避免发生触电事故,在工作中要特别重视以下几点。

(1) 工作前必须检查工具、仪表和防护用具是否完好。

(2) 任何电器设备未经证明无电时,一律视为有电,不准用手触及。

（3）更换熔丝时应切断电源，切勿带电操作。如确实有必要带电操作，则应采取安全措施。例如，站在橡胶板上或穿绝缘靴、戴绝缘手套等。操作时应由专人进行监护，以防发生事故。熔丝的更换不得擅自加粗，更不能用铜线代替。

（4）数人进行电工作业时，要有相应的呼答措施，即在接通电源前告知他人，并确定对方已经知道的情况下，才能送电。

（5）遇有人触电时，如果在开关附近，应立即切断电源。对低压电路如附近无开关，则应尽快地用干燥的木棍、竹竿等绝缘棒打断导线，或用绝缘棒把触电者拨开，切勿亲自用手去接触触电者。

（6）电器设备发生火灾，应先切断电源，并使用 1211 灭火器或二氧化碳灭火器灭火，严禁用水或泡沫灭火。

8.3.2　安全技术措施

触电往往很突然，最常见的触电事故是偶然触及带电体或触及正常不带电而意外带电的导体。为了防止触电事故，除思想上重视外，还应做好以下几项安全措施。

1. 使用安全电压

安全电压是指人体较长时间接触带电体而不致发生触电危险的电压。我国规定的安全电压值为 36 V、24 V、12 V 三个等级。施工工地常用 36 V 安全电压。如果空气潮湿、在金属管道内部操作或其他条件较差的情况下可用 12 V 或 24 V 安全电压。

2. 保护接地

在 1 kV 以下变压器中性点不直接接地的电网内，电气设备的金属外壳和接地装置良好连接。

3. 保护接零

在 1 kV 以下变压器中性点直接接地的电网中，电气设备金属外壳与零线作可靠连接。

4. 使用漏电保护装置

漏电保护装置按控制原理可分为电压动作型、电流动作型、交流脉冲型和直流型。其中电流动作型的保护性能最好，应用最为普遍。

电流动作型漏电保护装置主要是由测量元件、放大元件和执行元件组成，如图 8-5 所示。

测量元件是一个高磁导电互感器，相线和零线从中穿过，当电源供出的电流经负载使用后又回到电源，互感器铁芯中合成磁场为零，说明无漏电现象，执行机构不动作。当合成磁场不为零时，表明有漏电现象，执行机构快速动作，切断电源时间一般在 0.1 s，以保证安全。

家庭中漏电保护器，一般接在单向电能表和低压断路器或刀开关后，它是安全用电的重要保障。如图 8-6 所示。

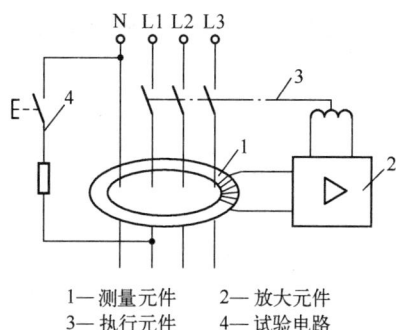

1—测量元件　　2—放大元件
3—执行元件　　4—试验电路

图 8-5　电流动作型漏电保护装置

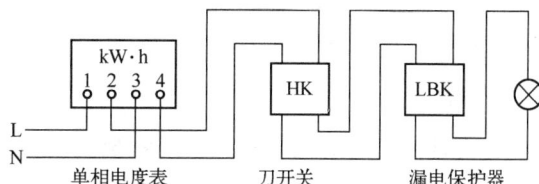

图 8-6　漏电保护器的使用

8.4　防雷保护

道桥工程都是露天施工,所以是雷电袭击的目标之一。因此,工程技术人员要掌握一定的防雷技术。

8.4.1　雷电的危险

在雷雨季节里,太阳将地面一部分水蒸发成水蒸气,水蒸气上升一定高度,就形成了云。一些云带上了正电荷或负电荷,这就形成了雷云。雷云对地的电位是很高的,其电压幅值可高达 1 亿伏。当雷云电荷聚集中心的电场达到足够强时,雷云就击穿周围空气形成导电通道,电荷沿着导电通道移动形成放电电流,一次放电电流约 $20 \sim 150$ kA,全部放电时间约 $10 \sim 13$ s。

雷电形成伴随着巨大的电流和极高的电压,在放电过程中会产生极大的破坏力。雷电的危害主要有以下几种。

1. 雷电的热效应

雷电产生强大的热能使金属熔化、烧断输电导线,摧毁用电设备,甚至引起火灾和爆炸。

2. 雷电的机械效应

雷电产生强大的电动力可以击毁杆塔,破坏建筑物,人畜亦不能幸免。

3. 雷电的网络放电

雷电产生的高电压会引起绝缘子烧坏,断路器跳闸,导致供电线路停电。

4. 雷电流引起跨步电压

当雷电流经过地面雷击点或者接地装置流散到周围土壤中时,由于土壤有一定的电阻,随着距雷击点的间距变化而形成电位降落。如果有人从此处经过,两只脚接触地面的电位不同,这称跨步电压,人就会因跨步电压而触电。若地面泥水很多,人脚潮湿,电阻降低,跨步电压的危险就更大。

8.4.2 防雷设备

1. 避雷针

避雷针是架设于建筑物、木杆、物架上的金属导体。它由接闪器、引下线和接地体3部分组成。

接闪器即针尖,它是用镀锌圆钢(Φ不小于10 mm)或焊接钢管(不小于20 mm)制成。顶端打尖,装在建筑物最高点。

引下线一般明装,用Φ8 mm以上的钢筋或扁钢制成。钢筋外面宜镀锌防腐。

接地体使用Φ12 mm钢筋,长2～3 m,垂直打入地下,顶端距地面1 m。也可用截面不小于25 mm² 的镀锌圆钢或扁钢做成。

由于避雷针安装高度高于被保护物,又与大地相连,因此当雷电来临时,避雷针能使雷电场发生畸变,将之引向避雷针本身。一旦雷电对避雷针放电,强大的雷电流就经避雷针、引下线泄放至大地而避免了被保护物遭受雷击。

避雷针的保护范围可用"滚球法"计算。

选择一个半径为h_r(滚球半径)的球体,沿需要保护直击雷的部位滚动。当球体触及接闪器或者同时触及接闪器和地面,而不能触及接闪器下方部位时,则该部位就在这个接闪器的保护范围之内。滚球半径h_r是按不同建筑物的防雷类别确定的。第一类防雷建筑物$h_r=30$ m;第二类防雷建筑物$h_r=45$ m;第三类防雷建筑物$h_r=60$ m。

单支避雷针的保护范围,可按下列方法确定(参看图8-7)。

(1) 当避雷针高度$h \leqslant h_r$ 时:

① 距地面h_r 处做一条平行于地面的平行线;

② 以避雷针的针尖为圆心,h_r 为半径,做弧线交于平行的A、B两点;

③ 以A、B为圆心,h_r 为半径做弧线,该弧线与针尖相交与地面相切,从此弧线起到地面上的整个锥形空间,就是避雷针的保护范围;

④ 避雷针的保护范围见图8-7,在被保护物高度h_x 的平面上的保护半径r_x 由下式确定:

$$r_x = \sqrt{h(2h_r-h)} - \sqrt{h_x(2h_r-h_x)}$$

式中:r_x——避雷针在h_x 高度的平面上的保护半径,m;

h_r——滚球半径,m;

h_x——被保护物的高度,m;

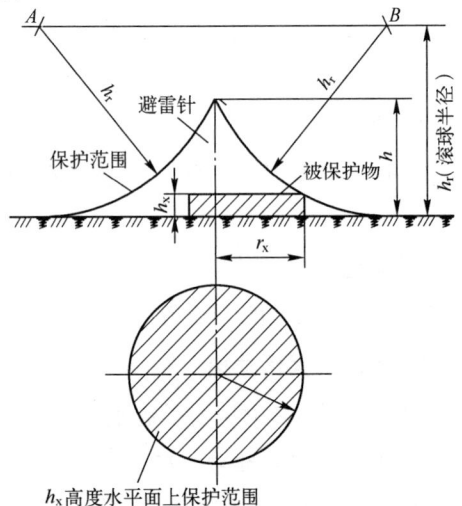

图8-7 h_x 高度水平面上保护范围(滚球法)

h——避雷针的高度,m。

(2) 当避雷针高度 $h>h_r$ 时:

在避雷针上取高度 h_r 的一点代替单支避雷针的针尖作圆心,其余做法与 $h\leqslant h_r$ 时做法相同。

【例 8-1】某座第二类防雷建筑物,高 10 m,其屋顶最远一角距离高 50 m 的烟囱为 15 m 远,烟囱上装有一根 2.5 m 高的避雷针。试用"滚球法"验算此避雷针能否保护这座建筑物。

解:已知 $h=50+2.5=52.5$ m

$$h_x=10 \text{ m} \qquad 滚球半径 h_r=45 \text{ m}$$

所以在 r_x 水平面上避雷针的保护半径为:

$$r_x = \sqrt{h(2h_r-h)} - \sqrt{h_x(2h_r-h_x)}$$
$$= \sqrt{52.5\times(2\times45-52.5)} - \sqrt{10\times(2\times45-10)}=16.1 \text{ m}>15 \text{ m}$$

故此避雷针能保护建筑物。

2. 避雷器

如图 8-8 所示,在电器设备的电源进线端并联-保护设备,并令其放电电压低于保护设备的绝缘耐压值,当过电压来临时,该保护设备立即对地放电,从而使保护设备的绝缘不受破坏,一旦过电压消失,保护设备又恢复到原始状态,这种过电压保护设备即为避雷器。

常用避雷器的类型有阀式、管式、保护间隙和压敏避雷器等。

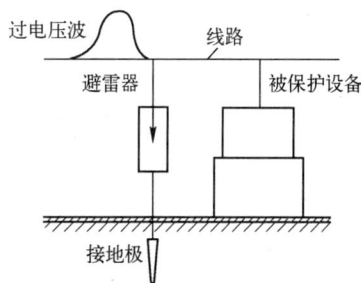

图 8-8　避雷器示意图

3. 避雷线

它主要用来防止架空导线遭受雷击。沿架空导线上方架设,避雷线接地要可靠,通常在每根线杆上都接地。110 kV 以上的钢筋混凝土电杆和铁塔电路,应沿全线装设避雷线。35 kV 以下的线路不需要沿全线装设,只是在进出变电所 1~2 km 范围内装设避雷线,并在避雷线两端各安装一组管型避雷器,以便保护变电所的电器设备。

8.4.3　防雷保护

雷电所形成的高电压和大电流对供电系统的正常运行和人类的生命财产造成了极大的威胁,所以必须采取措施来防止雷击。

(1) 沿架空输电线路装设避雷线,以防线路遭受直击雷击。

(2) 加强架空线路绝缘或装置避雷器。

(3) 采用自动重合闸装置,以便迅速地恢复供电。

(4) 在低压架空线入户进出口处安装避雷器,并将进户线电杆上绝缘瓷瓶的铁脚接地。

(5) 输电线路最好在距离房屋 50~100 m 处,采用电缆,且电缆线外皮接地。

（6）变电所一般采用装设避雷针来防止雷击，同时在沿进户线 1～2 km 这段安装避雷线。对 6～10 kV 进线可以不装避雷线，只要在线路上装设阀形避雷器即可。

8.4.4　防雷常识

（1）雷雨时，不要在空旷的地方行走或逗留，不要站在大树下或高墙旁避雨。

（2）雷雨时，不要走进电灯、铁塔、架空电线和避雷器及避雷针的接地导线周围 10 m 以内。

（3）雷雨时，不要立在窗前或凉台上。在农村里，不要在有烟囱的灶前，尤其是正在冒烟的烟囱，容易遭受雷击。

（4）雷雨时，收音机或电视机的户外天线应该直接接地。在农村这时不要使用电话。

（5）人若遭受雷击触电后，应该立即采用人工呼吸急救，并速请医生采取相应的抢救措施。

习　　题

8-1　什么叫直接雷击和感应雷击？什么叫雷电波浸入？

8-2　雷电危害对供电系统主要表现在哪几个方面？

8-3　为什么说避雷针是引雷针？

8-4　避雷针的主要功能是什么？

8-5　一般工厂 6～10 kV 架空线应采取哪些防雷措施？

8-6　一般工厂变配电所应采取哪些防雷措施？

8-7　建筑物按防雷分几类？各类防雷建筑物应有哪些防雷措施？

8-8　什么叫电击？什么叫电伤？哪种触电对人体伤害最大？

8-9　在正常的环境条件下，安全电流、安全电压各是多少？

8-10　什么叫接地体和接地体装置？什么叫接触电压和跨步电压？

8-11　什么叫工作接地？什么叫保护接地？习惯上所称的保护接零指的是什么？为什么同一低压系统不能有的采取保护接地有的采取保护接零？

8-12　在全部停电和部分停电的电器设备上工作，应采取哪些保证安全的技术措施？

8-13　安全用电的技术措施和组织措施有哪些？

8-14　发现有人触电，如何急救处理？

8-15　某石油化工厂的柴油贮存罐（属第一类防雷建筑物）为圆柱形，直径为 5 m，高出地面 6 m，拟采用单根避雷针作为其防雷保护，要求避雷针离油罐 5 m，试计算避雷针的高度不应低于多少米？

第 9 章　直流稳压电源

本章要点

1. 了解半导体二极管的工作原理和主要参数。
2. 掌握单相桥式整流滤波电路的工作原理。

9.1　半导体基本知识

9.1.1　本征半导体

半导体的导电能力介于导体和绝缘体之间。用得最多的半导体是锗和硅,都是四价元素。将锗或硅材料提纯后形成的完全纯净、具有完整晶体结构的半导体就是本征半导体。如图 9-1 所示。

半导体的导电能力在不同条件下有很大差别。一般来说,本征半导体相邻原子间存在稳固的共价键,导电能力并不强。但有些半导体在温度增高、受光照等条件下,导电能力会大大增强,利用这种特性可制造热敏电阻、光敏电阻等器件。更重要的是,在本征半导体中掺入微量杂质后,其导电能力就可增加几十万乃至几百万倍,利用这种特性就可制造二极管、三极管等半导体器件。

半导体的这种与导体和绝缘体截然不同的导电特性是由它的内部结构和导电机理决定的:在半导体价键结构中,价电子(原子的最外层电子)不像在绝缘体(八价元素)中那样被束缚得很紧,在获得一定能量(温度增高、受光照等)后,即可摆脱原子核的束缚(电子受到激发),成为自由电子,这时共价键中留下的空位称为空穴。如图 9-2 所示。

本征半导体中的自由电子和空穴在外电场的作用下,半导体中将出现两部分电流;一是自由电子作定向运动形成的电子电流;一是仍被原子核束缚的价电子(不是自由电子)递补空穴形成的空穴电流。也就是说,在半导体中存在自由电子和空穴两种载流子(能运载电荷做定向移动并形成电流的粒子),这是半导体和金属在导电机理上的本质区别。

本征半导体中的自由电子和空穴总是成对出现,同时又不断复合,在一定温度下达到动态平衡,载流子便维持一定数目。温度愈高,载流子数目愈多,导电性能也就愈好。所以，温度对半导体器件性能的影响很大。

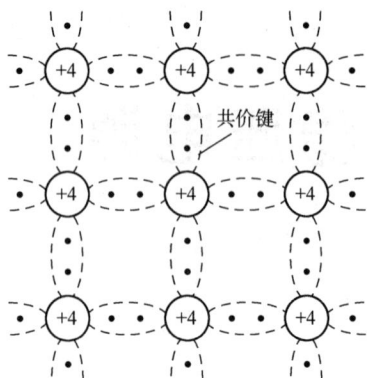

图 9-1　本征半导体结构示意图　　　　　　图 9-2　自由电子和空穴

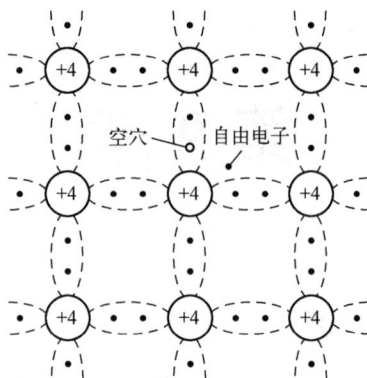

9.1.2　杂质半导体

　　本征半导体中载流子数目极少，导电能力仍然很低。但如果在其中掺入微量的杂质，所形成的杂质半导体的导电性能将大大增强。由于掺入的杂质不同，杂质半导体可以分为 N 型和 P 型两大类，如图 9-3 所示。

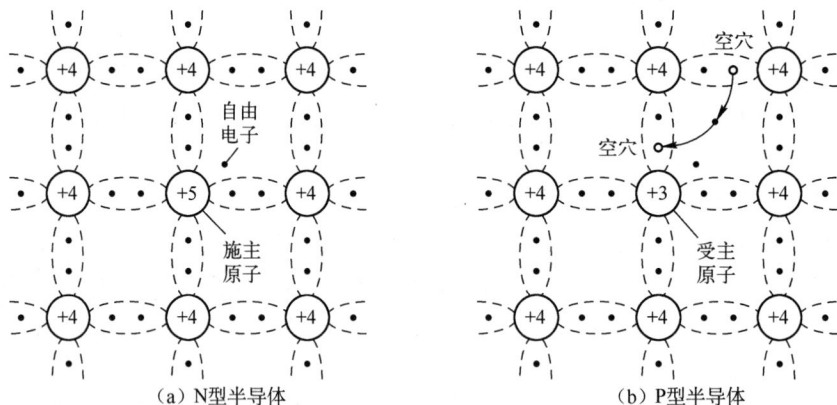

（a）N 型半导体　　　　　　　　　（b）P 型半导体

图 9-3　杂质半导体

　　本征半导体中掺入磷或其他五价元素，就构成 N 型半导体。N 型半导体中的自由电子数目大量增加，自由电子成为多数载流子，空穴则成为少数载流子。

　　本征半导体中掺入硼或其他三价元素，就构成 P 型半导体。P 型半导体中的空穴数目大量增加，空穴成为多数载流子，而自由电子则成为少数载流子，呈电中性。

　　应注意，不论是 N 型半导体还是 P 型半导体，虽然都有一种载流子占多数，但整个晶体仍然是不带电的，呈电中性。

9.2　PN　结

9.2.1　PN 结的形成

通过某些方式将 P 型半导体和 N 型半导体结合在一起,则在它们的交接面上将形成 PN 结。如图 9-4 所示为 PN 结的形成。

如图 9-4(a)所示的是一块晶片,两边分别形成 P 型和 N 型半导体。根据扩散原理,空穴要从浓度高的 P 区向 N 区扩散,自由电子要从浓度高的 N 区向 P 区扩散,并在交界面发生复合(耗尽),形成载流子极少的正负空间电荷区(如图 9-4(b)所示),也就是 PN 结,又叫耗尽层。

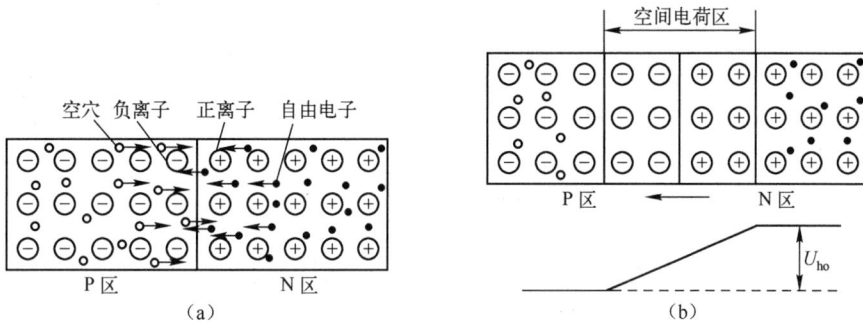

图 9-4　PN 结的形成

正负空间电荷在交界面两侧形成一个由 N 区指向 P 区的电场,称为内电场,它对多数载流子的扩散运动起阻挡作用,所以空间电荷区又称为阻挡层。同时,内电场对少数载流子(P 区的自由电子和 N 区的空穴)则可推动它们越过空间电荷区,这种少数载流子在内电场作用下有规则的运动称为漂移运动。

扩散和漂移是相互联系,又是相互矛盾的。在一定条件下(例如温度一定),多数载流子的扩散运动逐渐减弱,而少数载流子的漂移运动则逐渐增强,最后两者达到动态平衡,空间电荷区的宽度基本上稳定下来,PN 结就处于相对稳定的状态。

9.2.2　PN 结的单向导电性

PN 结具有单向导电的特性,这也是半导体器件的主要工作机理。

如果在 PN 结上加正向电压,P 接电源正极,N 接电源负极,外电场与内电场的方向相反,使空间电荷区变窄,内电场被削弱,多数载流子的扩散运动增强,形成较大的扩散电流(由 P 区流向 N 区的正向电流)。在一定范围内,外电场越强,正向电流越大,这时 PN

结呈现的电阻很低,即 PN 结处于导通状态。如图 9-5 所示。

如果在 PN 结上加反向电压,P 接电源负极,N 接电源正极,外电场与内电场的方向一致,使空间电荷区变宽,内电场增强,使多数载流子的扩散运动难于进行,同时加强了少数载流子的漂移运动,形成由 N 区流向 P 区的反向电流。由于少数载流子数量很少,因此反向电流不大,PN 结呈现反向电阻很高,即 PN 结处于截止状态。如图 9-6 所示。

由以上分析可知,PN 结具有单向导电性。即加正向电压导通,加反向电压截止。

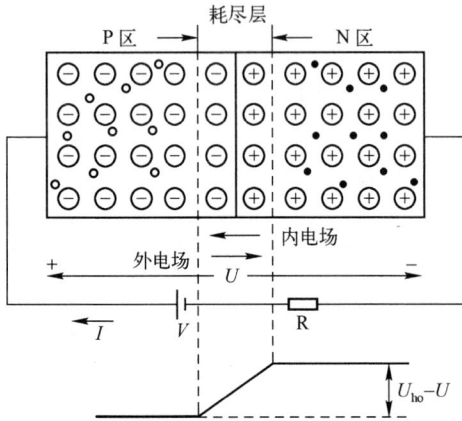

图 9-5　PN 结加正向电压时导通　　　　　图 9-6　PN 结加反向电压时截止

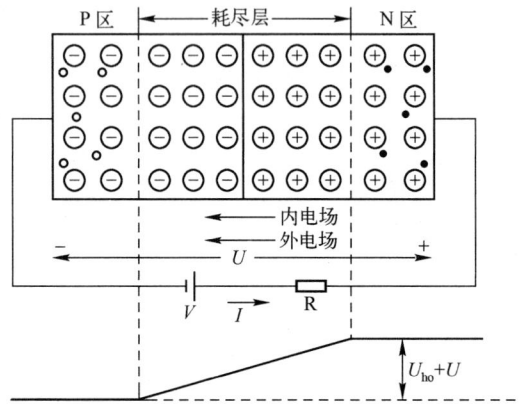

9.3　半导体二极管

9.3.1　二极管结构

将 PN 结加上相应的电极引线和管壳,就成为半导体二极管。P 区对应的电极称为阳极(或正极),N 区对应的电极称为阴极(或负极)。

按结构分,二极管有点接触型和面接触型两类。如图 9-7 所示。点接触型(一般为锗管),它的 PN 结结面积很小,因此不能通过较大电流,但其高频性能好,一般适用于高频和小功率的工作,也用作数字电路中的开关元件。

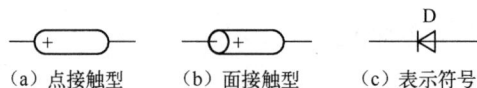

(a)点接触型　　　(b)面接触型　　　(c)表示符号

图 9-7　二极管的外形及使用符号

面接触型(一般为硅管),它的 PN 结结面积大,因此能通过较大电流,但其工作频率较低,一般用作整流元件。

9.3.2　二极管的伏安特性

二极管既然是一个 PN 结,当然具有单向导电性,其伏安特性曲线如图 9-8 所示。

图中 U_{on} 称为死区电压,通常硅管的死区电压约为 0.5 V,锗管约为 0.1 V。当外加正向电压低于死区电压时,外电场还不足以克服内电场对扩散运动的阻挡,正向电流几乎为零。当外加正向电压超过死区电压后,内电场被大大削弱,正向电流增长很快,二极管处于正向导通状态。导通时二极管的正向压降变化不大,硅管约为 0.6～0.8 V,锗管约为 0.2～0.3 V。温度上升,死区电压和正向压降均相应降低。

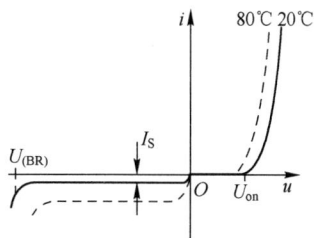

图 9-8　二极管的伏安特性

图中 U_{BR} 称为反向击穿电压,当外加反向电压低于 U_{BR} 时,二极管处于反向截止区,反向电流几乎为零,但温度上升,反向电流会有增长。当外加反向电压超过 U_{BR} 后,反向电流突然增大,二极管失去单向导电性,这种现象称为击穿。普通二极管被击穿后,由于反向电流很大,一般会造成“热击穿”,不能恢复原来性能,也就是失效了。

二极管的应用范围很广,主要都是利用它的单向导电性,可用于整流、检波、限幅、元件保护以及在数字电路中用作开关元件等。

9.3.3　二极管的主要参数

为了正确的选择和使用二极管,还必须了解二极管的类型、用途和性能参数。二极管的参数有很多,具体应用时可查阅电子器件手册。整流二极管的主要参数如下。

1. 最大整流电流 I_{FM}

最大整流电流是指二极管长时间工作允许通过的最大正向平均电流。它由半导体材料、PN 截面面积和二极管的散热条件等决定,实际应用中如果正向平均电流超过这个最大整流电流值,则二极管将因过热而损坏。

2. 最高反向工作电压 U_{RM}

最高反向工作电压是指二极管使用时允许加的最大反向电压值,实际应用时二极管所加电压要低于它的最高反向电压。

9.4　整　流　电　路

9.4.1　概述

在电能应用中,有许多设备,如电解、电镀、直流电机、电子仪器等都需要直流电源供应。目前,这一直流电源是利用交流电源经过变换而得到的直流电源。

将交流电转变为直流电的过程称为整流。一般直流电源包括整流、滤波、稳压等几个环节,如图 9-9 所示。

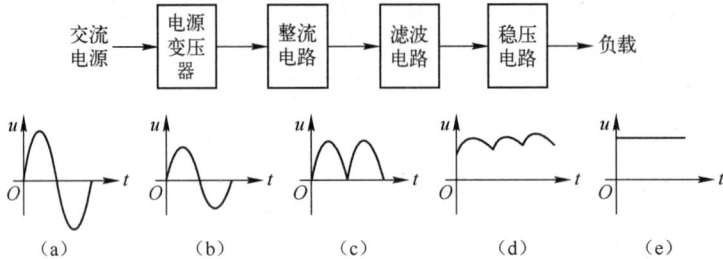

图 9-9　半导体整流电源的组成框图及整流过程

图 9-9 中各部分的作用如下:

(1) 整流电源变压器:将电网交流电压变换成整流所需要的电压值;

(2) 整流电路:将电源变压器二次侧交流电压变换为直流电压;

(3) 滤波器:滤掉直流电压中的脉动成分,减少脉动程度,输出比较平直的直流电压;

(4) 稳压电路:使输出的直流电压不受输入电源电压波动或负载变动的影响,能保持稳定不变。

整流电路有单相、三相及半波、全波之分。为简化分析,在本章整流电路中,设负载电阻为纯电阻 R_L,忽略电源变压器内部压降,且认为二极管是理想元件。

9.4.2　单相半波整流电路

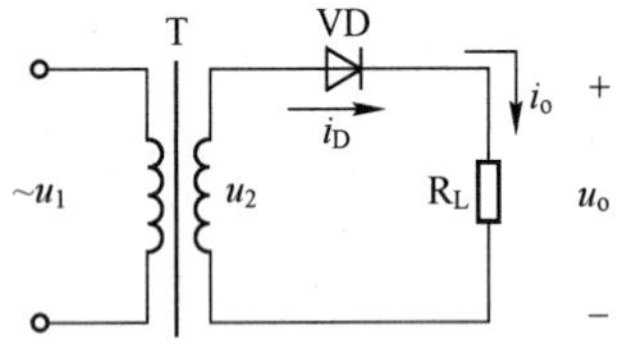

单相半波整流电路如图 9-10 所示。它是由变压器 T,整流二极管 VD 及负载电阻 R_L 组成。图中变压器 T 的作用:一是起隔离作用,把负载与交流电网的高压隔开;二是通过变压器降压满足负载对电压的要求。整流二极管 VD 的作用是利用其单向导电性将变压器输出的交流电变成直流电。

图 9-10　单相半波整流电路

设变压器的二次绕组输出电压为:

$$u_2 = \sqrt{2}\,U_2 \sin \omega t$$

其波形图如图 9-11(a)所示。

当 u_2 电压为正半周时,变压器二次绕组的极性为上正下负,二极管 VD 受正向电压而导通,因为二极管正向电压降很小(一般可忽略),负载 R_L 两端电压 $u_o \approx u_2$,通过的电流为 i_o。u_o 和 i_o 的波形图如图 9-11(b)、(c)所示。当 u_2 电压为负半周时,变压器二次绕组的极性为上负下正,此时二极管 VD 受反向电压而截止。这时 R_L 两端的电压和电流均为零,u_2 电压全部加在二极管上,如图 9-11(d)所示。

从以上分析可知,此整流电流只有当 u_2 电压为正半周时负载上才有电压和电流通过,故称为半波整流电路。半波整流电路负载两端的电压虽然是单方向(直流电),但脉动

性很大,不便于测量和计算,因此一般取用它的平均值。在一周期内负载电压的平均值为:

$$U_o = \frac{1}{2\pi} \int_0^\pi \sqrt{2} U_2 \sin \omega t \, d(\omega t) = \frac{\sqrt{2}}{\pi} U_2 = 0.45 U_2$$

$$(9-1)$$

电流的平均值为:

$$I_o = \frac{U_o}{R} = 0.45 \frac{U_2}{R} \qquad (9-2)$$

通过二极管的电流就是通过负载的电流,即

$$I_D = I_o \qquad (9-3)$$

二极管承受的最高反向电压就是 u_2 电压的最大值,即

$$U_{RM} = \sqrt{2} U_2 \qquad (9-4)$$

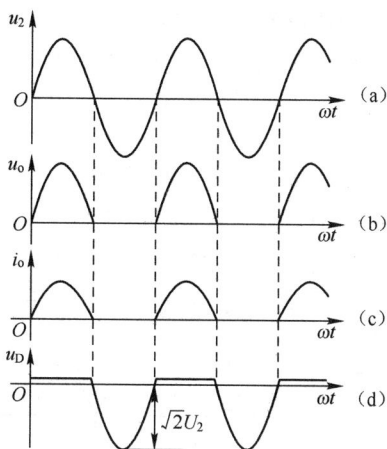

图 9-11　单相半波整流电压波形图

为了保证二极管安全可靠地工作,应该选择最大整流电流和最高反向工作电压都大于实际工作值的二极管。

单相半波整流电路具有电路结构简单等优点,但其输出电压的脉动性较大,变压器的利用率低(只有半个周期工作),一般只应用于输出电压要求不高的小功率整流场合。

9.4.3　单相桥式整流电路

单相桥式整流电路如图 9-12(a)所示。利用 4 只二极管组成 2 个回路,轮流工作。设变压器的二次绕组电压为:

$$u_2 = \sqrt{2} U_2 \sin \omega t$$

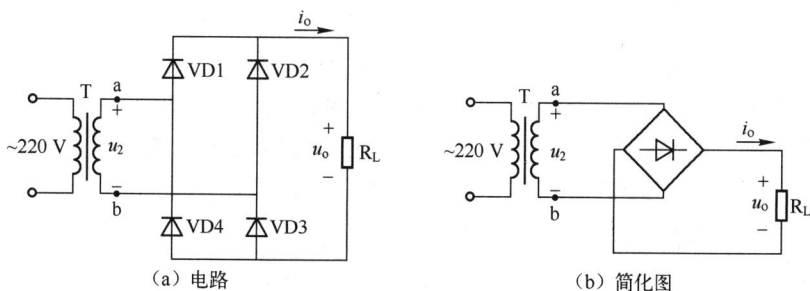

图 9-12　单相桥式整流电路

当变压器的 u_2 电压正半周时,变压器的极性上正下负,二极管 VD1,VD3 承受正向电压而导通,电流自变压器的 a 端流出,经 VD1、R_L、VD3 而流进变压器 b 端,此时 VD2、VD4 承受反向电压截止。负载电压和电流波形图如图 9-13 所示。

当变压器的 u_2 电压为负半周时,变压器的极性上负下正,二极管 VD2、VD4 承受正向电压而导通,VD1、VD3 承受反向电压截止。电流自变压器的 b 端流出,经 VD2、R_L、VD4 流进 a 端,负载上又得到半个周期的电压和电流,其波形如图 9-13 所示。

　　整流电路在一个周期内,4 个二极管分为两组,轮流导通,轮流截止,这样不断重复,使负载上得到单一方向的全波脉动电压和电流。由于桥式整流电路负载电压在一个周期内比半波整流多了半个周期,故负载电压的平均值亦为半波整流电路负载电压平均值的 2 倍。即

$$U_o = 0.9U_2 \tag{9-5}$$

负载中电流为：$I_o = 0.9 \dfrac{U_2}{R_L}$ $\qquad$ (9-6)

　　整流二极管由于是轮流工作,故二极管中电流只为负载电流的一半,即

$$I_D = \frac{1}{2}I_o \tag{9-7}$$

　　整流二极管所承受的最高反向电压为 u_2 电压的最大值,即

$$U_{RM} = \sqrt{2}U_2 \tag{9-8}$$

图 9-13　单相桥式整流电流、电压波形图

　　单相桥式整流电路克服了半波整流电路输出电压脉动大和变压器利用率低的缺点,所以得到广泛应用。

　　【例 9-1】有一电阻负载需要电压 110 V,电流 3 A 的直流电源供电。现采用单相桥式整流电路,试求变压器二次绕组的电压有效值,并选择合适的二极管。

　　解：根据式(9-5)确定电源变压器二次绕组的电压有效值：

$$U_2 = \frac{U_o}{0.9} = \frac{110}{0.9} = 122 \text{ V}$$

根据式(9-7)和式(9-8)求解每个二极管中的电流和二极管承受的最高反向电压：

$$I_D = \frac{1}{2}I_o = \frac{3}{2} = 1.5 \text{ A}$$

$$U_{RM} = \sqrt{2}U_2 = \sqrt{2} \times 122 = 172 \text{ V}$$

　　根据计算结果,查询电子器件手册,选择二极管型号。查得国产二极管型号为 2CZ12C,参数 $I_{CM} = 3$ A,$U_{RM} = 200$ V,选用此二极管即可满足电路的计算要求。但考虑到电压的波动及长期工作的可靠性,二极管的选取要留有充分的余量,为此选用 2CZ12D,它的参数为 $I_{CM} = 3$ A,$U_{RM} = 300$ V。

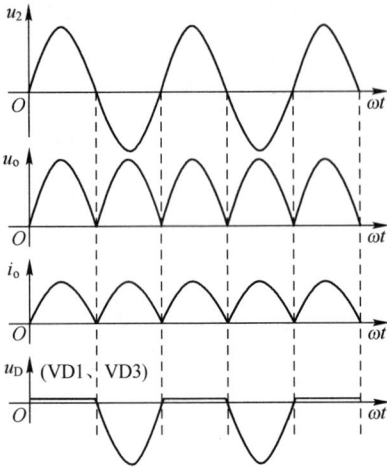

9.5　滤波与稳压电路

9.5.1　滤波电路

　　利用整流电路得到的直流电压和电流,由于其脉动性较大,只适用于如电解、电镀、充

电等对电压平滑要求不高的场合,不适用于如电子仪器、自动控制装置及音响设备等对电压平滑性要求较高的负载电路。因此,可在整流电路的后面增加滤波环节,通过滤波作用,将脉动的直流电变为平滑的直流电。

滤波电路由储能元件组成,可分为电容滤波、电感滤波和复式滤波等不同电路。

1. 电容滤波

将电容器并联在负载两端,就构成电容滤波电路。如图 9-14 所示为单相半波整流电路。当电容两端电压 u_c 上升时,电容器充电,电场储能;当 u_c 下降时,电容器放电,电场释放能量。在图 9-15 所示的电压波形中,$t_1 \sim t_2$ 这段时间内,变压器的 u_2 电压正向升高,二极管 VD 导通,变压器一方面给负载供电,另一方面给电容器充电,电容器两端的电压 u_c(即负载两端的电压)随 u_2 电压上升到 u_2 的最大值。当 u_2 电压达到最大值以后即开始下降,此时电容器两端的电压 u_c 大于 u_2,二极管受反向电压而截止,电容器从 t_2 时刻开始通过负载电阻放电,当 C 放电到 t_3 时,u_2 电压又大于 u_c,二极管导通,变压器又一方面给负载电阻供电,另一方面给电容器供电,重复上述过程。电容放电过程中,其两端电压下降的快慢取决于电容器的电容量与负载电阻阻值的乘积,称为 RC 电路的时间常数,用 τ 表示,$\tau = RC$,τ 的单位为 s(秒)。如果滤波电容器的容量比较大,负载电阻的阻值也比较大,电容器两端电压下降得就慢,反之下降得就快,电容器两端电压下降得越慢,负载两端电压越平滑,滤波效果越好。

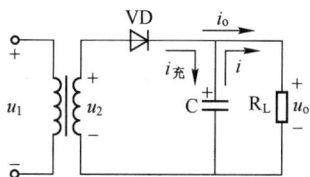

图 9-14　单相半波 $u_c = u_o$ 整流电容滤波电路　　图 9-15　电容滤波电压波形图

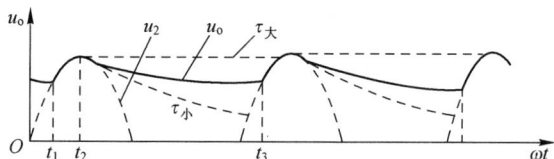

单相桥式整流电容滤波电路和单相半波整流电容滤波电路一样,只是在一个周期内电容器充放电两次,由于充电次数增加了,输出电压的波形更加平滑,其波形如图 9-16 所示。

在带有电容滤波的整流电路中,由于滤波电容对负载放电,使负载上的电压变得平滑,从而使负载上电压的平均值增加。从滤波后的波形

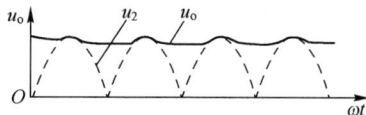

图 9-16　单相桥式整流电容滤波波形图

可见,当 τ 值足够大时,负载上电压的平均值 U_o 可接近 u_2 的最大值 $\sqrt{2}U_2$。

为了获得较好的滤波效果,一般选择较大的滤波电容。在工程上桥式整流滤波电容一般按下式计算。即

$$R_L C \geqslant (3 \sim 5)\frac{T}{2} \tag{9-9}$$

式中,T 为 u_2 电压的周期。若电源频率为 50 Hz,则 $T = 0.02$ s,于是:

$$R_L C \geqslant (0.03 \sim 0.05)\text{s}$$

在已知 R_L 的情况下,便可估计电容值。一般滤波电容在几百至几千微法。由于滤波

电容器的容量较大,通常选用电解电容器。电解电容器是有极性电容器,使用时注意正负极不要接错,否则会使电容器击穿损坏(炸裂)。

单相桥式整流电路加入滤波电容之后,其输出电压的平均值可按下式计算:

$$U_o = 1.2U_2 \tag{9-10}$$

电容滤波整流电路中,当交流电源接通的瞬间,由于电容器两端电压的初始值为零,电容相当于短路,整流二极管此时通过的冲击电流很大可能造成二极管的损坏。因此,在选用整流二极管时,要留有适当的余量。

电容滤波适用于负载较小且基本不变的电路,因为负载很大(即负载电阻很小,负载电流很大),电容器放电很快,滤波效果差;如果负载变化很大,不但滤波效果差,而且负载两端的电压波动大。

2. 电感滤波

在负载电阻 R_L 上串联一个电感线圈 L,即构成电感滤波电路,如图 9-17 所示。

根据电磁感应和楞次定律,若线圈中的电流发生变化时线圈中产生自感电动势是阻碍电流的变化。当负载中的电流增加时自感电动势与电流方向相反,阻碍电流的增加,同时将一部分电场能量转化成磁场能量储存在磁场中;当负载中的电流减小时,自感电动势与电流方向相同,阻碍电流的减小,同时线圈将储存的能量释放出来,使电流减小的速度变慢。因此,由于电感作用可使输出电压和电流的脉动减小,从而达到滤波目的,波形图如图 9-18 所示。

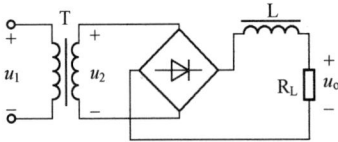

图 9-17　电感滤波电路　　　　　　　图 9-18　电感滤波波形图

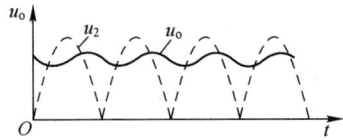

若略去电感线圈的电阻不计,则 u_2 的直流分量全部加在 R_L 上,因此 R_L 上的电压平均值仍为:

$$U_o = 0.9U_2$$

电感滤波适用于负载电流较大且经常变化的电路,因为电感线圈的直流电阻很小,直流电压降较小,当负载电流变化时,负载电压波动不大。由于电感元件消耗有色金属,又含有铁芯体积较大,所以现在很少采用,只有在大功率整流电源中有时采用。

9.5.2　稳压电路

整流滤波电路虽然能将交流电转化成比较平滑的直流电,但这个直流电还会随着交流电网电压的变化或负载的变化而波动。而在实际电路中,许多电子仪器设备都需要用很稳定的直流电源供电。因此,可以在整流滤波电路后面增加稳压电路,以给负载提供稳定的直流电压。

1. 硅稳压管

硅稳压管简称稳压管,是一种特殊的面接触型二极管,具有稳定电压的作用。与普通硅二极管所不同的是稳压管的反向击穿电压较低,正常工作是在反向击穿状态。它利用反向击穿时电流在一定范围内变化,而反向击穿电压基本不变的特点,稳定电路两端的电压。

如图 9-19 所示为稳压管的 U-I 特性及图形符号。从图 9-19(a)中可以看出,它的正向特性与普通二极管完全相同,其反向特性却完全不同。当反向电压达到击穿值 U_Z 时,曲线非常陡直,几乎与 I 轴平行,这表明当电流在较大范围内变化时,稳压管两端电压几乎不变化。由此可见,击穿电压有一个很小的变化量 ΔU_Z,则反向电流就有一个较大的变化量 ΔI_Z,利用这一特性,将它与负载并联在一起(控制流过稳压管的电流在允许的范围内)就能起到稳压作用,此时负载两端的电压就是稳压管两端的稳定电压 U_Z。

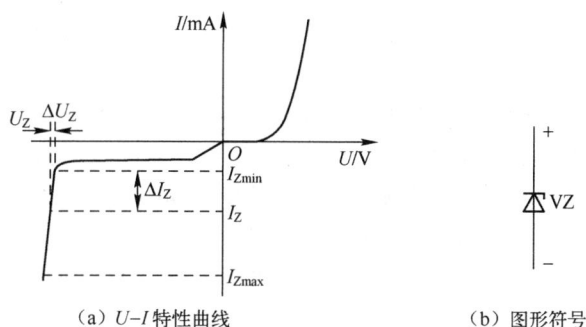

(a) U-I 特性曲线　　　　　　(b) 图形符号

图 9-19　稳压管 U-I 特性及使用符号

2. 集成稳压电路

集成稳压电路是应用集成电路的制造工艺,将很多微小的电阻、电容及半导体器件制作在一块硅片上,加上功能引脚,然后封装而成。集成稳压电路具有稳压功能,作为使用者一般可以不必深究它的内部结构,只要掌握了它的外部引脚功能,以及能够正确使用就可以了。集成稳压电路种类很多,用量最大的是 W7800 系列和 W7900 系列三端集成稳压器。

W7800 系列三端集成稳压器外形如图 9-20(a)所示。它是正电压稳压器,其输出电压为正值。它有 3 个外接引脚,1 脚接输入端,2 脚接输出端,3 脚接公共端(地)。它的输出电压有多种规格,其输出电压由型号后面的数字来表示,如 W7815 表示其输出电压为 15V。如图 9-21(a)所示为由 W7800 系列组成的稳压电路接线图。

W7900 系列三端集成稳压器外形如图 9-20(b)所示,它是负电压稳定器,其输出电压为负值。它也有 3 个外接引脚,1 脚为公共端(地),2 脚为输出端,3 脚为输入端。它的输出电压也有多种规格,其输出电压值由型号后面的数字来表示,如 W7909 表示其输出电压为 -9 V。如图 9-21(b)为由 W7900 系列组成的稳压电路接线图。

用一只 W7800 和一只 W7900 可以组成正负双电源电

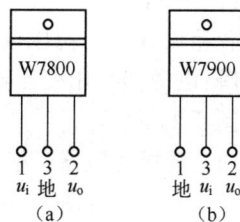

图 9-20　三端集成稳压器

路,如图 9-21(c)所示。图中输入电压为单电源电压,由两稳压器的公共端作为"地"电位,输出得到对地为正负的两组电压。

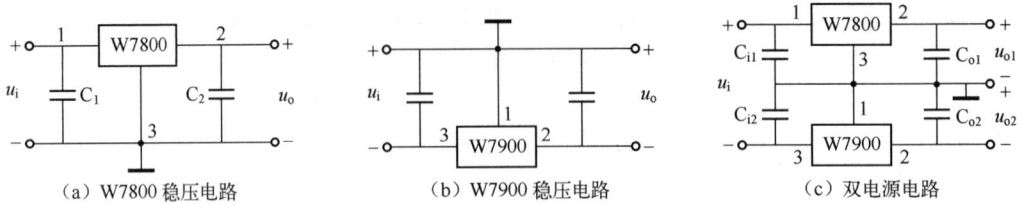

（a）W7800 稳压电路　　　　（b）W7900 稳压电路　　　　（c）双电源电路

图 9-21　由 W7800 和 W7900 组成的稳压电源及双电源电路

【例 9-2】 电路如图 9-22(a)所示,已知电路中 u_2 电压的最大值为 15 V,稳压管的稳压值为 8 V,请画出图中 ab,cb 两点间电压波形;当在 ab 两点接入一滤波电容器,请画出 ab,cb 两点间电压波形。

解: 当 ab 没有接入滤波电容时,ab 两端为半波整流波形,如图 9-22(b)所示。当 cb 两端电压随着 ab 两端电压从零开始上升,当上升值小于稳压管的稳压值 U_Z 时,稳压管不导通,通过限流电阻 R 的电流全部流过负载电阻 R_L;cb 两端波形与 ab 相同,当 cb 两端电压上升到 8 V,稳压管击穿导通,并使 R_L 两端电压稳定在 8 V。当 ab 两端电压继续上升,cb 电压也不再变化,ab 上升的部分加在限流电阻 R 上,而 R 中增加的电流则流过稳压管。当 ab 两端电压达到最大值后开始下降,当下降到使 cb 两端电压略小于 8 V 时,稳压管退出击穿区变为截止,限流电阻 R 中的电流又将全部流过负载电阻 R_L,cb 两端波形又开始与 ab 两端波形相同 ,由以上分析可知,$cb(u_o)$ 两点间电压是幅度为 8 V 的梯形平台波。

当 ab 两点间接入滤波电容 C,则 ab 两点波形变为幅度为 15 V 左右的平滑直流电,而 cb 两点间电压则由稳定管稳定为 8 V,如图 9-22(c)所示。u_{ab} 比 u_{cb} 高出的部分加在限流电阻 R 上。

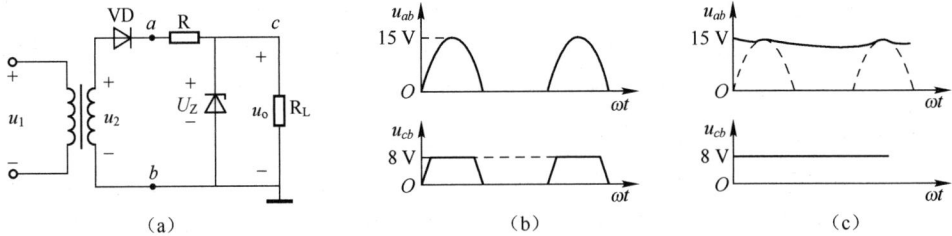

(a)　　　　　　　　(b)　　　　　　　　(c)

图 9-22　例 8-2 图

【例 9-3】 一台计算机用有源音箱功率放大板的供电电压为 12 V,电流为 0.4 A。请为该音箱设计一个稳压电源。

解: 电源拟采用变压器降压,桥式整流,电容滤波和 W7812 三端集成稳压器稳压。电路如图 9-23 所示。

(1) 选择变压器。根据 W7812 三端稳压器的稳压要求及电网电压的变化,取滤波电容两端电压 $U_{C1}=18$ V,根据式(9-10)有:

$$u_2 = \frac{U_{C1}}{1.2} = \frac{18}{1.2} = 15 \text{ V}$$

即变压器的 u_2 电压有效值为 15 V。

又根据电源输出电流为 0.4 A，则电源输出功率为：

$$P = UI = 15 \times 0.4 = 6 \text{ W}$$

考虑到变压器输出为脉动电流，功率因数较低，固应留有一定余量，可选其容量为 10 VA、输出电压 15 V 的变压器。

（2）选择滤波电容。根据负载电流，可计算出负载电阻为：

$$R_L = \frac{U_{C1}}{I_O} = \frac{18}{0.4} = 45 \text{ }\Omega$$

由于 W7812 的"3"端电流很小，可忽略，即认为电路的总负载电阻就是 45 Ω。根据式（9-9）取 $R_L C = 0.05$ s，则：

$$C = \frac{0.05}{45} = 1\ 111 \text{ }\mu\text{F}$$

取标准值，选用 $C_1 = 2\ 200$ μF，耐压为 25 V 的滤波电容。

（3）选择二极管、三端集成稳压器。由于每个二极管中的电流仅为 0.2 A，可选 2CZ54B 型二极管，其参数为 $I_{cm} = 0.5$ A，$U_{cm} = 50$ V。三端集成稳压电器可选 W7812，此稳压器的允许电流为 1.5 A，具有较大的余量。C_2 电容对高频成分起旁路作用，防止电路自激振荡，可取 0.1 μF；C_3 电容可在负载电流瞬间变化时稳定输出电压使其波动较小，选 0.33 μF 即可。

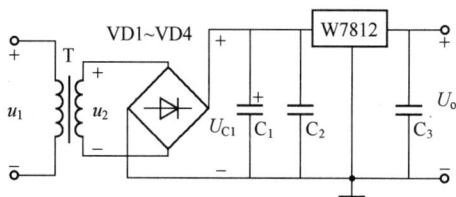

图 9-23　例 8-3 图

习　　题

9-1　电路如图 9-24 所示。图中二极管为硅材料，请回答下面问题：

（1）二极管的工作状态；

（2）计算二极管和电阻两端电压值，并在图中标明各电压的极性（二极管反向电流忽略不计）；

（3）如果图中为理想二极管（正向管压降忽略不计），计算各回路的电流。

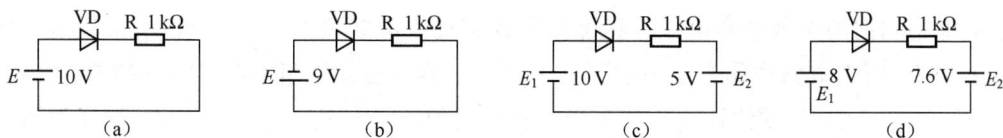

图 9-24　题 9-1 图

9-2 试判断如图 9-25 所示电路中二极管的工作状态,并求出 ao 和 bo 两端电压 U_{ao} 和 U_{bo}(设二极管是理想的)。

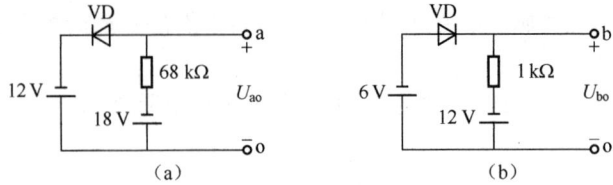

图 9-25 题 9-2 图

9-3 在图 9-26 所示电路中,当输入电压 $u_i = 15\sin \omega t$ (V),请回答各电路输出电压 u_o 的最大值(设二极管为理想的)。

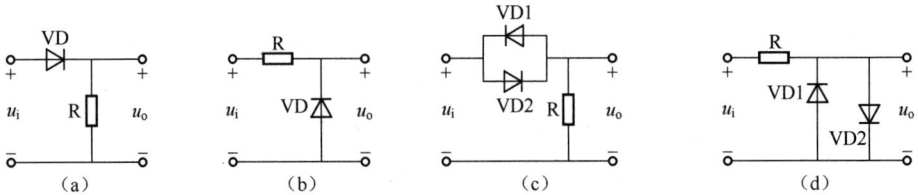

图 9-26 题 9-3 图

9-4 有一电阻性负载值为 100 Ω,已知负载中平均电流为 2 A。试求:

(1) 采用半波整流电路时的 u_2 电压,二极管中平均电流和所承受的最高反向电压为多少?

(2) 采用桥式整流电路时的 u_2 电压,二极管中平均电流和所承受的最高反向电压为多少?

9-5 在桥式整流电路中,已知输出电压 $U_o = 20$ V,在用电压表测量时 U_o 只有 10 V,而 u_2 电压经测量其有效值为 23 V。请分析电路出现了什么故障? 为什么出现此故障会使输出电压降低?

9-6 已知半波整流电路和桥式整流电路所使用的降压变压器 u_2 电压相同,当采用大电容滤波时它们的 U_o 电压是否相同? 当采用大电感滤波时它们的 U_o 电压是否相同?

9-7 在整流滤波中为什么多采用电解电容器? 电解电容器在使用时要注意什么问题? 电容滤波对负载有什么要求? 电容量如何选择?

9-8 如图 9-27 所示为全波整流电路。图中变压器的二次绕组带有中心轴头,u_{21} 和 u_{22} 大小相等,极性相反,在一个周期内 VD1 和 VD2 轮流导通,在负载上得到与桥式整流电路相同的全波整流电压。设电路负载为直流电动机的励磁绕组,由于绕组的电感 L 很大,所以电路中相当于串联了一个滤波电感。已知绕组电阻 $R_L = 125$ Ω,所需直流电压 $U_o = 110$ V,试估计变压器半个二次绕组的电压有效值 $U_{21}(U_{22})$,并选择整流二极管。

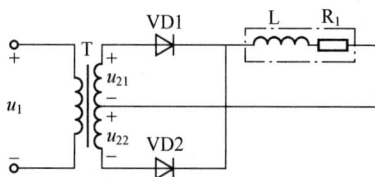

图 9-27　题 9-8 图

9-9　如图 9-28 所示电路中,稳压管 VZ1 和 VZ2 的稳压值分别为 6 V 和 9 V,正向压降均为 0.7 V。试求各电路的输出电压 U_o。

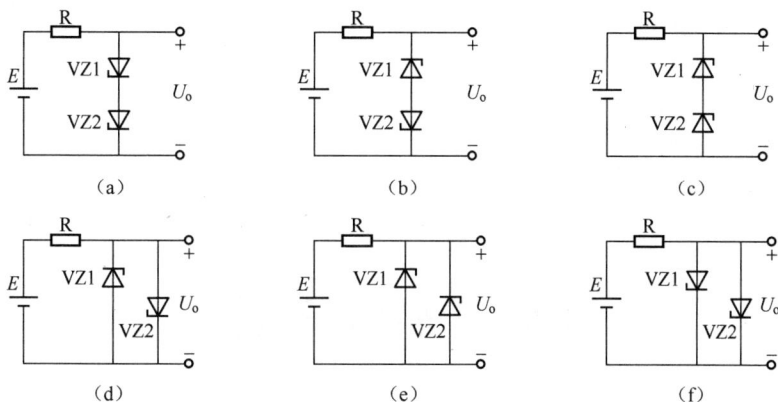

图 9-28　题 9-9 图

9-10　有一整流,滤波,稳压电路如图 9-29 所示。已知 $U_2 = 15$ V,$R = 120$ Ω,$R_L = 400$ Ω,稳压管 $U_Z = 12$ V,C 的容量足够大。求:

(1) R 中电流及 R 消耗的功率;

(2) 稳压管中的电流 I_Z 及消耗的功率。

(3) 选择电阻和稳压管(给出选择参数)。

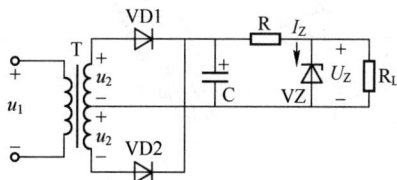

图 9-29　题 9-10 图

第 10 章　晶体管放大电路

本章要点

1. 了解晶体管的结构、工作原理与特性。
2. 掌握放大电路的组成、工作原理。
3. 掌握放大电路的分析方法。

10.1　晶体三极管

10.1.1　基本结构

晶体三极管是在一块很小的半导体基片上,用一定的工艺制作出两个反向的 PN 结,这两个 PN 结将基片分成三个区,从三个区分别引出三根电极引线,再用管壳封装而成,如图 10-1 所示。

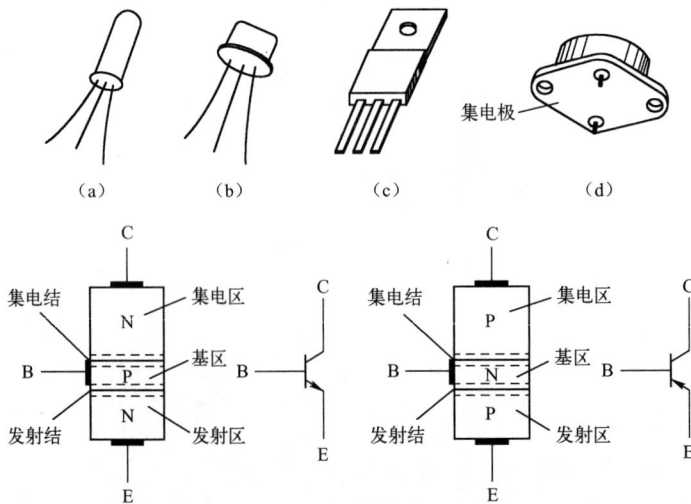

图 10-1　晶体三极管结构及图形符号

如图 10-1 所示为三极管的几种常见外形,其共同特征就是具有三个电极,这就是"三极管"简称的来历。

通俗来讲,三极管内部为由 P 型半导体和 N 型半导体组成的三层结构,根据分层次序分为 NPN 型和 PNP 型两大类。

晶体管的两个 PN 结将整个半导体基片分成了三个区域,其结构和图形符号如图 10-1 所示。三极管中两个 PN 结是通过基区联系起来的,图 10-1 中两个 PN 结的公共区域称为基区,基区两侧区域分别称为发射区和集电区。由三个区域引出三个电极,分别为基极(B)、发射极(E)和集电极(C)。发射区与基区之间的 PN 结称为"发射结",集电区与基区之间的 PN 结称为"集电结"。

晶体管种类很多,按芯片材料不同,分为锗晶体管和硅晶体管;按结构不同分为 PNP型晶体管和 NPN 型晶体管;按功率不同分为小功率晶体管和大功率晶体管;按工作频率不同又分为高频管和低频管等。

10.1.2　晶体三极管的电流放大作用

1. 晶体管测量电路

下面通过一个实验来看晶体管的电流放大作用。将一只 NPN 型晶体管按图 10-2 所示电路进行连接,图中给晶体管的 BE 结加正向电压,CB 结加反向电压。改变 V_{BB} 电压值,电路中产生了基极电流 I_B,同时还产生了集电极电流 I_C 和发射极电流 I_E,如表 10-1 所示记录了实验数据。

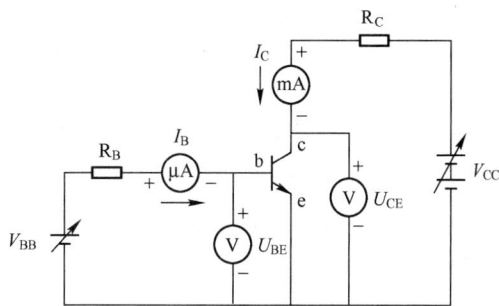

图 10-2　晶体管测量电路

表 10-1　晶体管各级电流值

电流 ＼ 次数	1	2	3	4	5
I_B/mA	0.01	0.02	0.03	0.04	0.05
I_C/ mA	0.43	0.88	1.33	1.78	2.22
I_E/ mA	0.44	0.90	1.36	1.82	2.27

从表 10-1 中的测量数据可以看出:

(1)晶体管的 3 个电流之间有如下关系:

$$I_E = I_C + I_B \quad 且 \quad I_C \gg I_B$$

(2)基极电流 I_B 增大时,集电极电流 I_C 也相应地成比例增大,集电极电流 I_C 与基极电流 I_B 的比值,称为晶体管的直流电流放大系数,用 $\bar{\beta}$ 表示:

$$\bar{\beta} = \frac{I_C}{I_B} \tag{10-1}$$

或 $$I_C = \bar{\beta} I_B$$

$\bar{\beta}$ 值的大小体现了晶体管的电流放大能力。

(3) 当基极电流发生较小变化时,集电极电流发生较大变化,集电极电流的变化量 ΔI_C 与基极电流的变化量 ΔI_B 之比,称为晶体管的交流电流放大系数,用 β 表示:

$$\beta = \frac{\Delta I_C}{\Delta I_B} \tag{10-2}$$

把基极电流的微小变化能够引起集电极电流较大变化的特性称为晶体管的电流放大作用。

$\bar{\beta}$ 和 β 很接近,因此,在工程上不作区别,统称为 β 值。

2. 三极管的放大原理

以下用 NPN 三极管为例说明其内部载流子运动规律和电流放大原理。如图 10-3 所示。

(1) 发射区向基区扩散电子:由于发射结处于正向偏置,发射区的多数载流子(自由电子)不断扩散到基区,并不断从电源补充进电子,形成发射极电流 I_E。

(2) 电子在基区扩散和复合:由于基区很薄,其多数载流子(空穴)浓度很低,所以从发射极扩散过来的电子只有很少部分可以和基区空穴复合,形成比较小的基极电流 I_B,而剩下的绝大部分电子都能扩散到集电结边缘。

(3) 集电区收集从发射区扩散过来的电子:由于集电结反向偏置,可将从发射区扩散到基区并到达集电区边缘的电子拉入集电区,从而形成较大的集电极电流 I_C。

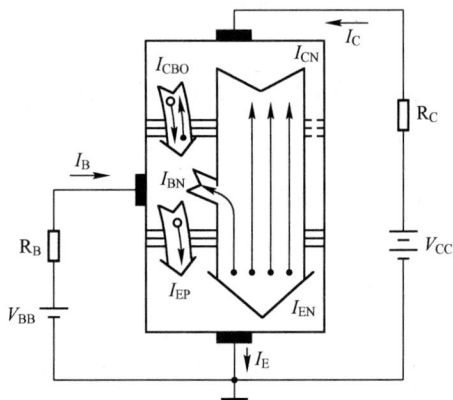

图 10-3 NPN 三极管内部载流子运动与外部电流

10.1.3 晶体三极管的特性曲线及三个工作区域

1. 输入特性

三极管的输入特性是指当集-射极电压 U_{CE} 为常数时,基极电流 I_B 与基-射极电压 U_{BE} 之间的关系曲线,如图 10-4 所示。

对硅管而言,当 U_{CE} 超过 1V 时,集电结已经达到足够反偏,可以把从发射区扩散到基区的电子中的绝大部分拉入集电区。如果此时再增大 U_{CE},只要 U_{BE} 保持不变(从发射区发射到基区的电子数就一定),I_B 也就基本不变。就是说,当 U_{CE} 超过 1 V 后的输入特性曲线基本上是重合的。

由图 10-4 可见,和二极管的伏安特性一样,三极管的输入特性也有一段死区,只有当 U_{BE} 大于死区电压时,三极管才会出现基极电流 I_B。通常硅管的死区电压约为

0.5 V,锗管约为 0.1 V。

在正常工作情况下,NPN 型硅管的发射结电压 U_{BE} 为 0.6～0.7 V,PNP 型锗管的发射结电压 U_{BE} 为 −0.3～−0.2 V。

2. 输出特性

三极管的输出特性是指当基极电流 I_B 一定时,集电极电流 I_C 与集-射极电压 U_{CE} 之间的关系曲线。在不同的 I_B 下,可得出不同的曲线,所以三极管的输出特性是一组曲线,如图 10-5 所示。

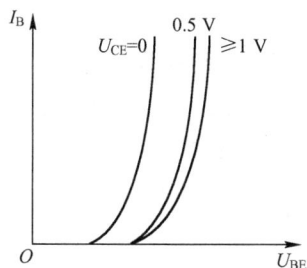

图 10-4　三极管的输入特性曲线　　　　　图 10-5　三极管的输出特性曲线

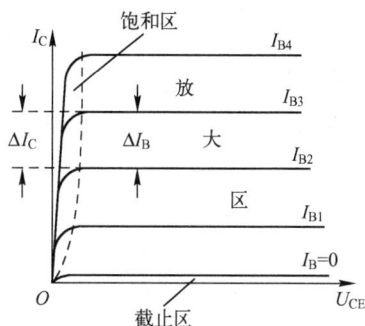

通常把输出特性曲线分为 3 个工作区。

(1) 放大区:输出特性曲线近于水平的部分是放大区。在放大区,$I_C = \beta I_B$,由于在不同 I_B 下电流放大系数近似相等,所以放大区也称为线性区。三极管要工作在放大区,发射结必须处于正向偏置,集电结则应处于反向偏置,对硅管而言应使 $U_{BE} > 0$ V,$U_{BC} < 0$ V。

(2) 截止区:$I_B = 0$ 的曲线以下的区域称为截止区。实际上,对 NPN 硅管而言,当 $U_{BE} < 0.5$ V 时即已开始截止,但是为了使三极管可靠截止,常使 $U_{BE} \leqslant 0$ V,此时发射结和集电结均处于反向偏置。

(3) 饱和区:输出特性曲线的起始弯曲部分是饱和区,此时 I_B 的变化对 I_C 的影响较小即无电流放大作用,U_{CE} 电压降很小,锗管为 0.1 V,硅管为 0.3 V,放大区的 β 不再适用于饱和区 。在饱和区,$U_{CE} < U_{BE}$,发射结和集电结均处于正向偏置。

10.1.4　晶体管的主要参数

晶体管的性能除用特性曲线来表示外,还用一些参数来表示。晶体管的特性参数规定了晶体管的应用范围,是合理选用晶体管的依据。晶体管的参数很多,使用时可查阅晶体管手册,下面仅介绍几个常用参数。

1. 共发射极电流放大系数 β

β 表示晶体管的电流放大能力。晶体管的型号、用途不同,β 值亦不同,其范围在 20～200 之间,可根据需要选用。随着制造技术的不断进步,目前同一型号规格的晶体管

β 值离散性已经较小。

2. 集电极最大允许电流 I_{CM}

当晶体管的集电极电流 I_C 达到一定值时，β 值下降，通常取 β 值下降到正常 β 值的 2/3 时所对应的集电极电流作为 I_{CM} 值。晶体管在正常使用时，I_C 一般都小于 I_{CM} 值，若工作电流大于了它的 I_{CM} 值，晶体管的性能将变差。

3. 集电极反向击穿电压 $U_{CE(BR)}$

晶体管的基极开路时允许加在集电极的最高反向电压，称为反向击穿电压 $U_{CE(BR)}$。在使用中若超过了此电压值，晶体管就会击穿损坏。

4. 集电极最大允许耗散功率 P_{cm}

集电极电流流过 PN 结时，使结温升高而引起晶体管参数变化。在参数变化不超过允许值时集电极消耗的最大功率定义为最大允许耗散功率，用 P_{cm} 表示。

根据功率的计算公式，则 $P_{cm} = I_C U_{CE}$，可在输出特性曲线上做出 P_{cm} 曲线，此曲线又称为管耗线，如图 10-6 所示。

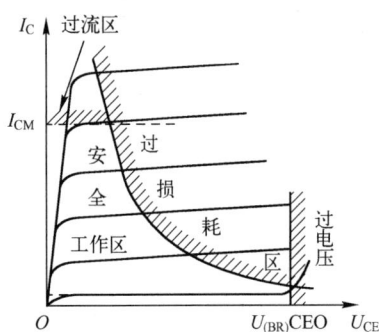

图 10-6　晶体管的安全工作区

10.2　晶体管放大电路

10.2.1　概述

以晶体管为核心组成的各种放大电路，用来放大微弱的电信号，在生产、生活的各个领域应用十分广泛。例如：在现代生产过程中，用经放大器放大的信号、去驱动各种执行器件，以实现自动控制。

放大电路由许多类型。按放大信号的强弱分，有电压放大电路和功率放大电路；按放大电路的接线方式分，最常用的是共发射极放大电路和共集电极放大电路；按放大的对象不同可分为直流放大电路和交流放大电路；根据被放大交流信号的频率不同分为高频、中频及低频放大电路。本节讨论的是共发射极交流放大电路。

为了便于问题的讨论，对放大过程中各量的使用符号作如下规定：

用大写字母 U、I 带大写脚标表示直流电压、电流，如 U_{CE}、I_B、I_C 等；用小写字母 u、i 加小写脚标表示交流信号各分量，如 u_i、i_b、i_c 等；用小写字母加大写脚标表示交直流叠加量，如 u_{CE}、i_B、i_C 等。

10.2.2 电路及各元件的作用

单管共发射极交流放大器电路如图 10-7 所示,电路中各元件作用分析如下:

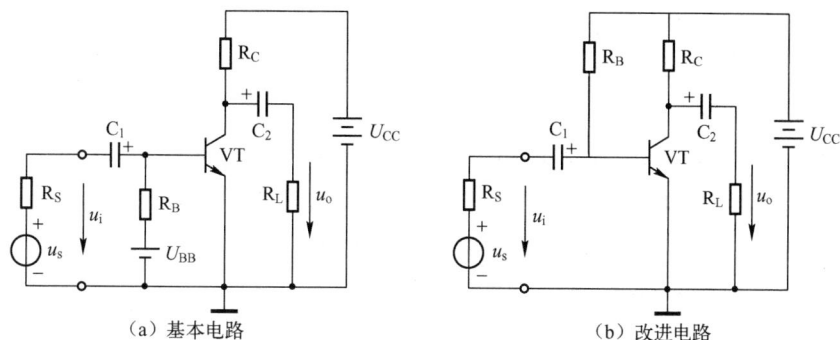

（a）基本电路　　　　　　　　　（b）改进电路

图 10-7 单管共发射极交流放大器电路的组成及改进

1. 晶体管 VT

晶体管是放大电路的核心器件。由前面的分析已知,当晶体管处在放大区时,在 u_i 作用下,基极有一个小的电流 i_B 时,集电极就有一个大的电流 i_C,而且 $i_C = \beta i_B$,可见 i_C 受到 u_i 的控制。

2. 集电极电阻 R_C

要使放大器的输出电压 u_o 也受 u_i 的控制(使放大器具有电压放大功能),必须把晶体管放大后的电流 i_C 转化成输出电压。R_C 的作用就是当 i_C 通过 R_C 时,将变化的 i_C 电流转化成变化的电压 u_{CE} 放大输出,即把晶体管的电流放大特性以电压放大的形式表现出来。

3. 集电极电源 U_{CC}

晶体管放大器由直流电源提供能量。所谓的放大作用,实际上是用输入端的一个能量较小的信号去控制输出端的一个能量较大的信号,就晶体管本身而言它并不能产生新的能量,输出端能够获得较大的能量是由电源提供的。电源的另一个作用就是给晶体管的集电结提供反向偏置,给发射结提供正向偏置,使晶体管工作在正常的放大状态。

4. 基极偏流电阻 R_B

R_B 的作用是给晶体管的基极提供一个合适的静态电流 I_B,以使晶体管的发射结处于正向偏置(U_{BE} 电压在 0.7 V 左右)。晶体管在 I_B 电流的作用下,产生集电极电流 I_C,I_C 流过 R_C 电阻产生 U_{CE}($U_{CE} = E_C - I_C R_C$),这 3 个静态值在输出特性曲线相交于一点,该点称为晶体管的静态工作点,分别用 I_{BQ}、I_{CQ}、U_{CEQ} 表示。静态工作点是交流放大器正常工作的基本条件,交流信号只有叠加在合适的静态工作点之上,才能不失真的进行放大。

5. 耦合电容 C_1、C_2

C_1、C_2 的作用是隔直通交。一方面隔断放大器与信号源之间、放大器与负载之间的直流通路,使放大器的静态工作点不受信号源或负载接入的影响;另一方面又使输入或输出的交流信号畅通无阻的通过放大器。

在放大电路中,信号源、放大电路、负载和直流电源的公共点接"地",通常设"地"点的电位为零,作为电路中其他各点电位的参考点。习惯上常不画出电源 V_{CC} 的符号,而只在其正极的一端标出它对"地"的电压值、V_{CC} 和极性。如图 10-8 所示。

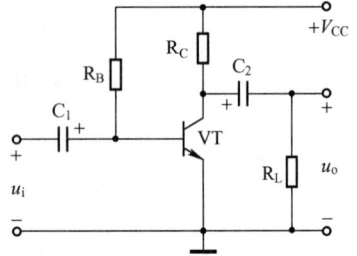

图 10-8 基本放大电路

10.2.3 工作原理

由放大电路的结构可知,晶体管交流放大电路是交、直流共存的电路,在直流电压 V_{CC} 及交流输入信号 u_i 的作用下,电路中既有直流也有交流。为了明确地了解放大电路的工作原理,可以分两种情况来分析:一是交流输入信号 $u_i = 0$ 时的情况,这时电路中只有直流,没有交流;二是加入交流输入信号,即 $u_i \neq 0$ 时的情况,这时电路中既有直流也有交流,处于放大工作状态。

1. 放大电路的静态分析

放大电路无输入信号时,$u_i = 0$,相当于信号源被短接,电路中只有直流电压和电流,如图 10-9 所示。电路的这种工作状态叫直流状态,也叫静态。对于直流而言,电容相当于开路,如果把直流能通过的部分取出来研究电路中的电压和电流,就称为静态分析。这时的电路称为直流通路,即放大电路中直流通过的路径,图 10-10 就是图 10-8 基本放大电路的直流通路。

放大电路的静态分析有近似估算法和图解法两种,本节只介绍用近似估算法确定静态工作点。

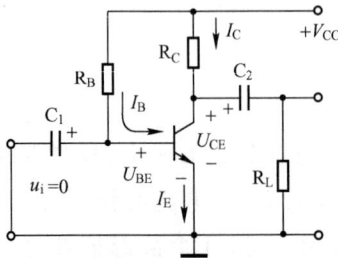

图 10-9 静态时电路

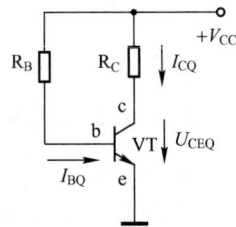

图 10-10 直流通路

1) 直流通路与静态工作点的估算

如图 10-10 所示为交流放大器的直流通路。通过直流通路可对放大器进行直流分析。由图 10-10 可得：

$$I_{BQ} = \frac{V_{CC} - U_{BE}}{R_B} \tag{10-3}$$

$$I_{CQ} = \beta I_{BQ} \tag{10-4}$$

$$U_{CEQ} = V_{CC} - I_{CQ} R_C \tag{10-5}$$

式(10-3)、式(10-4)、式(10-5)是估算放大器静态工作点的基本公式(因为晶体管是一个非线性器件,且 β 值也因管子而异,准确的计算是有困难的。所以本课程的一些计算均为估算,估算出的参数在电路的调试中还要进行适当的修正)。

【例 10-1】已知交流放大器如图 10-8 所示,图中 $V_{CC} = 12\ V$, $R_C = 2\ k\Omega$, $R_B = 280\ k\Omega$,硅晶体管 $\beta = 50$,试求电路的静态工作点。

解：取 $U_{BEQ} = 0.7\ V$

$$I_{BQ} = \frac{V_{CC} - U_{BEQ}}{R_B} = \frac{12 - 0.7}{280} = 0.04\ mA = 40\ \mu A$$

$$I_{CQ} = \beta I_{BQ} = 50 \times 0.04 = 2\ mA$$

$$U_{CEQ} = V_{CC} - I_{CQ} R_C = 12 - 22 = 8\ V$$

2) 静态工作点对输出波形的影响

由晶体管输出特性曲线可知,当 $I_B(I_C)$ 较小时,管子就接近截止区;当 U_{CE} 电压较低时,管子就接近饱和区。若给放大器加入一定幅度的交流信号,为了使放大器不进入饱和区或截止区,静态工作点必须有一个适当的值。一般将 U_{CEQ} 设置为 $\frac{1}{2} V_{CC}$,这样静态工作点离饱和区和截止区较远。下面仍以图 10-8 放大电路为例,利用图 10-11 的 3 组波形图来分析静态工作点对输出波形的影响。在这 3 组波形图中,设输入信号为同一数值。由图 10-11(a)可以看出,由于静态的 I_{BQ} 设置较小,i_B 负半周时管子进入截止区,i_C 负半周的部分波形被削去,放大器产生了截止失真;在图 9-11(b)中,由于 I_{BQ} 设置比较大;I_{CQ} 亦较大,U_{CEQ} 较低,当输入信号为正半周时,i_B 增加,i_C 增加,u_{CE} 下降到饱和区时,i_B 即失去了对 i_C 的控制能力,i_C 波形正半周的一部分被削去,放大器产生了饱和失真。图 9-11(c)为静态工作点设置适当的放大波形,此时既不产生截止失真,也不产生饱和失真。

通过以上分析看出,放大器只有静态工作点设置合适,才不会产生饱和或截止失真。当放大器的静态工作点设置合适,在输入信号过强时,也会产生切顶失真,即放大波形的正、负半周的顶部被削平。例如,收音机、扩音机的音量开到最大时音质变差,就是出现了切顶失真。

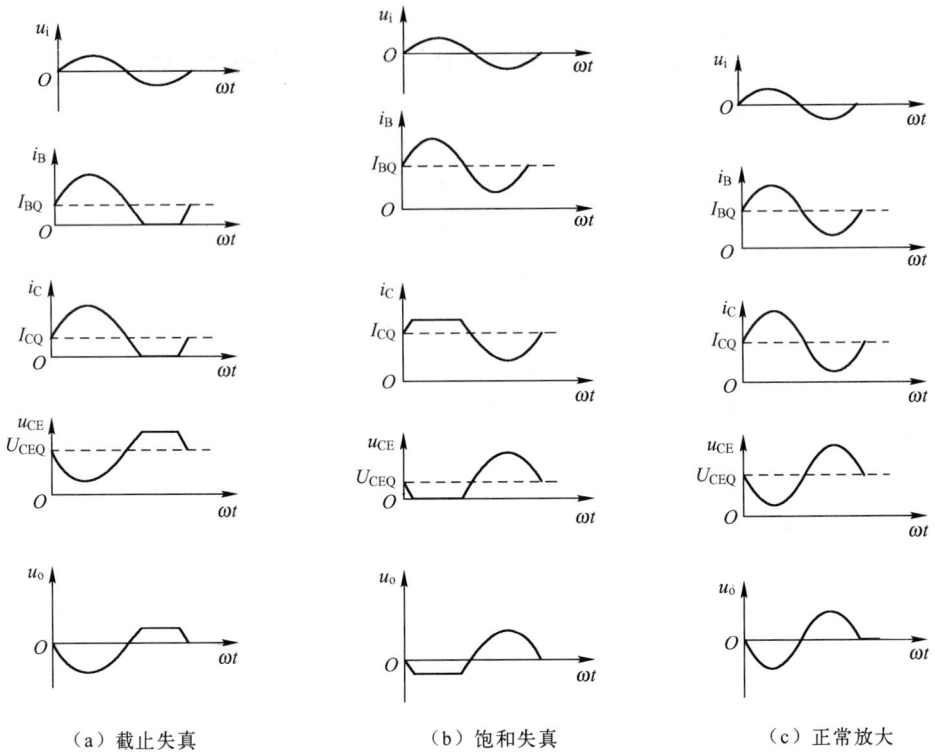

（a）截止失真　　　　　　（b）饱和失真　　　　　　（c）正常放大

图 10-11　静态工作点 3 种状态的放大波形

2. 放大电路的动态分析

在放大电路的输入端加入交流信号电压 u_i，此时电路中既有直流电压和电流，又有交流电压和电流。放大电路这种工作状态称为动态。动态分析就是分析交流信号在电路中放大和传输的情况，也就是分析电路中电压、电流随信号变化的情况。

静态时，放大电路中的电流和电压都是直流量。当放大电路接受输入信号时，电路中的电流和电压都将在静态的基础上发生相应的变化。这就是说动态时电路中的电流和电压由两部分组成：一部分称为直流分量（就是静态值）；另一部分称为交流分量。如图 10-12 所示。

假设输入的信号电压是正弦量，则放大电路中的交流分量均为正弦量，总电流和总电压则为直流分量与正弦量的叠加。

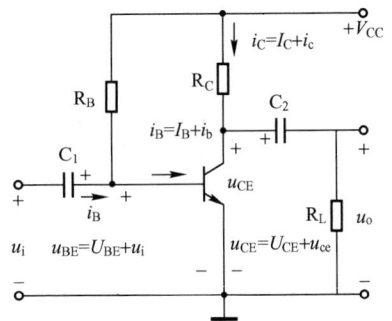

图 10-12　动态时电路中的电压和电流

设输入是正弦交流电压：

$$u_i = U_m \sin\omega t$$

由于输入耦合电容 C_1 选得大，其静态充电电压为 $U_{C1} = U_{B1}$，而对于交流信号 u_i 则 C 相当于短路直接通过。所以这时晶体管发射结的电压为：

$$u_{BE} = U_{C1} + u_i = U_{BE} + u_i = U_{BE} + U_m \sin\omega t$$

在 u_{BE} 作用下，晶体管的基极电流也将包括直流 I_B 和交流电流 i_b 两部分，即

$$i_B = I_B + i_b = I_B + I_m \sin\omega t$$

根据晶体管电流放大原理，集电极电流为：

$$i_C = I_C + i_c = \beta I_B + \beta i_b$$

电流 i_c 流过集电极电阻 R_C，将产生电压降，集射极间的电压为：

$$u_{CE} = V_{CC} - i_c R_C$$
$$= U_{CE} + u_{ce}$$

由于输出耦合电容 C_2 的隔直通交作用，输出电压 u_o 不包含直流分量，即

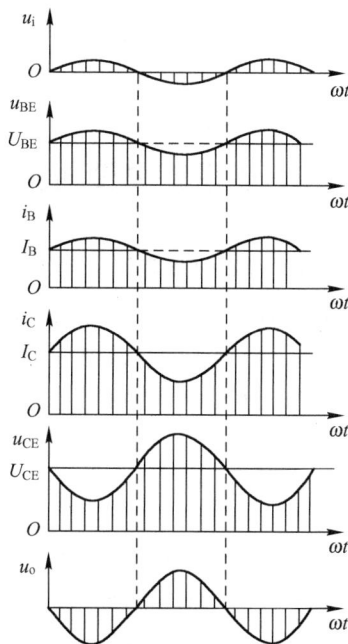

图 10-13　基本放大电路各极电压、电流波形图

$$u_o = u_{ce} = U_{cem} \sin(\omega t + \pi)$$

上述 u_i、u_{BE}、i_B、i_C、u_{CE}、u_o 的波形图如图 10-13 所示，其变化的过程也就是信号传递的过程。

通过对于波形图的分析，可以得出以下几个基本概念。

（1）动态分析时，直流分量是基础，用来保证放大电路正常工作。交流分量是信号，是放大的对象。交流驮载在直流上，经晶体管放大，并通过输出耦合电容 C_2 还原成交流，从而得到不失真的放大。

（2）由 $u_{CE} = V_{CC} - i_c R_C$，当 V_{CC} 和 R_C 为定值时，i_c 的增大必然导致 u_{CE} 的减小。故在相位上 u_{BE}、i_B、i_C 与 u_i 同相，而 u_{CE} 与 u_i 反相，即输出电压 u_o 与输入电压 u_i 相位相反，这就是该放大电路的倒相作用。这是共发射极放大电路的重要特点。

（3）在该放大电路的输出电压 u_o 的最大值 U_{om} 与输入端输入电压 u_i 的最大值 U_{im} 的比值，就是电压放大倍数，即 $|A_u| = \dfrac{U_{om}}{U_{im}}$，用有效值表示 $A_u = \dfrac{\dot{U}_o}{\dot{U}_i}$。

10.3　放大电路的微变等效电路分析法

对交流放大器进行定量分析时，必须要知道放大器的一些具体参数指标。例如，分析

放大器对信号源的影响时知道它的输入电阻；分析放大器带负载能力时要知道它的输出电阻；当输入信号一定，分析放大器的输出电压大小时必须知道它的电压放大倍数，等等。由于晶体管是一个非线性器件，若要采用线性电路的计算方法来计算放大电路的参数值，就必须对晶体管进行线性等效。

10.3.1　晶体管的微变等效电路

1. 由输入特性求晶体管的输入端等效电路

晶体管的输入特性是一曲线，输入电流不同，管子的等效输入电阻不同。在交流放大器中，由于输入的电压信号幅度较小，只在静态工作附近微小的变化，因此可用静态工作点处的切线来代替输入特性曲线，即在静态工作点附近将输入特性曲线进行了线性化等效，如图 10-14(a)所示。晶体管在此点的输入电阻可用一个线性电阻来代替，即

$$r_{be} = \frac{\Delta u_{BE}}{\Delta i_B} = \frac{U_{be}}{I_b} \tag{10-6}$$

式中，U_{be}、I_b 是输入交流信号的有效值，并非静态工作点 U_{BEQ} 和 I_{BQ}；r_{be} 称为晶体管的输入电阻，静态工作点设置不同，r_{be} 不同。实际使用中，r_{be} 一般用下式进行估算：

$$r_{be} = 300\ \Omega + (1+\beta)\frac{26\ mV}{I_{EQ}} \tag{10-7}$$

式中：β——晶体管的电流放大系数；

I_{EQ}——晶体管的静态发射极电流，单位为 mA。

等效电路如图 10-14(b)所示。

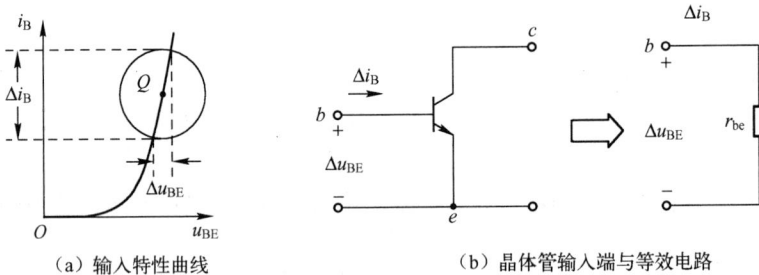

(a) 输入特性曲线　　　　　(b) 晶体管输入端与等效电路

图 10-14　晶体管输入特性曲线输入端等效电路

2. 由输出特性求晶体管输出端等效电路

由图 10-15(a)可以看出，晶体管在放大区时，输出特性曲线与横轴基本平行，若忽略了 u_{CE} 对 i_C 的影响，则晶体管的输出端可用一个受控电流源来等效，如图 10-15(b)所示。

综上所述，可以画出晶体管的小信号微变等效电路，如图 10-16 所示，即一个非线性的晶体管器件，当工作在小信号状态时，可用一个线性电路来等效，这样就将非线性电路的计算简化为线性电路的计算。

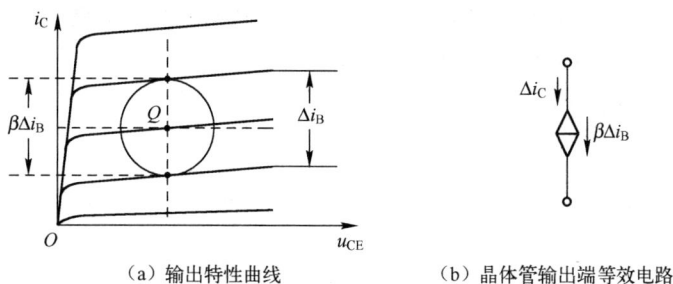

（a）输出特性曲线　　　　　　　（b）晶体管输出端等效电路

图 10-15　晶体管输出特性曲线输出端等效电路

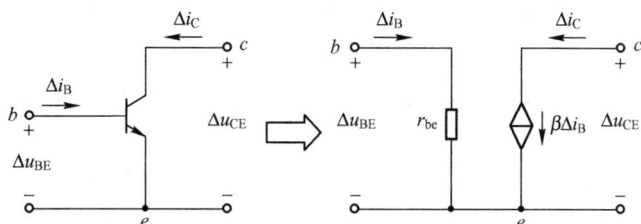

图 10-16　晶体管的小信号微变等效电路

10.3.2　放大电路性能指标分析

1. 放大电路的交流通路及微变等效电路

放大器交流信号能够通过的路径,称为放大器的交流通路。在放大器中,耦合电容由于容量比较大,在工作的频率范围内容抗可以忽略不计,即在交流通路中可以代以短路;电路中的直流电源 V_{CC} 对交流信号不产生影响,可视为短路,因此画出共射极放大器的交流通路如图 10-17(a)所示。

在交流通路中,如将晶体管用它的微变等效电路代替,即为放大器的微变等效电路,如图 10-17(b)所示。

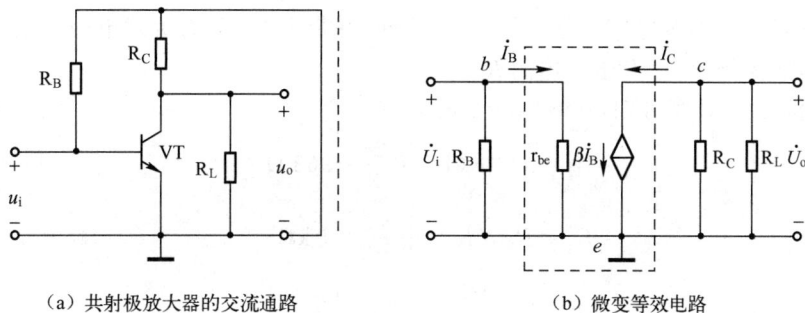

（a）共射极放大器的交流通路　　　　　　　（b）微变等效电路

图 10-17　放大器的交流通路及微变等效电路

通过以上的微变等效变换,电路简化为一个非常简单的线性电路,就可以用学过的线性电路的分析方法对电路进行定量分析。

2. 放大器性能指标估算

1) 输入电阻 R_i

从放大电路的输入端看进去的交流等效电阻,称为放大电路的输入电阻。用 R_i 表示,即

$$R_i = \frac{U_i}{I_i} \tag{10-8}$$

式中,U_i、I_i 为放大电路输入交流信号电压和电流的有效值(并非静态量 U_{BEQ} 和 I_{BQ})。

放大电路输入电阻的大小反映了放大电路从信号源取用电流的程度,R_i 阻值越大,输入电流 I_i 越小,放大电路对信号源的影响越小;R_i 阻值越小,输入电流 I_i 越大,放大电路对信号源的影响越大。从信号源的角度看希望放大电路的输入电阻越大越好。

由图 10-17(b)微变等效电路可见,共发射极放大器的输入电阻为 $R_i = R_B // r_{be}$。

2) 输出电阻 R_o

放大电路对负载而言相当于一个信号源,输出电阻就是这个信号源的内阻。由图 10-17(b)微变等效电路可见,R_C 电阻与受控电流电源并联,根据电流源和电压源的基本知识,R_C 就是信号源的内阻,也就是放大电路的输出电阻 R_o。由此可知,共发射极放大电路的输出电阻 R_o 就是与受控电流源并联的电阻 R_C。

$$R_o = R_C$$

3) 放大电路的电压放大倍数 A_u

放大电路的电压放大倍数定义为:

$$A_u = \frac{u_o}{u_i} \tag{10-9}$$

式中,u_o 和 u_i 分别为输出信号和输入信号电压。共发射极放大电路的电压放大倍数可参照其微变等效电路导出:

$$u_i = i_b r_{be}$$
$$u_o = \beta i_b R'_L \qquad (R'_L = R_C // R_L)$$
$$A_u = -\frac{\beta i_b R'_L}{i_b r_{be}} = -\beta \frac{R'_L}{r_{be}} \tag{10-10}$$

式中,负号表示输出电压与输入电压相位相反。

【例 10-2】 电路及电路参数与例 10-1 相同,并带上 2 kΩ 的负载电阻。请计算放大电路的电压放大倍数 A_u 和输入电阻 R_i。

解: 由例 10-1 计算可知,$I_E \approx I_{CQ} = 2$ mA

$$r_{be} = 300 + (1+\beta)\frac{26}{2} = 963 \ \Omega$$

$$R'_L = R_C // R_L = \frac{2 \times 2}{2+2} = 1 \ k\Omega$$

$$A_u = -\beta \frac{R'_L}{r_{be}} = -50 \times \frac{1 \times 10^3}{963} = -52$$

$$R_i = R_B // r_{be} \approx r_{be} = 963 \ \Omega (R_B \gg r_{be})$$

10.4　分压式偏置电路

当电源电压 V_{CC} 和集电极电阻 R_C 确定以后,静态工作点的位置取决于基极电流 I_B 的大小。基极电流 I_B 称为**偏置电流**,简称**偏流**。在图 10-10 所示的直流通路中,偏流由下式确定为:

$$I_B = \frac{V_{CC} - U_{BE}}{R_B} \approx \frac{V_{CC}}{R_B}$$

当 V_{CC} 和 R_B 一经选定后,I_B 也就固定不变,所以这种电路又称为**固定偏置电路**。固定偏置电路虽然简单,但双极晶体管的参数(I_{CEO}、U_{BE}、$\bar{\beta}$ 等)受温度影响较大。例如,当温度升高时,I_{CEO} 要增加,所以即使 I_B 不变,I_C 也会增加。严重时,将使双极晶体管进入饱和区而引起失真。

如图 10-18 所示放大电路称为**分压式偏置电路**。这是最常见的一种基本电路,对稳定工作点有较好的效果。根据直流通路可得到:

$$I_1 = I_2 + I_B$$

若使 $I_2 \gg I_B$,则:

$$I_1 \approx I_2 = \frac{V_{CC}}{R_{B1} + R_{B2}}$$

这样基极对地电位为:

$$V_B = V_{CC} \times \frac{R_{B2}}{R_{B1} + R_{B2}} \tag{10-11}$$

V_B 由电源电压 V_{CC} 和偏流电阻 R_{B1}、R_{B2} 所决定,不随温度而变,也与双极晶体管的参数无关。

根据图 10-18 所示电路,还可以得到:

$$U_{BE} = V_B - V_E = V_B - R_E I_E$$

式中,V_E 为发射极对地电位。若使 $V_B \gg U_{BE}$,则:

$$I_C \approx I_E = \frac{V_B - U_{BE}}{R_E} \approx \frac{V_B}{R_E} \tag{10-12}$$

因此,只要满足了 $I_2 \gg I_B$ 和 $V_B \gg U_{BE}$,就可以认为 V_B 和 I_E(或 I_C)都是稳定的,并且和晶体管参数 I_{CEO}、U_{BE}、$\bar{\beta}$ 等无关,从而获得稳定的工作点,即使更换晶体管时,也不必从新调整偏流。一般取 $I_2 \gg (5 \sim 10) I_B$,$V_B = (5 \sim 10) U_{BE}$。

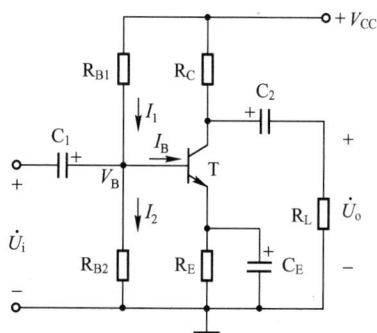

图 10-18　分压偏置电路

发射极电阻 R_E 的作用是形成电压降 U_E。因为 $U_{BE} = V_B - V_E = V_B - R_E I_E$,如果因温度升高而引起 I_E 和 I_C 增加时,有了 R_E 就会使 U_{BE} 减小,从而使 I_B、I_C 有所减小,达到稳定工作点的目的。

R_E 越大,稳定效果越好,但 R_E 太大,消耗能量也会增加,同时 R_E 两端的直流电压降将随之加大,这样会减小放大电路输出电压的幅度。

此外,当发射极电流的交流分量 i_e 通过 R_E 时,也会产生交流压降,使交流分量 u_{be} 减小,这样就会降低放大电路的放大倍数。为此,常在 R_E 两端并联一个较大容量的电容器 C_E,使交流旁路。C_E 称交流**旁路电容**,其容量一般为几十微法至几百微法。

【例 10-3】 分压式偏置电路如图 10-18 所示。已知:$V_{CC}=12V$,$R_C=2\ k\Omega$,$R_E=2\ k\Omega$,$R_{B1}=2\ k\Omega$,$R_{B2}=2\ k\Omega$,双极晶体管的 $\bar{\beta}=100$。试求静态值 I_B、I_C、U_{CE}。

解:

$$V_B = V_{CC} \times \frac{R_{B2}}{R_{B1}+R_{B2}} = 12 \times \frac{10 \times 10^3}{(20+10) \times 10^3} = 4\ V$$

$$I_C \approx I_E = \frac{V_B - U_{BE}}{R_E} = \frac{4-0.7}{2 \times 10^3} = 1.65\ mA$$

$$I_B = \frac{I_E}{1+\beta} = \frac{1.65}{1+100} = 16.3\mu A$$

$$U_{CE} = U_{CC} - (R_C + R_E)I_C = 12 - 4 \times 10^3 \times 1.65 \times 10^{-3} = 5.4\ V$$

10.5　射极输出器

前面介绍的都是共发射极放大电路,这种电路的主要优点是电压放大倍数较大,但缺点是输入电阻较小,输出电阻较大。本节介绍的射极输出器具有较大的输入电阻和较小的输出电阻,因此常用作多级放大器的第一级(输入级)和最后级(输出级)。

10.5.1　电路的组成

射极输出器及其微变等效电路如图 10-19 所示。这种电路的负载接在双极晶体管的发射极上,即输出电压 u_o 从双极晶体管的发射极取出,所以称为**射极输出器**。从微变等效电路可以看出,集电极是输入回路和输出回路的公共端(接地端),所以是**共集电极电路**。

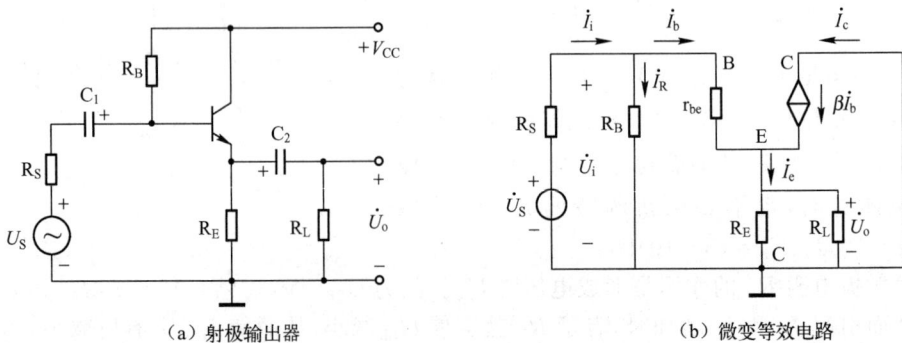

（a）射极输出器　　　　　　　　　　　　　（b）微变等效电路

图 10-19　射极输出器及其微变等效电路

10.5.2 电路分析

1. 静态值的计算

如图 10-19(a)所示电路中的直流电路可列出电压方程：

$$U_{CC} = R_B I_B + U_{BE} + R_E I_E$$

因为：$I_E = I_B + I_C = I_B + \bar{\beta} I_B = (1+\bar{\beta}) I_B$ 于是得：

$$I_B = \frac{U_{CC} - U_{BE}}{R_B + (1+\bar{\beta}) R_E} \tag{10-13}$$

$$U_{CE} = U_{CC} - R_E I_E \tag{10-14}$$

2. 电压放大倍数

如图 10-19(b)所示的微变等效电路可得出：

$$\dot{U}_i = r_{be} \dot{I}_b + R'_L \dot{I}_e = [r_{be} + (1+\beta) R'_L] \dot{I}_b \tag{10-15}$$

式中，$R'_L = R_E /\!/ R_L$。又可得 $\dot{U}_o = R'_L \dot{I}_e = (1+\beta) R'_L \dot{I}_b$

所以，可求得放大倍数：

$$A_u = \frac{\dot{U}_o}{\dot{U}_i} = \frac{(1+\beta) R'_L \dot{I}_b}{[r_{be} + (1+\beta) R'_L] \dot{I}_b} = \frac{(1+\beta) R'_L}{r_{be} + (1+\beta) R'_L} \tag{10-16}$$

式(10-16)表明：(1)电压放大倍数小于 1，但是接近于 1，这是因为通常 $(1+\beta) R'_L \gg r_{be}$。虽然射极输出器没有电压放大作用，但是有电流放大和功率放大的能力，这是因为输出电流 $\dot{I}_e$ 要比输入电流 $\dot{I}_i$ 大得多。(2)输出电压与输入电压相同，也就是说，$\dot{U}_o$ 总是跟随 $\dot{U}_i$ 作相应的变化，且大小基本相等，因此射极输出器又称为**射极跟随器**。

3. 输入电阻

由图 10-19(b)可得：

$$r_i = \frac{\dot{U}_i}{\dot{I}_i} = \frac{\dot{U}_i}{\dot{I}_R + \dot{I}_b}$$

式中，$\dot{I}_R = \dfrac{\dot{U}_i}{R_B}$，根据式(10-15)得：

$$\dot{I}_b = \frac{\dot{U}_i}{r_{be} + (1+\beta) R'_L}$$

故得射极输出器的输入电阻为：

$$r_i = \frac{1}{\dfrac{1}{R_B} + \dfrac{1}{r_{be} + (1+\beta) R'_L}}$$

或写成：

$$r_i = R_B /\!/ [r_{be} + (1+\beta) R'_L] \tag{10-17}$$

可见,射极输出器的输入电阻是由偏置电阻 R_B 和电阻$[r_{be}+(1+\beta)R'_L]$并联而得,其中 $R'_L=R_E /\!/ R_L$。通常 R_B 的电阻值较大(几十千欧至几百千欧),同时$[r_{be}+(1+\beta)R'_L]$也比 R_{be} 大得多。因此,射极输入器的输入电阻很高,可达几十千欧至几百千欧。

4. 输出电阻

由于 $\dot{U}_o \approx \dot{U}_i$,当 $\dot{U}_i$ 一定时,输出电压 $\dot{U}_o$ 基本上保持不变。这说明射极输出器具有恒压输出的特性,故其输出的电阻很低。在信号源内阻 R_S 很小,相对于 r_{be} 可以忽略的情况下,输出电阻为:

$$r_o \approx \frac{r_{be}}{\beta} \tag{10-18}$$

式中,r_{be} 为双极晶体管的输入电阻。关于 r_o 的推导在下面例(10-5)中详述。

【例 10-4】 射极输出器如图 10-19 所示。$V_{CC}=12\ \text{V}$,$\bar{\beta}=\beta=100$,$R_B=200\ \text{k}\Omega$,$R_E=2\ \text{k}\Omega$,$R_L=2\ \text{k}\Omega$,$R_S=0$。试求:(1)静态值;(2)输入电阻和输出电阻。

解:(1)静态值:

$$I_B=\frac{V_{CC}-U_{BE}}{R_B+(1+\bar{\beta})R_E}=\frac{12-0.7}{200\times10^3+101\times2\times10^3}=0.028\ \text{mA}$$

$$I_E=(1+\bar{\beta})I_B=101\times0.028=2.83\ \text{mA}$$

$$U_{CE}=U_{CC}-R_E I_E=23-2\times10^3\times2.8\times10^{-3}=6.34\ \text{V}$$

(2)r_i 和 r_o 分别为:

$$r_{be}=300+(1+\beta)\frac{26}{I_E}=300+101\times\frac{26}{2.83}=1.13\ \text{k}\Omega$$

$$r_i=R_B /\!/ [r_{be}+(1+\beta)R'_L]=\frac{200\times(1.13+101\times1)}{200+(1.13+101\times1)}=67.6\ \text{k}\Omega$$

$$r_o=\frac{r_{be}}{\beta}=\frac{1\ 130}{100}=11.3\ \Omega$$

【例 10-5】 推导图 10-20 中射极输出器的输出电阻。

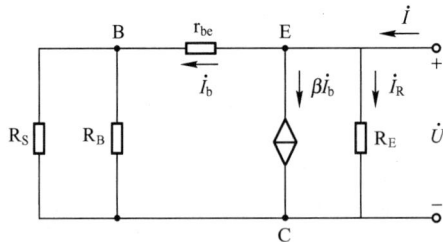

图 10-20　射极输出器的微变等效电路

解:如图 10-20 所示为根据图 10-19(b)重新画的射极输出器的微变等效电路,图中信号源已经除去,即 $\dot{U}_S=0$。

为求射极输出器的输出电阻 r_o,先求输出端外加正弦电压 $\dot{U}$,再计算电路总电流 $\dot{I}$,则得 $r_o=\dfrac{\dot{U}}{\dot{I}}$。计算过程如下:

由于基极电流 $\dot{I}_b$ 与集电极电流 $\dot{I}_C$ 的关系保持不变,即 $\dot{I}_C = \beta \dot{I}_b$,故得:

$$\dot{I} = \dot{I}_R + \dot{I}_b + \beta \dot{I}_b$$

因为:

$$\dot{I}_R = \frac{\dot{U}}{R_E} \qquad \dot{I}_b = \frac{\dot{U}}{r_{be} + R'_S}$$

式中:

$$R'_S = R_S /\!/ R_B$$

故得:

$$\dot{I} = \frac{\dot{U}}{R_E} + (1 + \beta) \frac{\dot{U}}{r_{be} + R'_S}$$

输出电阻为:

$$r_o = \frac{\dot{U}}{\dot{I}} = \frac{1}{\dfrac{1}{R_E} + \dfrac{1 + \beta}{r_{be} + R'_S}}$$

或写成:

$$r_o = R_E /\!/ \left(\frac{r_{be} + R'_S}{1 + \beta} \right)$$

10.6　多级放大器

单级放大器的放大倍数是有限的,当需要将一个微弱的小信号放大到足够强时,就应采用多级放大器。多级放大器的级与级之间的连接称为耦合,下面介绍常用的几种耦合方式。

10.6.1　阻容耦合

阻容耦合是最简单的也是应用最多的耦合方式,如图 10-21 所示。通过电容 C_2 将前后级的直流隔开,使前后级的静态工作点互不影响,而交流信号可以通过电容耦合到下一级。

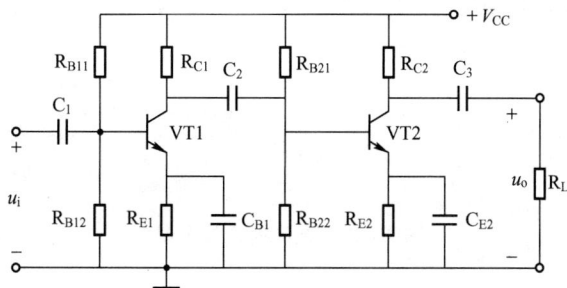

图 10-21　阻容耦合放大器

10.6.2　变压器耦合

变压器耦合放大器电路图如图 10-22 所示。变压器耦合是利用变压器的一次绕组和二次绕组通过磁耦合,将前后级的直流工作点隔开,使它们互不影响。图中 T_1 变压器将第一级的输出信号耦合到第二级,T_2 变压器将输出的信号耦合到负载。T_1 称为输入变压器,T_2 称为输出变压器。变压器耦合可以通过选择合适的匝数比取得最佳的耦合效果,故变压器耦合效率高。变压器耦合的缺点是线性较差,波形失真大,频率范围窄。

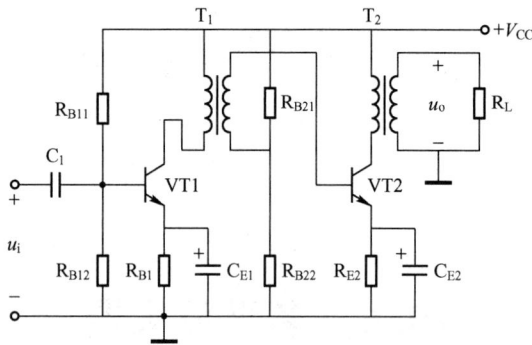

图 10-22　变压器耦合放大器

10.6.3　直接耦合

直接耦合放大器电路如图 10-23 所示。直接耦合具有电路结构简单、成本低、便与集成化等优点。但直接耦合的静态工作点相互依存,给电路的调试带来不便。

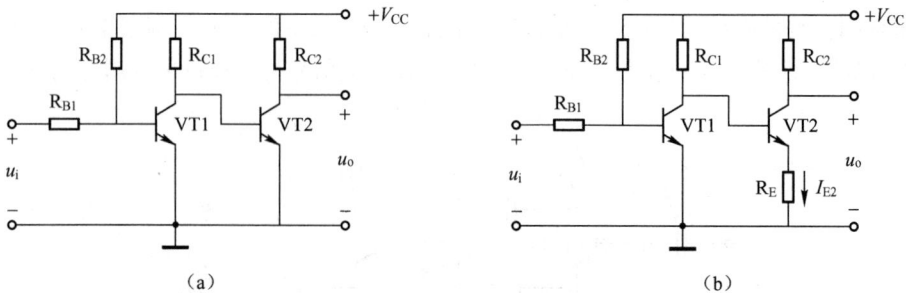

图 10-23　直接耦合放大器

10.6.4　多级放大器的性能参数

1. 电压放大倍数 A_u

如图 10-24 所示，一个两级放大器，输入电压为 u_i，输出电压为 u_o。第一级的输出电压 u_{o1} 就是第二级输入电压 u_{i2}。根据放大倍数的定义有：

$$A_u = \frac{u_o}{u_i} = \frac{u_{o1}}{u_i} \cdot \frac{u_o}{u_{o1}} = A_1 A_2 \tag{10-19}$$

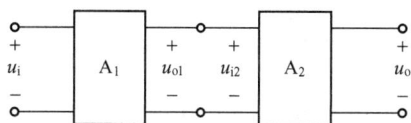

图 10-24　两级放大器

即总电压的放大倍数等于各级放大倍数的连乘积。由于总的放大倍数是各级放大倍数的连乘积，因此，多级放大器的级数不必很多，一般 2～4 级就可以满足所需要的放大倍数。

2. 输入电阻 R_i 和输出电阻 R_o

输入电阻就是第一级的输入电阻。第一级如采用共射极放大电路，则 $R_i \approx r_{be}$。

输出电阻就是最后一级的输出电阻，如果是共射极放大电路，则，$R_o = R_c$。

习　　题

10-1　测得某电路中几个三极管的各级电位发图 10-25 所示，试判断各三极管分别工作在哪个工作区？（NPN 管为 Si 管，PNP 管为 Ge 管）。

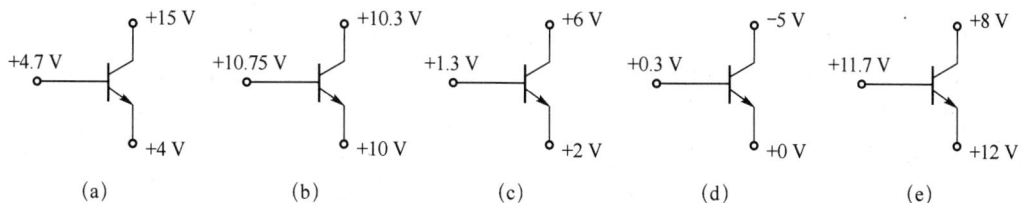

图 10-25　题 10-1 图

10-2　分别测得两个放大电路中三极管的各级电位如图 10-26(a)和(b)所示，试判断其管脚类型和材料。

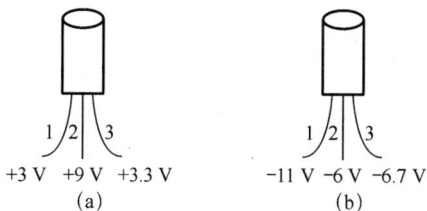

图 10-26　题 10-2 图

10-3 在图 10-27 所示的电路中,已知 $U_{CC}=12\text{ V}$,$R_C=2\text{ k}\Omega$,$R_B=150\text{ k}\Omega$,三极管的 $\bar{\beta}=50$。求 I_B、I_C、U_{CE} 的值。

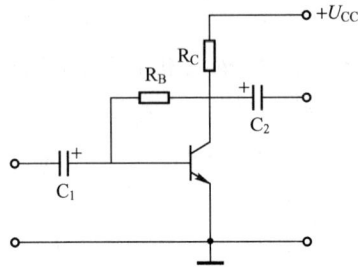

图 10-27 题 10-3 图

10-4 在图 10-28 所示的电路中,已知 $R_C=3\text{ k}\Omega$,$R_{B1}=3\text{ k}\Omega$,$R_{B2}=6\text{ k}\Omega$,$\bar{\beta}=50$。求 I_C。

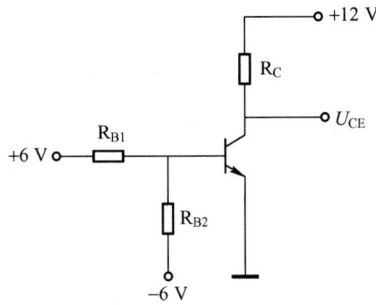

图 10-28 题 10-4 图

10-5 在图 10-29 所示的放大器电路中,所用晶体管为锗管。已知 $U_{CC}=9\text{ V}$,$R_B=100\text{ k}\Omega$,$\bar{\beta}=100$。求当 $I_C=2\text{ mA}$ 时,$U_{BB}=?$ (2)当 $I_C=2\text{ mA}$,$U_{CE}=-5\text{ V}$ 时,$R_C=?$(3)画出当基极改为由电源 U_{CC} 供电(不用 U_{BB})时的电路,若 I_c 仍为 2 mA,则 $R_B=?$

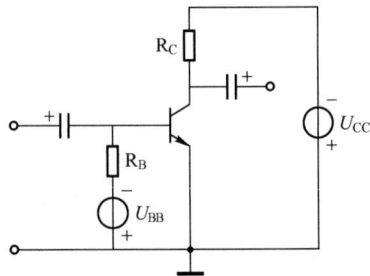

图 10-29 题 10-5 图

10-6　交流放大电路如图 10-30 所示,试画出电路的直流通路和交流通路。若输入电压 u_i 为正弦波,画出图中电流 i_b、i_c 和电阻 R_{C1} 上的电压波形 u_1。

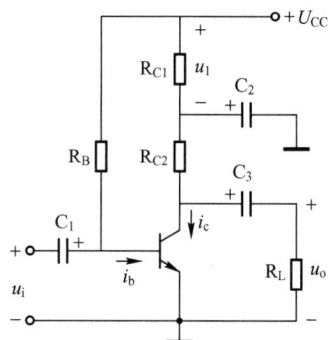

图 10-30　题 10-6 图

10-7　在图 10-31 所示放大电路中,已知 $U_{CC}=12\ \text{V}$,$R_B=300\ \text{k}\Omega$,$R_C=2.4\ \text{k}\Omega$,$R_L=5.1\ \text{k}\Omega$,$\bar{\beta}=\beta=60$。(1)画出微变等效电路;(2)分别计算 R_L 断开和接通时的电压放大倍数 A_u;(3)计算输入电阻 R_i 和输出电阻 R_o。

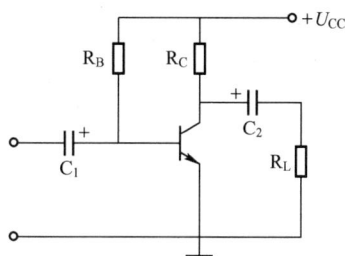

图 10-31　题 10-7 图

10-8　在图 10-32 所示放大电路中,已知 $U_{CC}=12\ \text{V}$,$R_E=1\ \text{k}\Omega$,$R_C=2\ \text{k}\Omega$,$R_L=5.1\ \text{k}\Omega$,$R_{B1}=33\ \text{k}\Omega$,$R_{B2}=10\ \text{k}\Omega$,$\bar{\beta}=\beta=50$,$U_S=10\ \text{mV}$,$R_S=1\ \text{k}\Omega$。(1)静态值 I_C、I_B、U_{CE};(2)画出微变等效电路;(3)计算 r_{be}、R_i、R_o;(4)计算 U_i 和 U_o;(5)若 $R_S=0$,再求 U_o,并说明信号源内阻 R_S 对放大倍数的影响。

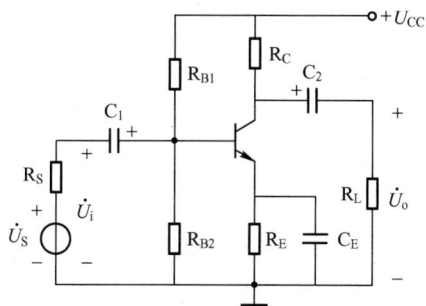

图 10-32　题 10-8 图

10-9 在图 10-33 所示的放大电路中,已知 $U_{CC} = 12\ \text{V}, R_C = 2\ \text{k}\Omega, R_{B1} = R_{B2} = 75\ \text{k}\Omega, R_L = 2\ \text{k}\Omega, \beta = 50, r_{be} = 910\ \Omega$。(1)画出直流电路;(2)画出微变等效电路;(3)计算 A_u、R_i、R_o。

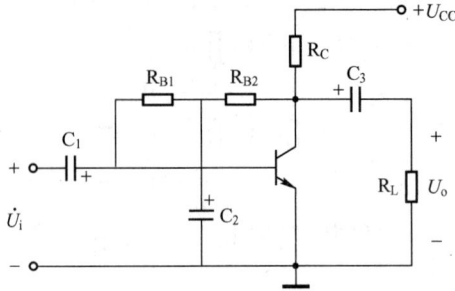

图 10-33 题 10-9 图

10-10 射极输出器如图 10-34 所示,已知 $U_{CC} = 12\ \text{V}, R_B = 350\ \text{k}\Omega, R_E = R_L = 2\ \text{k}\Omega, \bar{\beta} = \beta = 100$。(1)计算静态值 I_B、I_C、U_{CE};(2)画出微变等效电路;(3)计算 A_u;(4)计算 R_i 和 R_o。

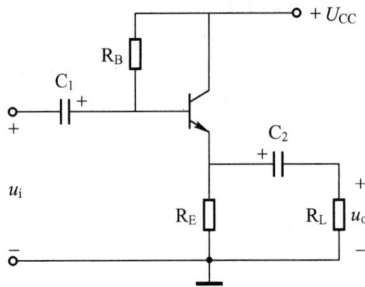

图 10-34 题 10-10 图

10-11 二级 RC 耦合放大电路如图 10-35 所示,已知 $\beta_1 = \beta_2 = 50, r_{be1} = 1.9\ \text{k}\Omega, r_{be2} = 1.1\ \text{k}\Omega$。(1)画出微变等效电路;(2)求总电压放大倍数。

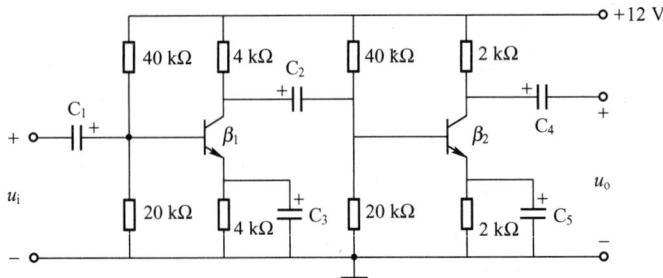

图 10-35 题 10-11 图

10-12 图 10-36 所示为电流串联负反馈放大电器。(1)计算静态值 I_C、U_{CE};(2)画出微变等效电路;(3)计算 A_u、R_i、R_o。

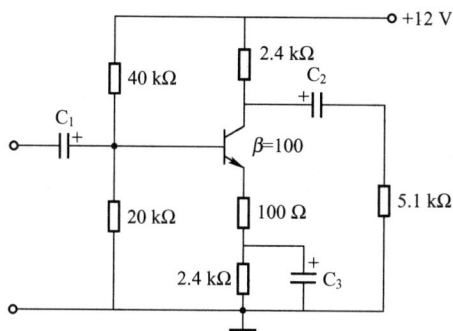

图 10-36　题 10-12 图

10-13　在图 10-37 所示放大器电路中,已知 $\beta_1=\beta_2=50$。(1)画出微变等效电路;(2)求放大电路的 R_i、R_o;(3)当 $R_s=0$ 时,求输出电压 U_0;(4)当 $R_s=2\text{ k}\Omega$ 再求输出电压 U_0,并说明前级采用射极输出器有什么好处?

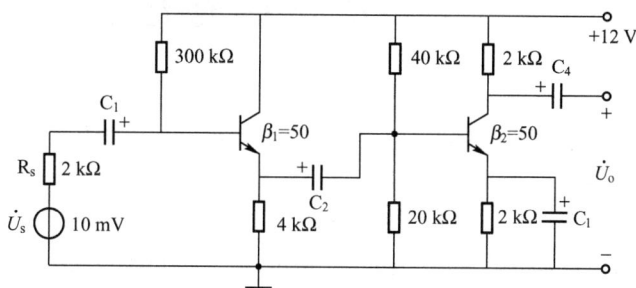

图 10-37　题 10-13 图

10-14　在图 10-38 所示放大电路中,已知 $\beta_1=\beta_2=50$。(1)画出微变等效电路;(2)求 R_L 断开时总的电压放大倍数;(3)求 R_L 接通时总的电压放大倍数?

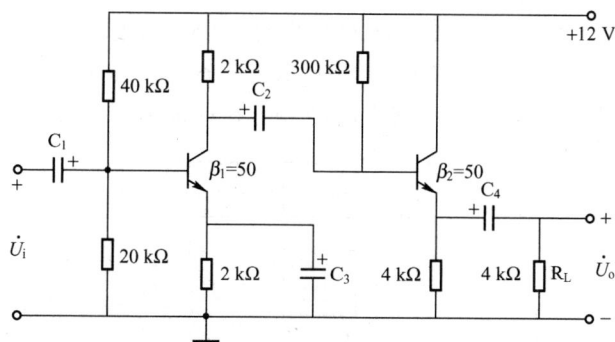

图 10-38　题 10-14 图

第 11 章　集成运算放大电路

本章要点

1. 集成运算放大器主要参数及特性。
2. 集成运算放大器的应用。

11.1　集成运算放大器

将放大电路中的二极管、晶体管、电阻、电容和导线等集中制作在一小块硅片上,封装成一个整体的电子器件,称为集成电路(IC)。按功能的不同,集成电路可分为模拟集成电路和数字集成电路两大类。集成运算放大器属于模拟集成电路。

由于集成运算放大器具有体积小、质量轻、价格低、使用可靠、输入阻抗高、放大倍数高、性能稳定等优点,因此在检测、自动控制、信号产生与处理等许多方面获得了广泛应用。

11.1.1　运算放大器的基本结构

集成运算放大器(简称运算放大器或运放)是一种高放大倍数的多级直接耦合交直流放大器,内部电路一般由输入级、中间级、输出级和偏置电路组成,如图 11-1 所示。输入级为了减少零点漂移,采用差分放大电路;中间级承担着电压放大任务,通常由共射极放大电路组成;输出级因与负载相连,要求有一定的带负载能力,一般由互补对称电路或射极输出器组成。

图 11-1　运算放大器方框图

运算放大器的图形符号如图 11-2 所示,图 11-2(a)是新标准符号,图 11-2(b)是旧标准符号。运算放大器中有两个输入端和一个输出端,标有"—"号的输入端称为反相输入端,当输入信号从这一端输入时,输出信号与输入信号相位相反。标有"＋"号的输入端称为同相输入端,当输入信号从这一端输入时,输出信号与输入信号相位相同。

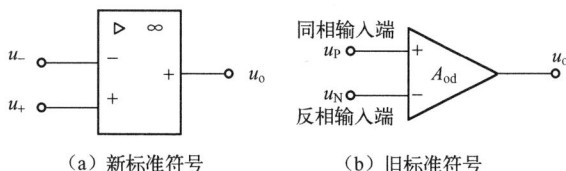

（a）新标准符号 　　　（b）旧标准符号

图 11-2 运算放大器图形符号

实际的运算放大器除了有两个输入端和一个输出端之外,还有两个电源端＋VCC 和－VCC,此外有些运算放大器还有调零端、补偿端等。如图 11-3 所示为 CF741 运算放大器的外形及引脚功能图,如图 11-4 所示为集成运算放大器的几种封装外形图。运算放大器的封装有双列直插式、圆壳式和扁平式 3 种,最常用的是双列直插式。

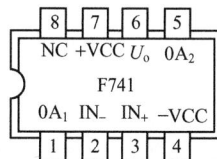

图 11-3 CF741 运算放大器外形及引脚分布

应用和选择运算放大器时,常把运算放大器看作一个具有一定功能的整体,对其内部的电路不做深入了解。但必须掌握它的外部特性、各引脚的功能并了解它的性能参数。

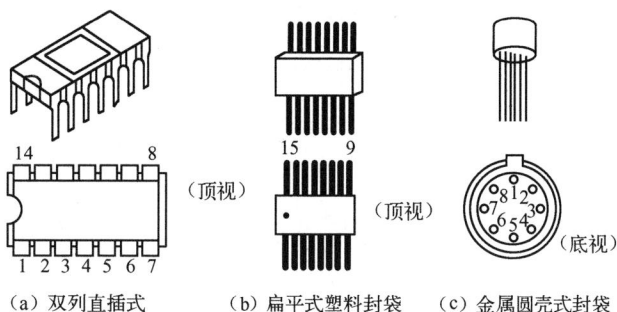

（a）双列直插式 　　　（b）扁平式塑料封袋 　　　（c）金属圆壳式封袋

图 11-4 运算放大器的几种封装形式

运算放大器在线性运用时,通常将放大器的输出信号通过电路元器件反送（称反馈）到反相输入端,使整个放大电路构成一个闭合电路,这种形式的连接称为具有负反馈的闭环工作状态,简称闭环;在非线性运用时,常工作在无负反馈的开环状态。

11.1.2 集成运算放大器的主要参数

集成运算放大器的参数是反映其性能优劣的指标,是正确选择和使用运算放大器的依据。

1. 开环电压放大倍数 A_o

在无外加反馈时集成运算放大器本身的差模电压放大倍数,它体现了运算放大器的放大功能,其值一般在 $10^3 \sim 10^7$ 之间,如 CF741 的 A_o 值在 2×10^5 以上。

2. 输入失调电压 U_{OS}

当 $u_i = 0$ 时,为了使输出电压 u_o 也为 0,两输入端之间所加的补偿电压值。U_{OS} 越小越好,一般为 10^{-3} V 数量级,如 CF741 的 U_{OS} 值在 1 mV 左右。

3. 差模输入电阻 R_{id}

运算放大器在没有加反馈时的输入电阻,一般在 1 mΩ 以上。

4. 最大输出电压 U_{pp}

在额定电源电压和额定输出电流下,运算放大器输出信号正向和反向间的最大电压值,也称为输出峰-峰值。一般电源电压在 ±15 V 时,输出电压在 ±13 V 左右。

11.1.3 运算放大器的 3 种输入方式

运算放大器有两个输入端,因此有 3 种输入方式,如图 11-5 所示。输入信号加在两输入端之间称为双端输入,也称差分输入,如图 11-5(a)所示。单端输入有反相输入和同相输入两种,若将同相输入端接地,输入信号加在反相输入端时,成为反相输入,如图 11-5(b)所示;如将反相输入端接地,输入信号加在同相输入端时,称为同相输入,如图 11-5(c)所示。

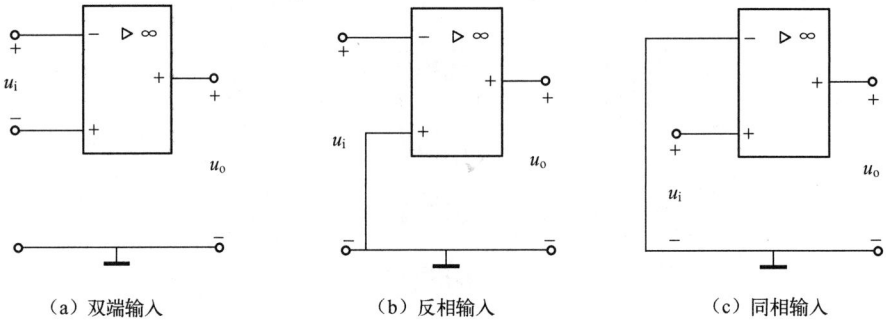

(a) 双端输入   (b) 反相输入   (c) 同相输入

图 11-5 运算放大器的 3 种输入方式

就输入方式而言,单端输入与双端输入是一样的,如图 11-6 所示,两个输入信号 u_{i1} 和 u_{i2} 分别加在反相输入端和同相输入端,其差值与双端输入电压 u_i 相同,即

$$u_i = u_{i1} - u_{i2} \tag{11-1}$$

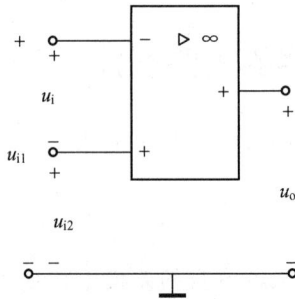

图 11-6 单端输入与双端输入的关系

根据 u_{i1} 与 u_{i2} 的大小,u_i 可为正值、负值或零。

11.1.4　运算放大器的理想化模型

为了便于对集成运算放大器进行分析,通常将集成运算放大器用一个理想化电路模型来等效,其理想化电路模型特性可概括为"两高一低",即

开环电压放大倍数由于很大,可理想化为 $A_\text{o} \to \infty$;

开环输入电阻很高,可理想化为 $R_\text{i} \to \infty$;

开环输出电阻很低,可理想化为 $R_\text{o} \to 0$。

根据以上的理想化条件,可推导出两个重要结论:

(1) 由于运算放大器的输入电阻 $R_\text{i} \to \infty$,则它的输入端电流很小,近似为零,即

$$i_+ = i_- = 0 \tag{11-2}$$

式中,i_+ 和 i_- 分别表示同相输入端和反相输入端的输入电流。

由于两输入端输入电流为零,两输入端可视为断路,故称为 **虚断**。

(2) 由于运算放大器的开环电压放大倍数 $A_\text{o} \to \infty$,而运算放大器的输出电压是有限值,固有:

$$u_\text{i} = u_+ - u_- = \frac{u_\text{o}}{A_\text{o}} = 0$$

即

$$u_+ = u_- \tag{11-3}$$

式中,u_+ 和 u_- 分别表示同相输入端和反相输入端的输入电压。

由此可见,两输入端之间近似于短路,故称为 **虚短**。

理想运算放大器的输入电流为零,两输入端电压相等,这是运算放大器的主要特征,也是分析运算放大器工作情况的主要依据。

11.2　运算放大器的输入方式

运算放大器作放大使用时的基本输入方式有 3 种,即反相输入、同相输入、双端输入。

11.2.1　反相输入放大电路

反相输入放大电路如图 11-7 所示。输入信号 u_i 加在反相输入端,同相输入端接地,电阻 R_F 接在输出端与反相输入端之间,构成负反馈放大器。$R_1 R_2$ 是输入端的外接电阻,u_o 为输出电压。

根据反相输入端虚断 $i_- = 0$,有 $i_1 = i_\text{F}$,此式可表达为:

$$\frac{u_\text{i} - u_-}{R_1} = \frac{u_- - u_\text{o}}{R_\text{F}}$$

因为 R_2 接地，$i_+=0$，所以 $u_+=0$，又根据输入虚短 $u_-=u_+$，故 $u_-=0$，代入上式可得：

$$\frac{u_o}{u_i}=-\frac{R_F}{R_1} \tag{11-4}$$

因为 u_o/u_i 为运算放大器的闭环电压放大倍数 A_F，则：

$$A_F=-\frac{R_F}{R_1} \tag{11-5}$$

由式(11-5)可知，运算放大器的闭环电压放大倍数只取决于电阻的比值，与运算放大器内部

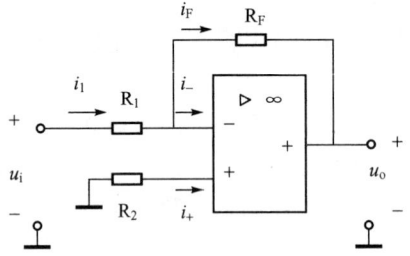

图 11-7　反相输入放大电路

电路参数无关，因此，通过选择电阻参数就可获得所要求的电压放大倍数，又因为电阻的精度和稳定性可以做得很高，所以闭环放大倍数很稳定。

式(11-5)中的负号表示输入和输出信号相位相差 $180°$，如取 $R_F/R_1=1$，则 $u_o=-u_i$，这时图 11-7 所示电路称为反相器。

在对图 11-7 进行分析时，反相输入端并不接地，但却有地电位，故称反相输入端为虚地。

11.2.2　同相输入放大器

同相输入放大器电路如图 11-8 所示。反相输入端接地，输入信号加在同相输入端，反馈电阻 R_F 仍接在反相输入端以保证电路为负反馈。

根据"虚断" $i_-=0$，得 $i_1=i_F$，此式又可表达为：

$$\frac{0-u_-}{R_1}=\frac{u_--u_o}{R_F}$$

又因 $i_+=0$，$u_+=u_i$，根据虚短 $u_-=u_+$，又得 $u_-=u_i$，将其代入上式得：

$$\frac{u_o}{u_i}=1+\frac{R_F}{R_1} \tag{11-6}$$

因此，闭环电压放大倍数为：

$$A_F=1+\frac{R_F}{R_1} \tag{11-7}$$

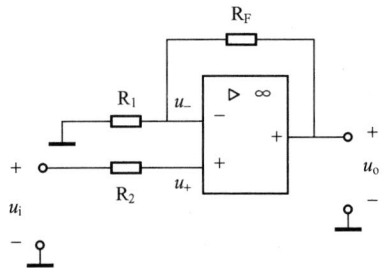

图 11-8　同相输入放大电路

上式表明，同相输入放大电路的输出电压与输入电压相同，电压放大倍数大于或等于 1，仍与运算放大器本身的参数无关，而由外部电路参数决定。

如图 11-8 所示将 R_1 电阻断开，使 $R_1=\infty$，则电路的放大倍数 $A_F=1+\dfrac{R_F}{\infty}=1$，或 $u_o=u_i$，这时输出电压跟随输入电压，故称此电路为运放电压跟随器，如图 11-9 所示。运放电压跟随器比晶体管射极跟随器具有更优良的性能，它的输入电阻更高，可达 $10^{12}\ \Omega$，输出电阻更低，可达 $10^{-3}\ \Omega$。

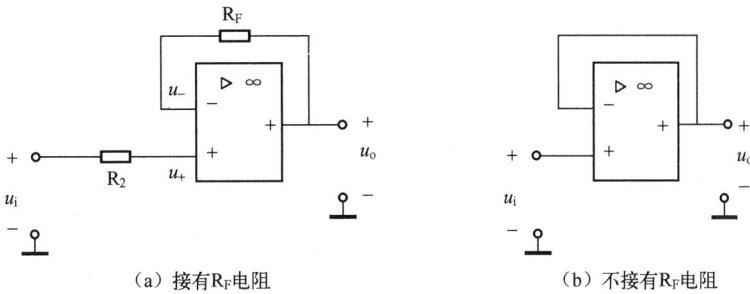

（a）接有R_F电阻　　　　　　　　（b）不接有R_F电阻

图 11-9　运放电压跟随器的两种电路

11.2.3　双端输入放大电路

双端输入放大电路如图 11-10 所示,输入信号加在反相输入端和同相输入端之间,负反馈仍接在反相输入端。为了使输入电路对称,取 $R_1=R_2$、$R_3=R_F$。

输入信号作双端输入也称为差分输入,因为 u_i 相当于反相输入信号 u_{i1} 和同相输入信号 u_{i2} 之差,即 $u_i=u_{i1}-u_{i2}$。

根据虚断可得 $i_1=i_F$ 和 $i_2=i_3$,这两个公式表达为:

$$\frac{u_{i1}-u_-}{R_1}=\frac{u_--u_o}{R_F}$$

和

$$\frac{u_{i2}-u_+}{R_2}=\frac{u_+-0}{R_3}$$

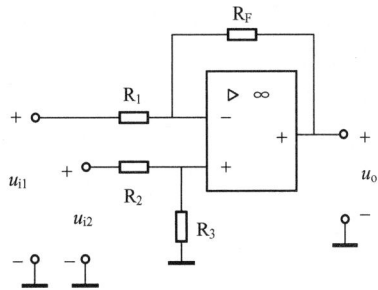

图 11-10　双端输入放大电路

又根据虚短,$u_-=u_+$,条件 $R_1=R_2$、$R_3=R_F$,代入以上两式并将两式相减,整理可得:

$$u_o=-\frac{R_F}{R_1}(u_{i1}-u_{i2})=-\frac{R_F}{R_1}u_i \tag{11-8}$$

式(11-8)表明,输出电压与双端输入电压 u_i 成正比,R_F/R_1 表明电路的电压放大能力,所以电路的电压放大倍数为:

$$A_F=-\frac{R_F}{R_1} \tag{11-9}$$

11.3　运算放大器的应用

11.3.1　加法电路

如图 11-11 所示为反相输入加法电路。由于反相输入端为"虚地"端,3 个输入回路

各自独立,故得:

$$i_1 = \frac{u_{i1}}{R_1}, i_2 = \frac{u_{i2}}{R_2}, i_3 = \frac{u_{i3}}{R_3}$$

又因 $u_- = u_+ = 0$,

且 $i_F = i_1 + i_2 + i_3$,

故得:

$$u_o = -i_F R_F = -(i_1 + i_2 + i_3) R_F$$
$$= -\left(\frac{R_F}{R_1} u_{i1} + \frac{R_F}{R_2} u_{i2} + \frac{R_F}{R_3} u_{i3}\right) \tag{11-10}$$

若使 $R_1 = R_2 = R_3 = R$,则上式为:

$$u_o = -\frac{R_F}{R}(u_{i1} + u_{i2} + u_{i3}) \tag{11-11}$$

由此可见,加法电路的输出电压与输入电压之和成正比关系。加法电路的精度和稳定性也是取决于外接电阻的质量,而与放大器本身的参数无关。

平衡电阻 $R_4 = R_1 // R_2 // R_3 // R_F$。

也可以将各输入信号电压接在同相输入端构成加法电路,但由于运放在同相输入方式工作时 $u_+ = u_- \neq 0$,因此可能产生较大的共模输入电压,从而使放大器工作于非线性区域,甚至造成损坏。所以同相输入加法电路较少应用。

在设计加法电路时,u_o 的数值必须低于电源电压,否则运算放大器因趋于饱和而产生误差,在这种情况下必须增大电源电压,或降低电压放大倍数。

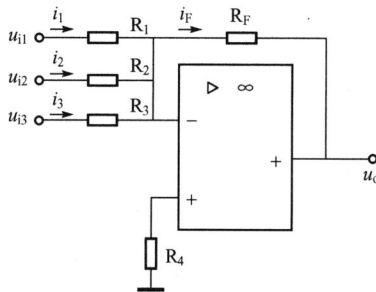

图 11-11　反相输入加法电路

11.3.2　减法电路

利用双端输入的差分输入方式,可使运放的输出电压等于各输入电压之差。

在图 11-12 中,若使 $R_1 = R_2 = R$,$R_3 = R_F$,利用式(11-10)求得输出电压:

$$u_o = -\frac{R_F}{R_1} u_{i1} + \left(1 + \frac{R_F}{R_1}\right)\left(\frac{R_3}{R_2 + R_3}\right) u_{i2} = \frac{R_F}{R}(u_{i2} - u_{i1})$$

当 $R_F = R$ 时,则得:

$$u_o = u_{i2} - u_{i1} \tag{11-12}$$

在双端输入的减法电路中,应限制共模电压的数值,免得超过集成运放的最大共模输入电压的数值。因为共模输入电压过高,会使放大电路的静态电流过大,从而影响其稳定性,甚至造成破坏。

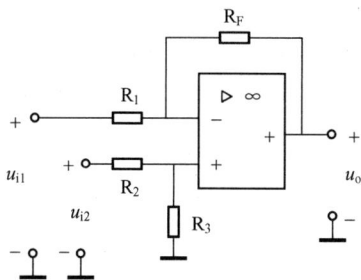

图 11-12　双端输入减法电路

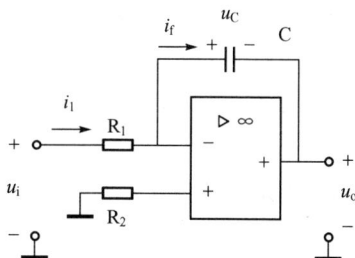

图 11-13　由运放构成的积分电路

11.3.3　积分电路

如图 11-13 所示为由运放构成的积分电路,图中用电容器 C 代替反馈电阻 R_F。根据理想运放特征可知:

$$i_f = i_1 = \frac{u_i}{R_1}$$

$$u_o = -u_C = -\frac{1}{C}\int i_f \mathrm{d}t = -\frac{1}{C}\int i_1 \mathrm{d}t$$

即

$$u_o = -\frac{1}{R_1 C}\int u_i \mathrm{d}t \tag{11-13}$$

可见,输出电压 u_o 正比于输入电压 u_i 对时间的积分,由此而实现积分运算。积分时间常数为 $R_1 C$,它的大小决定积分作用的强弱,$R_1 C$ 越小,积分作用越强,反之积分作用越弱。

【例 11-1】　在图 11-13 所示的电路中,设输入信号电压为一个负向的阶跃电压,如图 11-14(a)所示,即

$$t < 0, u_i = 0$$
$$t \geq 0,\ u_i = -U_i$$

设电容的初始电压为零,求输出电压 u_o 的波形。

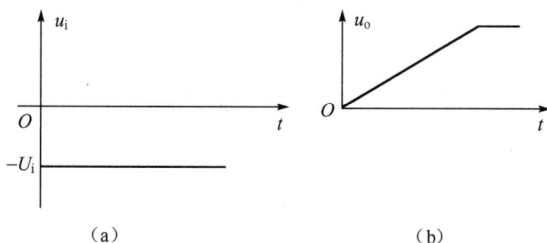

图 11-14　例 11-1 图

解:根据式(11-13)得:

$$u_o = -\frac{1}{R_1 C}\int u_i dt = \frac{U_i}{R_1 C}t$$

可见,输出电压随着时间作线性增长,如图 11-14(b)所示。$R_1 C$ 的值越小,u_o 的增长速度越快,在同样的时间内,曲线包含的面积越大,所以积分作用越强。当时间足够长时,运放趋于饱和,u_o 接近于正向电源电压。

11.3.4　微分电路

微分电路如图 11-15 所示。如果符合理想运放条件,则有以下关系:

$$i_f = -\frac{u_o}{R_F}$$

$$i_1 = C\frac{du_o}{dt} = C\frac{du_i}{dt}$$

$$i_1 = i_f$$

故得输出电压与输入电压的关系为:

$$u_o = -R_F C\frac{du_i}{dt}$$

可见 u_o 与 u_i 是微分关系,即 u_o 与 u_i 的变化率成正比。式中 $R_F C$ 是微分时间常数,$R_F C$ 越大,微分作用越强,反之,则微分作用越弱。

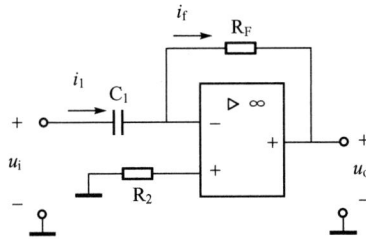

图 11-15　微分电路

【例 11-2】　在图 11-15 中,设输入信号电压为负向阶跃电压,在 $t=0$ 时,由零跃变到 $-U_i$,如图 11-16(a)所示。求 u_o 的变化波形。

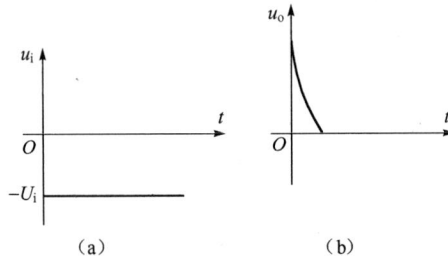

图 11-16　例 11-2 图

解:若电容的初始电压为零,则 $t=0$ 时的瞬间充电电流 $i_1=C\dfrac{du_i}{dt}$ 和输出电压 $u_o=-R_F C$ $\dfrac{du_i}{dt}$ 都趋于 ∞,但实际上,由于信号源的内阻使 u_o 只能是有限值。当 $t\geqslant0$ 时,u_i 为恒值,于是 u_o 趋于零。u_o 的衰减过程,即微分的强弱,取决于电容器的充电时间常数,即 $R_F C$ 的值。$R_F C$ 的值越大,u_o 衰减速度越慢,曲线包含面积越大,微分作用越强。u_o 的波形如图 11-16(b)所示。

11.3.5　电压比较器

电压比较器用于对输入电压进行比较和鉴别。集成运放用作比较器时,常工作于开环状态。由于放大倍数较高,所以放大器不是处于正饱和状态,就是处于负饱和状态,输出电压不是接近于正电源电压,就是接近于负电源电压。

如图 11-17 所示为反相输入的电压比较器及其输入-输出特性曲线,该曲线又称传输特定曲线。图中 U_R 为参考电压。

当 $u_i<U_R$ 时,放大器处于正饱和状态,输出电压等于正饱和电压 $+U_{m1}$;当 $u_i>U_R$ 时,放大器处于负饱和状态,输出电压等于负饱和电压 $-U_{m2}$。因此,电压比较器可以用来判断输入信号的相对大小,常用于控制电路或波形变换。

【例 11-3】　在图 11-18 中,若输入电压 $u_i=U_m\sin\omega t$,且 $U_R<U_m$,画出 u_o 的波形。

解:当 $u_i<U_R$ 时,$u_o=+U_{m1}$;当 $u_i>U_R$ 时,$u_o=-U_{m2}$。所以 u_o 是与 u_i 同频率的矩形波,如图 11-18 所示。矩形波的幅值 U_{m1} 和 U_{m2} 取决于运放的正、负最大输出电压;正、负半周的宽度比例取决于参考电压 U_R 的数值。

如图 11-19(a)所示为具有迟滞作用的电压比较器。图中反馈电阻 R_F 连接在同相输出端入端,形成正反馈电路,加速了比较器的翻转过程。

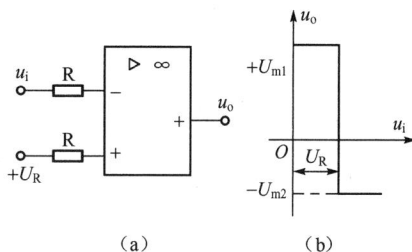

图 11-17　反相输入的电压比较器

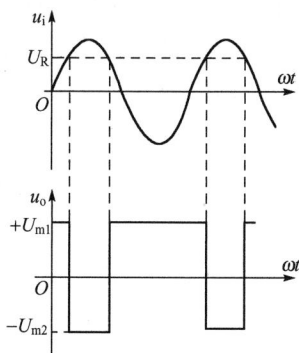

图 11-18　例 11-3 图

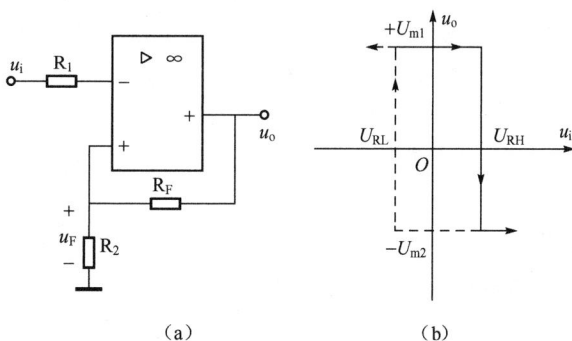

图 11-19　迟滞电压比较器

当放大器处于正饱和状态时,输出电压 $u_o = +U_{m1}$,反馈电压 $u_F = u_o \dfrac{R_2}{R_2 + R_F} = U_{m1} \dfrac{R_2}{R_2 + R_F} = U_{RH}$,式中 U_{RH} 称为上阈值。此时 $u_i < U_{RH}$,输出状态保持不变,$u_o = +U_{m1}$,如图 11-19(b)所示。

当 $u_i > U_{RH}$ 时,比较器翻转,输出电压 $u_o = -U_{m2}$。此时反馈电压 $u_F = u_o \dfrac{R_2}{R_2 + R_F} = -U_{m2} \dfrac{R_2}{R_2 + R_F} = U_{RL}$,式中 U_{RL} 称为下阈值。由于是负饱和状态,U_{RL} 为负值。因此,只有当 $u_i \leqslant |U_{RL}|$ 时,才能使比较器从负饱和翻转为正饱和,u_o 从 $-U_{m1}$ 再一次翻转为 $+U_{m2}$。所以,比较器的传输特性具有迟滞回线的形状,如图 11-19(b)所示。

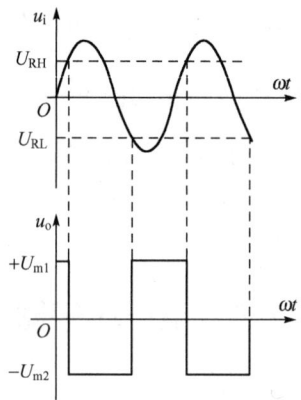

图 11-20　例 11-6 图

11.4　使用集成运放时应注意的几个问题

为了正确合理的运用集成运放,使之能稳定、可靠安全和高性能的工作,必须对它在使用中的一些实际问题有所了解。

1. 型号选用与连接

使用集成运放时,首先应根据实际要求选用合理的类型和型号,集成运放按技术指标可分为通用性和专用型。通常根据实际需要和经济合理的原则应尽量采用通用型。如有特殊要求,可选用为适应不同需要而设计的专用型集成运放,如高速型、高阻型、大功率型、低功耗性等。选好后应根据集成运放管脚图正确连接,千万不能接错,否则容易烧坏管子。

2. 粗测

在使用集成运放前,可用万用表电阻档(R×100 或 R×1k)进行粗测,主要判断器件内部 PN 结的性能好坏和内部是否有短路及断路情况。例如,测量 CF741 型集成运放(图 11-3)的正负电源端子⑦和④对其他端子不应有短路现象;其两个输入端子②和③之间的电阻值应很大。此外,还可粗测集成运放的最大输出电压 $\pm U_{om}$,方法是在器件开环时,将两个输入端接"地",另一个接入一个很小的电压,然后在测其输出电压即可,它应足够大,否则,器件易损坏。

若需要进一步了解某些参数,可采用专用的测试设备进行检查。

3. 消除自激振荡

由于集成运放内部晶体管的极间电容和其他寄生参数的影响,很容易产生自激振荡,破坏正常工作。可以用示波器观察输出端的电压波来判断有无自激振荡。如果电路存在自激振荡,当集成运放输入信号为零时,接在输出端的示波器的荧光屏上将显示出一条水平粗带,如图 11-21(a)所示;如有信号输入,则荧光屏上出现的信号波形上叠加有较高频率的振荡波形,如图 11-21(b)所示。

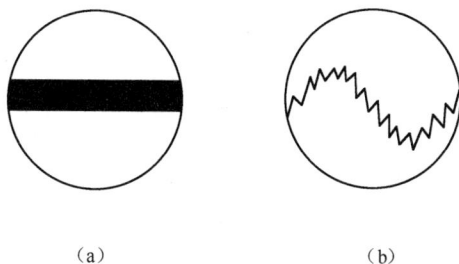

（a）　　　　　　　　（b）

图 11-21　自激振荡波形

消除自动振荡的办法通常是外接 RC 消振电路或电容。目前,由于集成工艺水平的提高,集成运放内部已有消振元件,无须外部消振。

4. 调零

集成运放在正常情况下,当输入电压 $u_i = 0$ 时,其输出电压 u_o 也为零,如不为零,就应进行调整。先消振,再调零。调零时应将电路接成负反馈闭环,将两个输入端接"地",调节集成运放外接的调零电位器 R_P,使输出电压为零。

在一般情况下,调节 R_P 后,都可使输出电压为零。但当集成质量欠佳,产生的失调电压过大,不能调零。这时可加大 R_P 的阻值,使之调节范围加大。此外,还应检查接线是否正确,接触是否良好。如果其输出电压是 $\pm U_{om}$ 而不能调零,这可能是由于负反馈作用不强所致,这时可用减小负反馈电阻 R_F 以加强负反馈作用的办法来解决。

5. 保护

为了集成运放的安全工作,防止因电源电压接反,输入电压过大,输出端短路或错接外部电压而造成集成运放损坏,可采用图 11-22 所示的保护措施。图中 D_1,D_2 为输入端保护;D_3,D_4 是电源极性错接保护;D_{Z1},D_{Z2} 和 R 是输出端保护。这些措施应视具体情况使用,不可一律照搬。

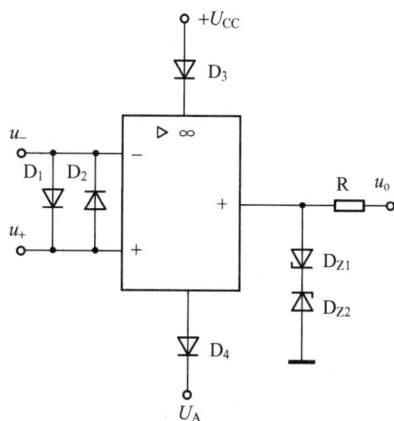

图 11-22　集成运放的保护

习　　题

11-1　在图 11-23 的运放电器中分别计算开关 S 断开和闭合的电压放大倍数 A_{uf}。

11-2　求图 11-24 运放的输出电压 u_{21}。

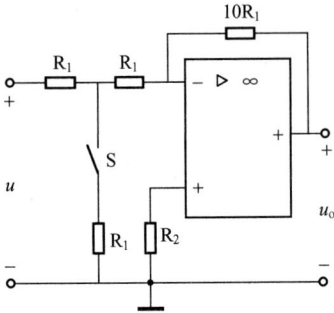

图 11-23　题 11-1 图　　　　　　图 11-24　题 11-2 图

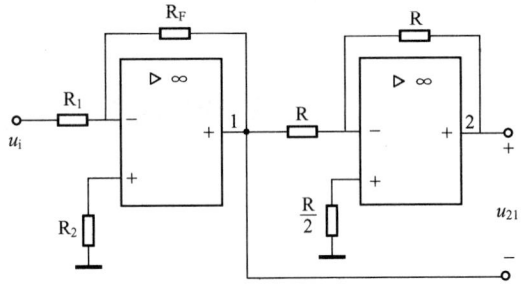

11-3　证明图 11-25 中运放的电压放大倍数 $A_{uF} = \dfrac{u_o}{u_i} = -\dfrac{1}{R_1}\left(R_{F1} + R_{F2} + \dfrac{R_{F1}R_{F2}}{R_{F3}}\right)$。

11-4　图 11-26 为电压-电流转换电路，试求 i_o 与 u_i 的关系。

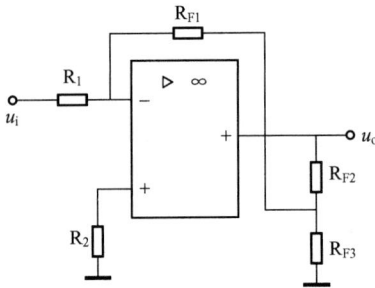

图 11-25　题 11-3 图　　　　　　图 11-26　题 11-4 图

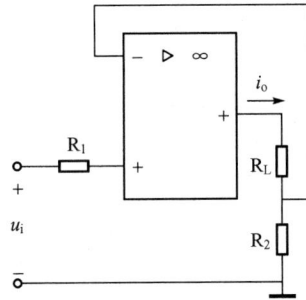

11-5　在图 11-27 中，已知 $R_F = 5R_1$，$U_i = 10$ mV，求 U_o 值。

11-6　在图 11-28 中，已知 $R_1 = 2$ kΩ，$R_F = 10$ kΩ，$R_2 = 2$ kΩ，$R_3 = 18$ kΩ，$U_i = 1$ V 求 U_o 值。

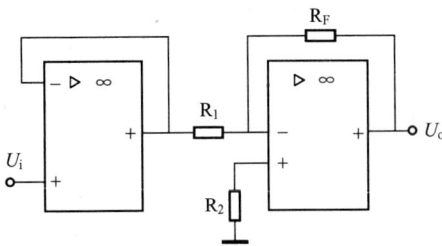

图 11-27　题 11-5 图　　　　　　图 11-28　题 11-6 图

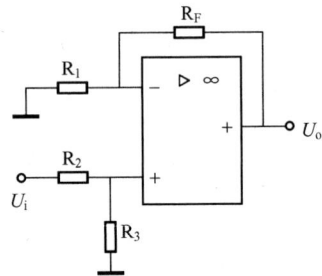

11-7　在图 11-29 中，已知 $U_i = 10$ mV，求 U_{o1}，U_{o2} 及 U_o。

11-8　在图 11-30 中,已知 $R_F = 2R_1$, $R_2 = R_3$,推导 u_o 与 u_i 的关系以及平衡电阻 R_3。

11-9　推导图 11-31 中,u_o 与 u_{i1}、u_{i2} 的关系。

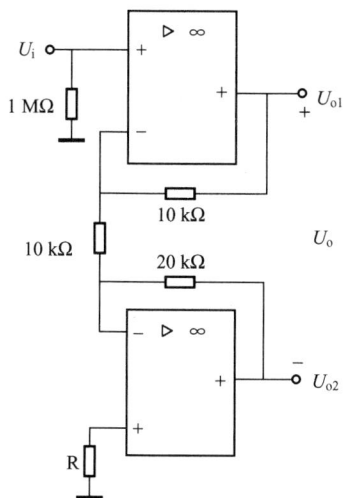

图 11-29　题 11-7 图

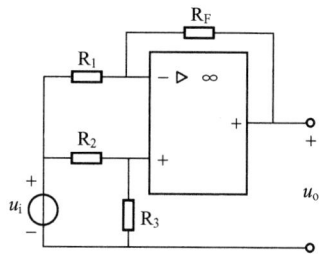

图 11-30　题 11-8 图

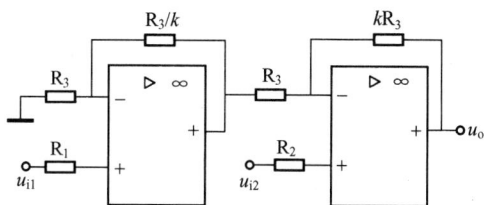

图 11-31　题 11-9 图

11-10　图 11-32 为同相端输入加法电路,已知 $R_1 = R_2$, $R_F = R_3$,求 u_o 与 u_{i1}、u_{i2} 的关系。

11-11　在图 11-33 中,求输出电压与各输入电压的关系。

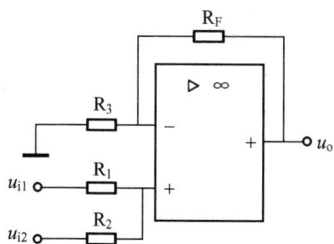

图 11-32　题 11-10 图

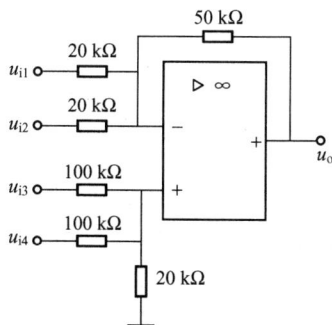

图 11-33　题 11-11 图

第 12 章　门电路和组合逻辑电路

本章要点

1. 了解数制与码制。
2. 掌握基本门电路的逻辑功能。
3. 学会分析组合逻辑门电路,理解组合逻辑电路的设计。
4. 了解常用组合逻辑器件。

12.1　数制与码制

12.1.1　数制

1. 各种计数体制及其表示方法

所谓数制就是计数的方法。在生产实践中,除了最常用的十进制外,人们还大量使用其他计数制,如二进制,八进制,十六进制等。

(1) 十进制。

十进制是以 10 为基数的计数体制。十进制数有 0、1、2、3、4、5、6、7、8、9 十个数码,其进位规则是逢十进一。

任意一个十进制数 D 可展开为

$$D = \sum_{i=-\infty}^{\infty} K_i 10^i \tag{12-1}$$

如:$(431.25)_{10} = 4 \times 10^2 + 3 \times 10^1 + 1 \times 10^0 + 2 \times 10^{-1} + 5 \times 10^{-2}$

(2) 二进制。

在数字电路中常采用的是二进制(Binary),因为二进制只有两个数码 0 和 1 可以直接与电路的两个状态(导通或截止)直接对应。二进制是以 2 为基数的计数体制,其进位规则是逢二进一。

如:$(101.01)_2 = 1 \times 2^2 + 0 \times 2^1 + 1 \times 2^0 + 0 \times 2^{-1} + 1 \times 2^{-2}$

（3）八进制和十六进制。

在数字系统中，二进制数位往往很长，读写不方便，一般采用八进制或十六进制对二进制数进行读和写。

八进制是以 8 为基数的计数体制，其进位规则是逢八进一。

如：$(354.2)_8 = 3 \times 8^2 + 5 \times 8^1 + 4 \times 8^0 + 2 \times 8^{-1}$

十六进制数是以 16 为基数的计数体制，其进位规律是逢十六进一。各位的系数为 0、1、2、3、4、5、6、7、8、9、A、B、C、D、E 和 F 十六个数码。

如：$(3BD.2)_{16} = 3 \times 16^2 + 11 \times 16^1 + 13 \times 16^0 + 2 \times 16^{-1}$

2. 数制之间的转换

（1）非十进制数转换为十进制数。

将非十进制数转换为十进制数，通常采用"按权展开运算法"，即将非十进制数的按权展开式按照十进制的规律进行运算，就可以得到等值的十进制数。

【例 12-1】 将 $(101.11)_2$ 转换成十进制数。

解：
$$(101.11)_2 = 1 \times 2^2 + 0 \times 2^1 + 1 \times 2^0 + 1 \times 2^{-1} + 1 \times 2^{-2}$$
$$= 4 + 0 + 1 + 0.5 + 0.25$$
$$= 5.75$$

（2）十进制数转换为非十进制数。

十进制整数和小数转换成非十进制数的方法是不同的。整数部分可以采用连除法，即将原十进制数连续除以转换计数体制的基数，每次除完所得的余数就作为要转换的系数。先得到的余数为转换数的低位，后得到高位，直到除得的商为 0 为止。十进制小数部分转换成非十进制小数可采用连乘法，即将原十进制纯小数乘以要转换出的数制的基数，取其积的整数部分作系数，剩余的纯小数部分再乘基数，先得到的整数作新数的高位，后得到的作低位，直至其纯小数部分为 0 或到一定精度为止。

【例 12-2】 将 $(27.75)_{10}$ 转换成二进制数。

解： 第一步：将整数部分 27 转换成二进制数

```
         余数
2 | 27
2 | 13   … 1
2 |  6   … 1
2 |  3   … 0
2 |  1   … 1
     0   … 1
```

即 $(27)_{10} = (11011)_2$

第二步：0.75 转换成二进制数

```
                    整数
0.75 × 2 = 1.5   … 1
0.5  × 2 = 1.0   … 1
```

即 $(0.75)_{10} = (0.11)_2$

所以 $(27.25)_{10} = (11011.11)_2$

12.1.2　码制

所谓码制是指用数字或字符进行的编码。常用的编码有多种,这里只介绍二—十进制编码。二—十进制码,或叫 BCD 码,是用二进制码表示的十进制数。由于十进制数有 0~9 共十个数码,所以用四位二进制码表示。我们知道四位二进制码共有十六种不同的组合(或叫状态),可以选取其中的任意十个组合代表 0~9 十个数字。这种表示方法成为编码,其方案有 290 亿种(16 取 10 的排列),但常用的只有几种,如表 12-1 所示,其中最常用的是 8421BCD 码。

表 12-1　几种常用的 BCD 码

十进制数	8421 码	2421 码	5421 码	余 3 码	格雷码
0	0000	0000	0000	0011	0000
1	0001	0001	0001	0100	0001
2	0010	0010	0010	0101	0011
3	0011	0011	0011	0110	0010
4	0100	0100	0100	0111	0110
5	0101	1011	1000	1000	0111
6	0110	1100	1001	1001	0101
7	0111	1101	1010	1010	0100
8	1000	1110	1011	1011	1100
9	1001	1111	1100	1100	1000

表中所列权值就是该编码方式相应各位的权,如 8421BCD 码,各位的权值分别为 8、4、2、1;2421BCD 码,各位的权值分别为 2、4、2、1 等;余 3BCD 码是 8421BCD 码的每个码组加 0011 形成;格雷码任何相邻的两个代码之间(包括首、尾两个代码)只有一位不同,其余各位均相同,因而格雷码也叫循环码,属于无权码。格雷码所具有的特点可以降低其产生错误的概率。

12.2　逻辑门电路

所谓门电路就是一种开关电路,其输入信号与输出信号之间存在着一种特定的逻辑(因果)关系,因此门电路又称为逻辑门电路。逻辑门电路分为基本逻辑门电路和复合逻辑门电路。

12.2.1　基本逻辑关系

基本的逻辑关系只有三种:逻辑与、逻辑或和逻辑非,与之相对应的基本门电路也有三种:与门、或门和非门。

1. 逻辑与

如图 12-1 所示电路,只有当开关 A 与开关 B 都闭合时,灯 Y 才亮;如果开关 A 或开关 B 中有一个不闭合,灯 Y 就不会亮。也就是说,当决定某一事件的所有条件都同时具备时,该事件才发生,否则就不发生,这种因果关系叫作逻辑与。

例如:用 1 表示开关 A、B 闭合和灯 Y 亮,即条件存在或事件发生,用 0 表示开关断开和灯 Y 灭,即条件不存在或事件不发生,则输入逻辑变量 A、B 与输出逻辑变量 Y 的关系可用逻辑表达式表示为

$$Y = A \cdot B \tag{12-2}$$

上式中"·"表示"与",读作"A 与 B"。在逻辑运算中,与逻辑称为逻辑乘。

与门具有两个或多个输入端,一个输出端。其逻辑符号如图 12-2 所示,为其简便,输入端只用 A 和 B 两个变量来表示。

另外,还可以把输入和输出变量所有相互对应的逻辑关系列在一个表格中,这种表格称为逻辑函数真值表,简称真值表,如表 12-2 所示。

当与门的输入全部为高电平时,输出才是高电平,否则为低电平。因此与门的逻辑规律为"有 0 出 0,全 1 出 1"。

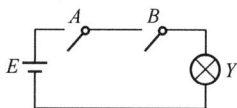

图 12-1　逻辑与关系　　　图 12-2　逻辑与符号

表 12-2　与门真值表

A	B	Y
0	0	0
0	1	0
1	0	0
1	1	1

2. 逻辑或

如图 12-3 所示电路,只要开关 A 或 B 中任一个闭合时,灯 Y 就亮;开关 A、B 都不闭合时,灯 Y 才不亮。也就是说,当决定某一事件发生的所有条件中,只要有一个或一个以上条件具备时,事件就会发生;当所有条件都不具备时,该事件才不发生,这种因果关系叫作逻辑或。

输入逻辑变量 A、B 与输出逻辑变量 Y 的关系用逻辑表达式表示为

$$Y = A + B \tag{12-3}$$

上式中"+"表示"或",读作"A 或 B"。在逻辑运算中,或逻辑称为逻辑加。

逻辑或也可以用逻辑符号、真值表表示,如上所示。

由此可知,或门的输入中有一个或一个以上为高电平时,输出就是高电平;输入全为低电平时,输出才是低电平。或门的逻辑规律为"有 1 出 1,全 0 出 0"。

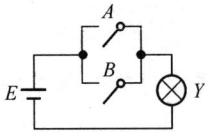

图 12-3　逻辑或关系　　　　图 12-4　逻辑或符号

表 12-3　或门真值表

A	B	Y
0	0	0
0	1	1
1	0	1
1	1	1

3. 逻辑非

如图 12-5 所示电路,当开关 A 闭合时,灯 Y 不亮;当开关 A 断开时,灯泡 Y 才亮。也就是说,当决定某事件发生的唯一条件不满足时,该事件就发生;而条件满足时,该事件反而不发生,这种因果关系叫作逻辑非,也称逻辑求反。

逻辑非用表达式关系表示为

$$Y = \overline{A} \tag{12-4}$$

上式读作"A 非"或"非 A"。在逻辑代数中,非逻辑称为"求反"。

非门只有一个输入端和一个输出端。其逻辑符号如图 12-6 所示。

逻辑非也可以用真值表表示,如表 12-4 所示。

非门的输出状态与输入状态相反,通常又称作反相器。非门的逻辑规律为"有 0 出 1,有 1 出 0"。

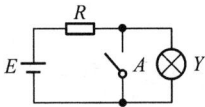

图 12-5　逻辑非关系　　　　图 12-6　逻辑非符号

表 12-4　非门真值表

A	Y
0	1
1	0

12.2.2　复合逻辑关系

在逻辑关系中,除了三种基本的逻辑关系外,还有复合逻辑关系,含有两种或两种以上逻辑运算的逻辑函数称为复合逻辑函数。最常见的复合逻辑关系有"与非"、"或非"、"异或"和"同或"。

1. 与非逻辑

逻辑表达式为

$$Y = \overline{A \cdot B} = \overline{AB} \tag{12-5}$$

与非逻辑符号如图 12-7 所示。与非逻辑真值表如表 12-5 所示。

2. 或非逻辑

逻辑表达式为

$$Y = \overline{A + B} \tag{12-6}$$

或非逻辑符号如图 12-8 所示。或非逻辑真值表如表 12-6 所示。

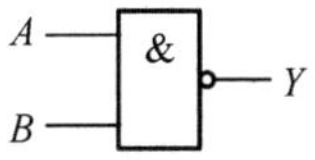

表 12-5 与非真值表

A B	Y
0 0	1
0 1	1
1 0	1
1 1	0

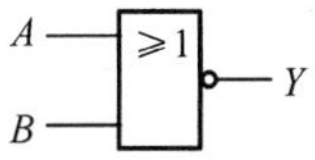

图 12-7 与非逻辑符号

表 12-6 或非真值表

A B	Y
0 0	1
0 1	0
1 0	0
1 1	0

图 12-8 或非逻辑符号

3. 异或逻辑

逻辑表达式为

$$Y = A \cdot \overline{B} + \overline{A} \cdot B = A \oplus B \qquad (12-7)$$

异或逻辑符号如图 12-9 所示。异或逻辑真值表如表 12-7 所示。

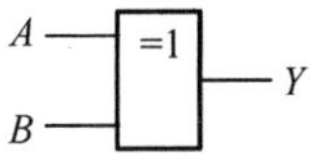

图 12-9 异或逻辑符号

表 12-7 异或真值表

A B	Y
0 0	0
0 1	1
1 0	1
1 1	0

4. 同或逻辑

逻辑表达式为

$$Y = A \cdot B + \overline{A} \cdot \overline{B} = A \odot B \qquad (12-8)$$

同或逻辑符号如图 12-10 所示。同或逻辑真值表如表 12-8 所示。

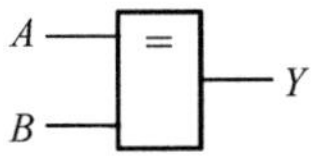

图 12-10 同或逻辑符号

表 12-8 同或真值表

A B	Y
0 0	1
0 1	0
1 0	0
1 1	1

12.3　逻辑代数基础

逻辑代数是研究逻辑电路的数学工具，它为分析和设计逻辑电路提供了理论基础。

根据三种基本逻辑运算,可推导出一些基本公式和定律,形成了一些运算规则,熟悉、掌握并且会运用这些规则,对于掌握数字电子技术十分重要。

虽然逻辑代数和普通代数一样也用字母表示变量,但是它们有着根本的区别,逻辑代数表示的是逻辑关系,而不是数量关系。逻辑代数中的逻辑变量取值只有 0 和 1 两种,而且 0 和 1 不同于普通代数中的 0 和 1,仅表示两种相互对立的逻辑状态,并不表示数量的大小。

12.3.1 基本公式

在逻辑代数中,与基本逻辑关系相对应的三种基本运算为与运算、或运算和非(求反)运算,0 和 1 之间的关系运算公式称为 0—1 律。

1. 与运算(逻辑乘)

$$0 \cdot 0 = 0 \qquad 0 \cdot 1 = 0 \qquad 1 \cdot 1 = 1$$
$$A \cdot 0 = 0 \qquad A \cdot 1 = A \qquad A \cdot A = A$$

2. 或运算(逻辑和)

$$0 + 0 = 0 \qquad 0 + 1 = 1 \qquad 1 + 0 = 1 \qquad 1 + 1 = 1$$
$$A + 0 = A \qquad A + 1 = 1 \qquad A + A = A$$

3. 非运算(求反运算)

$$\overline{0} = 1 \qquad \overline{1} = 0$$
$$A + \overline{A} = 1 \qquad A \cdot \overline{A} = 0 \qquad \overline{\overline{A}} = A$$

12.3.2 基本定律

逻辑代数不仅有与普通代数相似的交换律、结合律和分配律,而且还有一些特殊的定律,其常用的定律如下。

1. 交换律

$$A \cdot B = B \cdot A \qquad A + B = B + A$$

2. 结合律

$$(A \cdot B) \cdot C = A \cdot (B \cdot C)$$
$$(A + B) + C = A + (B + C)$$

3. 分配律

$$A \cdot (B + C) = A \cdot B + A \cdot C$$
$$A + BC = (A + B)(A + C)$$

4. 重叠律(同一律)

$$A \cdot A = A \qquad A + A = A$$

5. 互补律

$$A \cdot \overline{A} = 0 \qquad A + \overline{A} = 1$$

6. 德·摩根定律(反演律)

$$\overline{A \cdot B} = \overline{A} + \overline{B} \qquad \overline{A + B} = \overline{A} \cdot \overline{B}$$

7. 吸收律

$$A \cdot (A+B) = A \qquad A + AB = A \quad A + \overline{A}B = A + B \quad AB + \overline{A}C + BCD = AB + \overline{A}C$$

12.3.3　逻辑函数的公式化简法

逻辑函数的公式化简法实质就是代数化简法,即利用逻辑代数的基本公式和定律消去多余的乘积项和每个乘积项中多余的因子,以求得逻辑函数的最简式。

【例 12-3】　试证明:$F = \overline{A}\,\overline{B} + \overline{B}\,\overline{C} + BC + AB = AB + \overline{B}\,\overline{C} + AC$

证明:
$$\begin{aligned}
F &= \overline{A}\,\overline{B} + \overline{B}\,\overline{C} + BC + AB \\
&= \overline{A}\,\overline{B}(C+\overline{C}) + \overline{B}\,\overline{C} + BC(A+\overline{A}) + AB \\
&= \overline{A}\,\overline{B}C + \overline{A}\,\overline{B}\,\overline{C} + \overline{B}\,\overline{C} + ABC + \overline{A}BC + AB \\
&= (ABC + AB) + (\overline{A}\,\overline{B}\,\overline{C} + \overline{B}\,\overline{C}) + (\overline{A}\,\overline{B}C + \overline{A}BC) \\
&= AB + \overline{B}\,\overline{C} + AC
\end{aligned}$$

【例 12-4】　化简下列逻辑函数表达式。

$$Y = AD + A\overline{D} + AB + \overline{A}C + BD + ACEF + \overline{B}E + DEF$$

解:
$$\begin{aligned}
Y &= AD + A\overline{D} + AB + \overline{A}C + BD + ACEF + \overline{B}E + DEF \\
&= A + AB + \overline{A}C + BD + ACEF + \overline{B}E + DEF \\
&= A + \overline{A}C + BD + \overline{B}E + DEF \\
&= A + C + BD + \overline{B}E + DEF \\
&= A + C + BD + \overline{B}E
\end{aligned}$$

12.4　组合逻辑电路的分析与设计

组合逻辑电路(组合电路)是指在任何时刻电路输出状态只取决于该时刻的输入状态,而与电路的过去状态无关的电路。组合逻辑电路由逻辑门电路组成,该电路没有记忆元件,也没有从输出到输入的反馈回路。

组合逻辑电路可以有一个或多个输入端,也可以有一个或多个输出端,如图 12-11 所示。

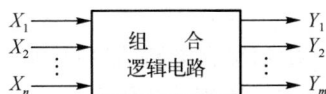

图 12-11　组合逻辑电路的示意框图

12.4.1　组合逻辑电路的分析

组合逻辑电路的分析,就是根据已知的逻辑电路图,找出输出变量和输入变量之间的逻辑关系(即电路的逻辑功能)。

组合逻辑电路的分析步骤如下:

(1) 根据逻辑电路图写出输出函数逻辑表达式,并化简。

(2) 根据函数逻辑表达式列出真值表。

(3) 分析逻辑功能。

【例 12-5】　试分析如图 12-12 所示组合逻辑电路。

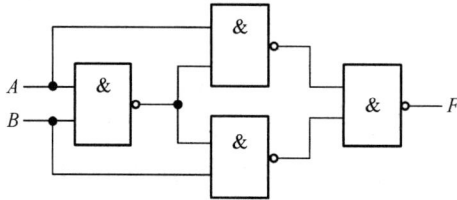

图 12-12　例 12-5 图

解:(1) 根据逻辑图,写出 F 的逻辑表达式如下。

$$
\begin{aligned}
F &= \overline{\overline{A \cdot \overline{AB}} \cdot \overline{B \cdot \overline{AB}}} \\
&= \overline{\overline{A \cdot \overline{AB}}} + \overline{\overline{B \cdot \overline{AB}}} \\
&= A \cdot \overline{AB} + B \cdot \overline{AB} \\
&= A \cdot (\overline{A} + \overline{B}) + B \cdot (\overline{A} + \overline{B}) \\
&= A\,\overline{B} + \overline{A}B
\end{aligned}
$$

(2) 根据上式,列出真值表(见表 12-9)。

表 **12-9**　**真值表**

A	B	F
0	0	0
0	1	1
1	0	1
1	1	0

(3) 分析逻辑功能。

由真值表看出,输入相同输出为 0,输入相异输出为 1,因此为"异或"逻辑关系。这种电路是"异或"门。

【例 12-6】　试分析图 12-13 所示组合电路的逻辑功能。

解:(1) 根据逻辑图,写出 F 的逻辑表达式为:

$$
F = \overline{\overline{AB} \cdot \overline{AC} \cdot \overline{BC}}
$$

(2) $F = \overline{\overline{AB} \cdot \overline{AC} \cdot \overline{BC}}$

变换为

$$F = AB + AC + BC$$

（3）根据上式,列出真值表（见表 12-10）。

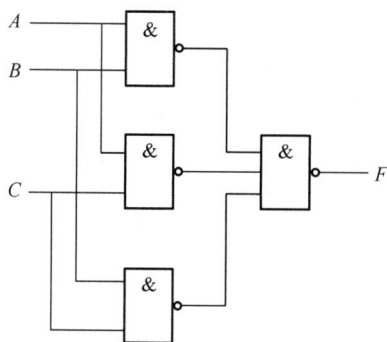

图 12-13　例 12-6 图

表 12-10　真值表

A	B	C	F
0	0	0	0
0	0	1	0
0	1	0	0
0	1	1	1
1	0	0	0
1	0	1	1
1	1	0	1
1	1	1	1

（4）分析逻辑功能:由真值表看出,三个输入变量 A、B、C 中只有两个及两个以上变量取值为 1 时,输出才为 1,因此该组合电路可实现多数表决逻辑功能。

12.4.2　组合逻辑电路的设计

组合逻辑电路的设计过程正好与组合逻辑电路的分析过程相反,组合逻辑电路的设计是根据已知的逻辑功能,求出实现这一逻辑功能的最佳逻辑电路。

组合逻辑电路的设计步骤如下。

（1）根据电路的逻辑功能文字描述,列出能表达输入与输出变量逻辑关系的真值表;

（2）根据真值表写出逻辑函数表达式并化简;

（3）根据最终的逻辑函数表达式画出该电路的逻辑电路图。

【例 12-7】　试用与非门设计一个组合逻辑电路,该电路由控制变量 K 控制一位二进制数码的输出形式,当 $K=0$ 时输出原码,$K=1$ 时输出反码。

解:(1) 由逻辑功能要求可知,设控制变量为 K,输入变量为 A,输出变量为 F,列真值表如表 12-11 所示。

（2）根据真值表,写出函数表达式。

$$F = \overline{A} \cdot K + A \cdot \overline{K} = \overline{\overline{\overline{A} \cdot K} \cdot \overline{A \cdot \overline{K}}}$$

（3）根据函数表达式画出逻辑电路图,如图 12-14 所示。

表 12-11　真值表

K	A	F
0	0	0
0	1	1
1	0	1
1	1	0

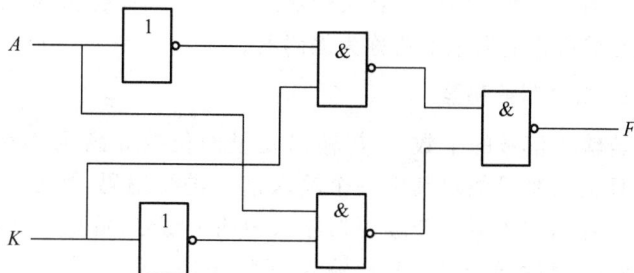

图 12-14　例 12-7 图

【例 12-8】 试设计一个监视交通信号灯工作状态的逻辑电路。每一组交通信号灯由红、黄、绿三盏灯组成,在正常工作情况下,任何时刻只有一盏灯亮,当交通信号灯出现其他点亮状态时,要求电路发出故障信号,以提醒工作人员去维修。

解:(1) 由逻辑功能要求可知,设输入变量为 R(红灯)、Y(黄灯)和 G(绿灯),输出变量为 F,灯亮为 1,灯不亮为 0,正常工作状态为 0,故障状态为 1,列真值表如表 12-12 所示。

(2) 根据真值表,写出函数表达式。

$$F = \bar{R}\,\bar{Y}\,G + \bar{R}YG + R\,\bar{Y}G + RY\bar{G} + RYG$$

化简逻辑式可得:$F = \bar{R}\,\bar{Y}\,\bar{G} + RY + RG + YG$

(3) 根据函数表达式画出逻辑电路图,如图 12-15 所示。

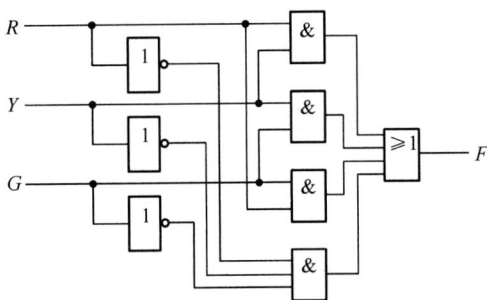

图 12-15　例 12-8 图

表 12-12　真值表

R	Y	G	F
0	0	0	1
0	0	1	0
0	1	0	0
0	1	1	1
1	0	0	0
1	0	1	1
1	1	0	1
1	1	1	1

12.5　常用的组合逻辑电路

在数字集成产品中有许多具有特定组合逻辑功能的数字集成器件,称为组合逻辑器件(部件),下面介绍几种常用的组合逻辑器件。

12.5.1　编码器

所谓编码就是将特定含义的输入信号(文字、数字、符号)转换成二进制代码的过程。实现编码操作的数字电路称为编码器。

1. 二进制编码器

若输入信号的个数 N 与输出变量的位数 n 满足 $N = 2^n$,此电路称为二进制编码器。任何时刻只能对其中一个输入信息进行编码,即输入的 N 个信号是互相排斥的,它属于普通编码器。若编码器输入为四个信号,输出为两位代码,则称为 4 线 2 线编码器(或 4/2 线编码器)。假设输入为 I_0、I_1、I_2、I_3 四个信息,输出为 Y_0、Y_1,当对 I_i 编码时为 1,不编码为 0,并依此按 I_i 下角标的值与 Y_0、Y_1 二进制代码的值相对应进行编码。编码表如表 12-13 所示。

化简,得到逻辑式

$$Y_0 = I_1 + I_3$$
$$Y_1 = I_2 + I_3$$

画编码器电路如图 12-16 所示。

表 12-13　4/2 线编码器编码装

输入				输出	
I_0	I_1	I_2	I_3	Y_1	Y_0
1	0	0	0	0	0
0	1	0	0	0	1
0	0	1	0	1	0
0	0	0	1	1	1

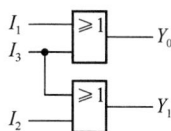

图 12-16　4 线 2 线编码器

2. 非二进制编码器(以二-十进制编码器为例)

二-十进制编码器是指用四位二进制代码表示一位十进制数的编码电路,也称 10 线－4 线编码器。最常见是 8421 BCD 码编码器,如图 12-17 所示。其中,输入信号 $I_0 \sim I_9$ 代表 $0 \sim 9$ 共 10 个十进制信号,输出信号 $Y_0 \sim Y_3$ 为相应二进制代码。

由图 12-17 可以写出各输出逻辑函数式为:

$$Y_3 = \overline{\overline{I_9}\ \overline{I_8}}$$
$$Y_2 = \overline{\overline{I_7}\ \overline{I_6}\ \overline{I_5}\ \overline{I_4}}$$
$$Y_1 = \overline{\overline{I_7}\ \overline{I_6}\ \overline{I_3}\ \overline{I_2}}$$
$$Y_0 = \overline{\overline{I_9}\ \overline{I_7}\ \overline{I_5}\ \overline{I_3}\ \overline{I_1}}$$

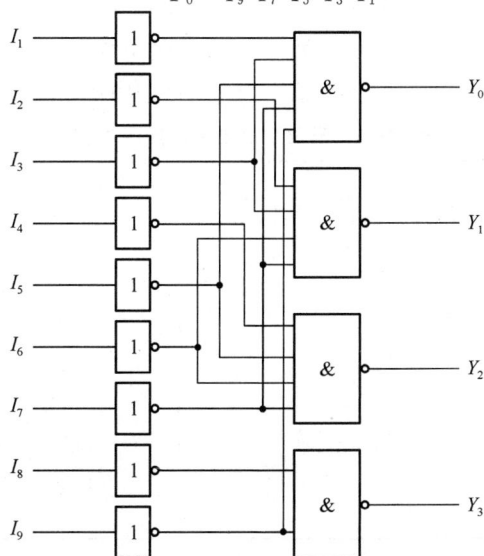

图 12-17　B421BCD 码编码器

根据逻辑函数式列出功能表如表 12-14 所示。

图 12-18 用方框图表示此编码器。

表 12-14　8421 BCD 码编码器功能表

输　入										输　出			
I_0	I_1	I_2	I_3	I_4	I_5	I_6	I_7	I_8	I_9	Y_3	Y_2	Y_1	Y_0
1	0	0	0	0	0	0	0	0	0	0	0	0	0
0	1	0	0	0	0	0	0	0	0	0	0	0	1
0	0	1	0	0	0	0	0	0	0	0	0	1	0
0	0	0	1	0	0	0	0	0	0	0	0	1	1
0	0	0	0	1	0	0	0	0	0	0	1	0	0
0	0	0	0	0	1	0	0	0	0	0	1	0	1
0	0	0	0	0	0	1	0	0	0	0	1	1	0
0	0	0	0	0	0	0	1	0	0	0	1	1	1
0	0	0	0	0	0	0	0	1	0	1	0	0	0
0	0	0	0	0	0	0	0	0	1	1	0	0	1

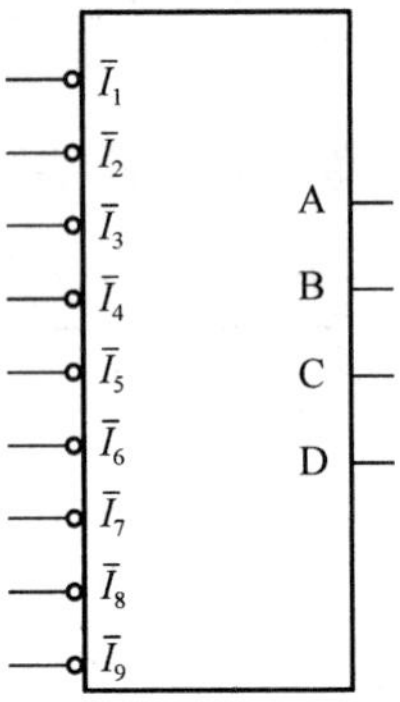

图 12-18　编码器方框图

12.5.2　译码器

译码是编码的逆过程,即将每一组输入二进制代码"翻译"成为一个特定的输出信号。实现译码功能的数字电路称为译码器。

1. 二进制译码器

例如,要把输入的一组三位二进制代码译成对应的八个输出信号,其译码过程如下。

(1) 列出译码器的状态表。

设输入三位二进制代码为 ABC,输出八个信号低电平有效,设为 $\overline{Y}_0 - \overline{Y}_7$。每个输出代表输入的一组组合,并设 ABC=000 时,$\overline{Y}_0 = 0$,其余输出为 1;ABC=001 时,$\overline{Y}_1 = 0$,其余输出为 1;……;ABC=111 时,$\overline{Y}_7 = 0$,其余输出为 1,则列出的状态表如表表 12-15 所示。

表 12-15　三位二进制译码器器功能表

输入			输出							
A	B	C	$\overline{Y}_0$	$\overline{Y}_1$	$\overline{Y}_2$	$\overline{Y}_3$	$\overline{Y}_4$	$\overline{Y}_5$	$\overline{Y}_6$	$\overline{Y}_7$
0	0	0	0	1	1	1	1	1	1	1
0	0	1	1	0	1	1	1	1	1	1
0	1	0	1	1	0	1	1	1	1	1
0	1	1	1	1	1	0	1	1	1	1
1	0	0	1	1	1	1	0	1	1	1
1	0	1	1	1	1	1	1	0	1	1
1	1	0	1	1	1	1	1	1	0	1
1	1	1	1	1	1	1	1	1	1	0

（2）由状态表写出逻辑式。

$\overline{Y}_0 = \overline{\overline{A}\,\overline{B}\,\overline{C}}$ $\overline{Y}_1 = \overline{\overline{A}\,\overline{B}\,C}$ $\overline{Y}_2 = \overline{\overline{A}\,B\,\overline{C}}$ $\overline{Y}_3 = \overline{\overline{A}BC}$ $\overline{Y}_4 = \overline{A\,\overline{B}\,\overline{C}}$

$\overline{Y}_5 = \overline{A\,\overline{B}\,C}$ $\overline{Y}_6 = \overline{AB\,\overline{C}}$ $\overline{Y}_7 = \overline{ABC}$

（3）由逻辑式画出逻辑图（如图 12-19 所示）

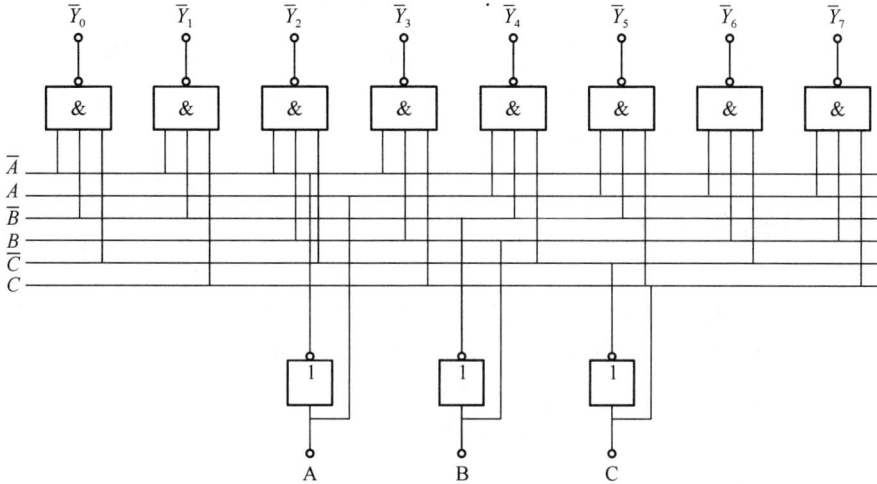

图 12-19 三位二进制译码器

这种三位二进制译码器也称为 3/8 线译码器，最常用的是 CT74LS138 型译码器。

2. 显示译码器

显示译码器常见的是数字显示电路，它通常由译码器、驱动器和显示器等部分组成。

数码显示器按显示方式有分段式、字形重叠式、点阵式。其中，七段显示器应用最普遍。图 12-20（a）所示的半导体发光二极管显示器是数字电路中使用最多的显示器，它有共阳极和共阴极两种接法。共阳极接法（见图 12-20（c））是各发光二极管阳极相接，对应极接低电平时亮。图 12-20（b）所示为发光二极管的共阴极接法，共阴极接法是各发光二极管的阴极相接，对应极接高电平时亮。

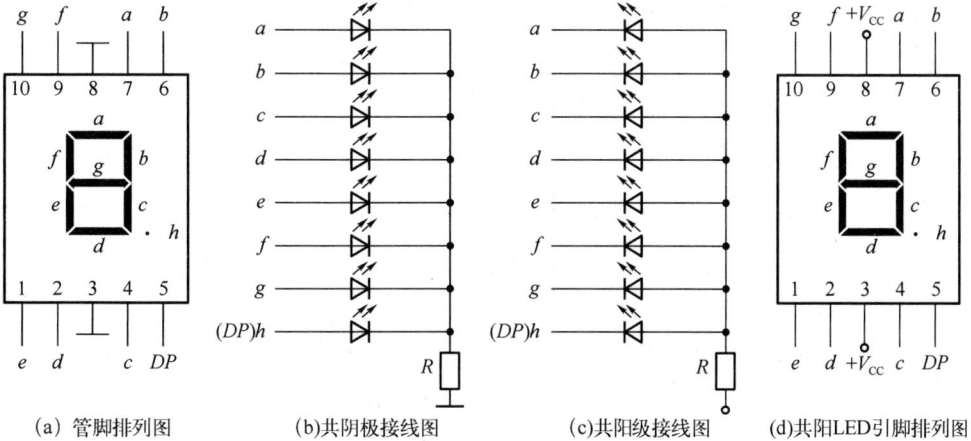

(a) 管脚排列图　　　(b)共阴极接线图　　　(c)共阳级接线图　　　(d)共阳LED引脚排列图

图 12-20 半导体显示器

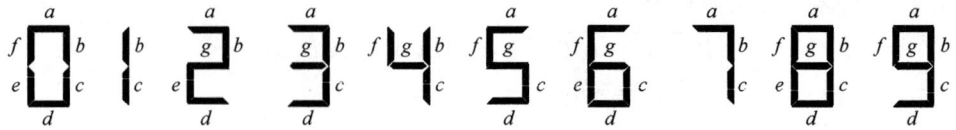

图 12-21 七段数字显示器发光段组合图

供 LED 显示器用的显示译码器有多种型号可供选用。显示译码器有 4 个输入端,7 个输出端,它将 8421 代码译成 7 个输出信号以驱动七段 LED 显示器。常用型号有 74LS247,SN7448,CC4511 等。

12.5.3　数据选择器

数据选择器(简称 MUX)是按要求从多路输入选择一路输出,根据输入端的个数分为四选一、八选一等等。其功能如图 12-22 所示的单刀多掷开关。

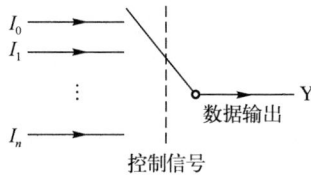

图 12-22　数据选择器示意图

如图 12-23 所示是四选一选择器的逻辑图和符号图。其中 A_1、A_0 为控制数据准确传送的地址输入信号,$D_0 \sim D_3$ 供选择的电路并行输入信号,$\overline{E}$ 为选通端或使能端,低电平有效。当 $\overline{E}=1$ 时,选择器不工作,禁止数据输入。$\overline{E}=0$ 时,选择器正常工作允许数据选通。由图可写出四选一数据选择器输出逻辑表达式。

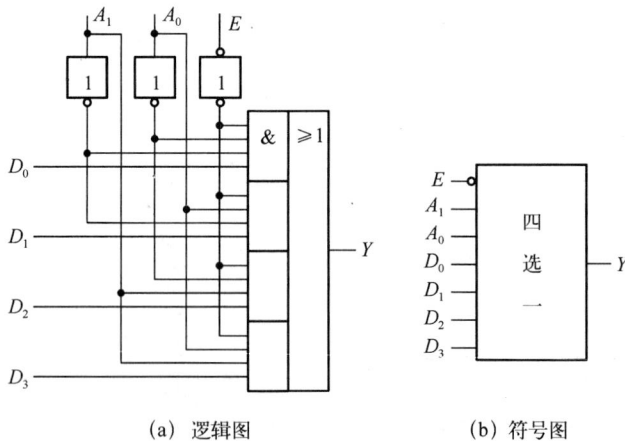

(a)　逻辑图　　　　　　　(b)　符号图

图 12-23　四选一数据选择器

$$Y = (\overline{A}\,\overline{B}D_0 + \overline{A}BD_1 + A\,\overline{B}D_2 + ABD_3)\overline{E}$$

由逻辑表达式可列出功能表如表 12-16 所示。

表 **12-16** 四选一功能表

输 入			输出
$\overline{E}$	A_1	A_2	Y
1	$\times$	$\times$	0
0	0	0	D_0
0	0	1	D_1
0	1	0	D_2
0	1	1	D_3

由此得逻辑图,如图 12-23 所示。

习　题

12-1　将下列各数转换成二进制数。

(1) $(28)_{10}$　　　　　　(2) $(36)_{10}$　　　　　　(3) $(15A)_{16}$

12-2　将下列二进制数转换成十进制。

(1) 10110101　　　　(2) 10101.11　　　　(3) 11010110

12-3　数字电路中的三种基本逻辑门电路是什么?逻辑代数的三种基本逻辑运算是什么?

12-4　逻辑电路如图 12-24 所示,该电路实现的逻辑关系是什么?

图 12-24　习题 12-4

12-5　证明:

(1) $AB + \overline{A}C + (\overline{B} + \overline{C})D = AB + \overline{A}C + D$

(2) $\overline{A} \cdot \overline{C} + \overline{A} \cdot \overline{B} + \overline{A} \cdot C \cdot \overline{D} + BC = \overline{A} + BC$

(3) $\overline{\overline{AB} \cdot \overline{B} + D} \cdot \overline{CD} + BC + \overline{A} \cdot \overline{\overline{B}\,\overline{D}} + A + \overline{CD} = 1$

12-6　化简下列逻辑函数表达式。

(1) $F = A\overline{B}\,C + \overline{A} \cdot \overline{C}D + A\overline{C}$

(2) $F = (A + B)(A + B + C)(\overline{A} + C)(B + C + D)$

(3) $F = \overline{\overline{AC} + \overline{B}C} + B(A\overline{C} + \overline{A}C)$

12-7　试分析如图 12-25 所示组合逻辑电路。

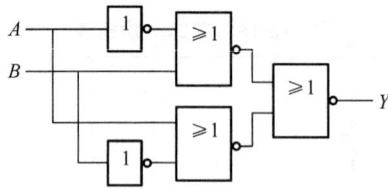

图 12-25　习题 12-7

12-8　写出图 12-26 所示组合逻辑电路的逻辑表达式,列出真值表并说明其实现的功能。

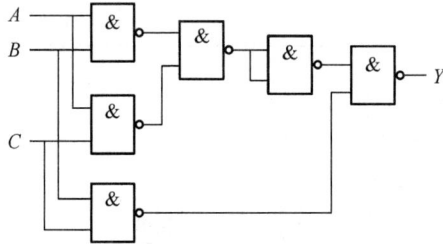

图 12-26　习题 12-8

12-9　试用异或门和与非门设计一个给各车间配电的逻辑电路。现有 A、B、C 三个车间,三个车间经常不同时工作,每个车间各需 15 kW 的电能,这三个车间由两台发电机组供电,其中一台发电机组的功率为 15 kW,另一台功率为 30 kW。要求能够根据各车间的工作情况,以最节约电能的方式自动完成配电任务。

12-10　试设计一个三输入的"一致电路"的逻辑电路。要求当 3 个输入变量全部为"0"或全部为"1"时输出为"1",否则为"0"。

12-11　某编码器的真值表如表 12-17 所示,试分析其工作情况:

(1) 是几线编码器?

(2) 编码信号高电平还是低电平有效?

(3) 编码信号 $K_0 \sim K_7$ 间有何约束条件? (4) 当 K_5 信号请求编码时,$Y_1 Y_2 Y_3 =$?

表 12-17　题 12-11 编码器的真值表

K_0	K_1	K_2	K_3	K_4	K_5	K_6	K_7	Y_1	Y_2	Y_3
1	0	0	0	0	0	0	0	0	0	0
0	1	0	0	0	0	0	0	0	0	1
0	0	1	0	0	0	0	0	0	1	0
0	0	0	1	0	0	0	0	0	1	1
0	0	0	0	1	0	0	0	1	0	0
0	0	0	0	0	1	0	0	1	0	1
0	0	0	0	0	0	1	0	1	1	0
0	0	0	0	0	0	0	1	1	1	1

(设未列出的输入组合不能出现)。

第 13 章 触发器和时序逻辑电路

本章要点

1. 熟悉 RS 触发器、JK 触发器、D 触发器的结构和工作原理。
2. 了解计数器、寄存器的结构和工作原理。
3. 掌握 555 定时器的工作原理和典型应用。

13.1 触 发 器

触发器是构成时序逻辑电路的基本单元。其种类很多,根据电路形式不同可分为基本触发器、主从触发器、维持阻塞触发器、CMOS 边沿触发器等。根据功能可分为 RS、JK、D、T 等触发器。所有触发器都具备两个基本特点:具有两个能自行保持的稳定状态;根据不同的输入信号可以置成 1 或 0 状态。

13.1.1 基本 RS 触发器

1. 电路组成和符号

基本 RS 触发器的逻辑图和符号如图 13-1 所示。电路由两个与非门 G_1、G_2 的输入、输出端交叉连接而成。$\overline{R}$ 和 $\overline{S}$ 是信号输入端,低电平有效。Q 和 $\overline{Q}$ 是信号输出端。在正常情况下,这两个输出端总是互补输出的。一般规定以 Q 的状态作为触发器的状态,即当 $Q=1$,$\overline{Q}=0$ 时,称为触发器的 1 状态;当 $Q=0$,$\overline{Q}=1$ 时,称为触发器的 0 状态。

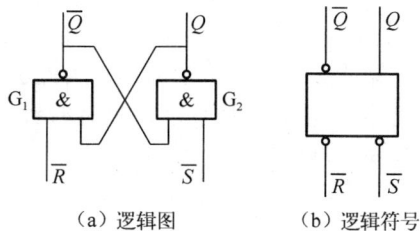

（a）逻辑图　　　　（b）逻辑符号

图 13-1　基本 RS 触发器的逻辑图和符号

2. 工作原理

（1）当 $\overline{R}=0,\overline{S}=1$ 时，有 $Q=0,\overline{Q}=1$。由于与非门 G_2 的输出端 Q 反馈连接到与非门 G_1 的输入端，因此即使 $\overline{R}=0$ 信号消失（即 $\overline{R}$ 回到1），电路仍能保持0状态不变。$\overline{R}$ 端加入有效的低电平使触发器置0，故称 $\overline{R}$ 端为置0端。

（2）当 $\overline{R}=1,\overline{S}=0$ 时，有 $Q=1,\overline{Q}=0$。因为 $\overline{Q}=0$，所以在 $\overline{S}=0$ 信号消失后，电路仍能保持1状态。$\overline{S}$ 端加入有效的低电平输入使触发器置1，故称 $\overline{S}$ 端为置1端。

（3）当 $\overline{R}=\overline{S}=1$ 时，电路维持原来的状态不变。例如 $Q=0,\overline{Q}=1$，与非门 G_1 由于 $Q=0$ 而保持1，与非门 G_2 则由于 $\overline{Q}=1,\overline{S}=1$ 而继续为0。体现了触发器的记忆功能。

（4）当 $\overline{R}=\overline{S}=0$ 时，$Q=\overline{Q}=1$。违反了 Q 和 $\overline{Q}$ 状态互补的逻辑要求，是一种不正常状态。若该状态结束后，若 $\overline{R}$ 和 $\overline{S}$ 都没有有效信号输入，即为 $\overline{R}=\overline{S}=1$，则触发器是0状态还是1状态将无法确定，故称为不定状态。因此正常工作时，是不允许 $\overline{R}$ 和 $\overline{S}$ 同时为0的，并以此作为输入端加信号的约束条件。

综上分析，可列出基本 RS 触发器的逻辑功能表，又称状态真值表，如表13-1所示。规定触发器在接收信号之前所处的状态，称为现态，用 Q^n 表示；触发器在接收信号之后建立的新的稳定状态，称为次态用 Q^{n+1} 表示。根据工作原理的分析也可以列出如表13-2所示的简化表。

表 13-1 基本 RS 触发器的真值表

$\overline{R}$	$\overline{S}$	Q^n	Q^{n+1}
0	0	0	$\times$
0	0	1	$\times$
0	1	0	0
0	1	1	0
1	0	0	1
1	0	1	1
1	1	0	0
1	1	1	1

表 13-2 简化基本 RS 触发器真值表

$\overline{R}$	$\overline{S}$	Q^{n+1}	说明
0	0	$\times$	不定
0	1	0	置0
1	0	1	置1
1	1	Q^n	保持

13.1.2 同步 RS 触发器

基本 RS 触发器的状态是由输入端信号直接控制的。在实际使用中，触发器的状态不仅由输入控制，还要求触发器能按一定的节拍动作。为此引入了决定动作时间的信号，称为时钟脉冲或时钟信号，简称时钟，用 CP 表示。只有时钟信号出现后，触发器的状态才能改变，这样的触发器称为同步触发器。

1. 电路组成和符号

同步触发器结构如图13-2所示。它由基本 RS 触发器和两个引入输入及时钟脉冲的与非门构成。

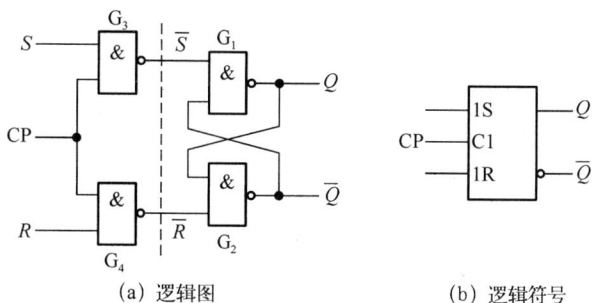

(a) 逻辑图　　　　　　　　　　　(b) 逻辑符号

图 13-2　同步 RS 触发器的逻辑电路和符号

2. 工作原理

(1) 当 CP＝0 时,与非门 G_3、G_4 被封锁,输出均为 1($\overline{R}=\overline{S}=1$),触发器保持原态。

(2) 当 CP＝1 时,打开 G_3、G_4 门,输入信号 R、S 经反相后加到基本 RS 触发器上,使 Q 和 $\overline{Q}$ 的状态跟随 R、S 的状态改变而改变。

由上可见,CP＝1 时,同步 RS 触发器的真值表如表 13-3 所示。

表 13-3　同步 RS 触发器的真值表

R	S	Q^{n+1}	说明
0	0	Q^n	保持
0	1	1	置 1
1	0	0	置 0
1	1	×	不定

如已知 CP、R、S 的波形,可画出同步 RS 触发器的工作波形如图 13-3 所示。

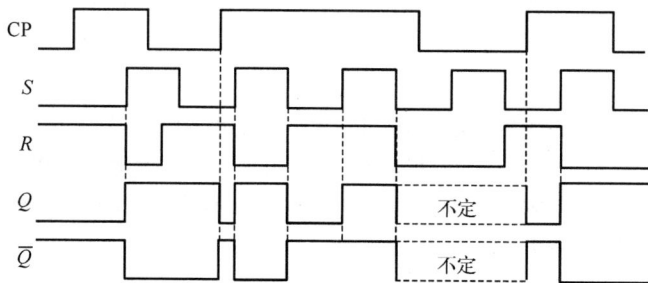

图 13-3　同步 RS 触发器的波形图

13.1.3　主从 JK 触发器

1. 电路组成和符号

主从 JK 触发器是由两个 RS 触发器串联组成,如图 13-4 所示。前级称为主触发器,后级称为从触发器。其中 CP 为时钟信号输入端。CP 端的"＞"符号表示触发器是边沿触发的,靠近方框处的小圆圈表明该触发器是下降沿触发的。J、K 为输入信号。Q、$\overline{Q}$ 为输出。$\overline{S_D}$ 和 $\overline{R_D}$ 是异步置 1 和异步置 0 输入端。

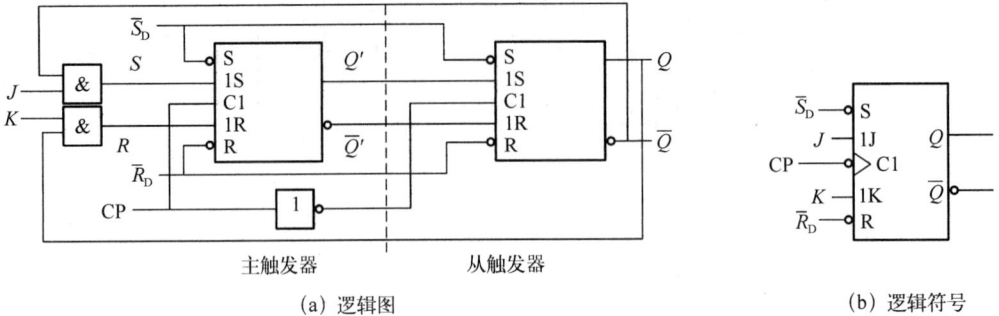

(a) 逻辑图　　　　　　　　　　　　　　　　　(b) 逻辑符号

图 13-4　主从 JK 触发器的逻辑电路和符号

2. 工作原理

(1) $J=1,K=1$。

设时钟脉冲来到之前,即 CP$=0$ 时,触发器的初始状态为"0"态,这时主触发器的 $S=J\overline{Q}=1,R=KQ=0$。当时钟脉冲来到后,即 CP$=1$ 时,由于主触发器的 $S=1$ 和 $R=0$,故翻转为"1"态。当 CP 从"1"下跳为"0"时,由于这时从触发器的 $S=1$ 和 $R=0$,它也就翻转为"1"态。反之,设初始状态为"1"态,这时主触发器的 $S=0$ 和 $R=1$,当 CP$=1$ 时,它翻转为"0"态;当 CP 下跳为"0"时,从触发器也翻转为"0"态。可见 JK 触发器在 $J=K=1$ 的情况下,来一个时钟脉冲,就使它翻转一次。这表明,在这种情况下,触发器具有计数功能。

(2) $J=0,K=0$。

设触发器的初始状态为"0"态。当 CP$=1$ 时,由于主触发器的 $S=0$ 和 $R=0$,它的状态保持不变。当 CP 下跳时,由于从触发器的 $S=0$,$R=1$,也保持原态不变。如果初始状态为"1"态,也保持原态不变。

(3) $J=1,K=0$。

设触发器的初始状态为"0"态。当 CP$=1$ 时,由于主触发器的 $S=1$ 和 $R=0$,故翻转为"1"态。当 CP 下跳时,由于从触发器的 $S=1$ 和 $R=0$,故也翻转为"1"态。如果初始状态为"1"态,主触发器由于 $S=0$ 和 $R=0$,当 CP$=1$ 时保持原态不变;从触发器由于 $S=1$ 和 $R=0$,当 C 下跳时也保持"1"态不变。

(4) $J=0,K=1$。

不论触发器原来处于什么状态,下一个状态一定是"0"态。

JK 触发器的逻辑功能表见表 13-4。表 13-5 为正常工作时 JK 触发器的简化真值表。显然,JK 触发器在 CP 控制下,根据输入信号的不同情况,具有置 1、置 0、保持和翻转四种功能。

根据 JK 触发器的真值表,画出的波形图如图 13-5 所示。设触发器的初始状态为 0。在画边沿触发器的波形图时,应注意两点。

(1) 触发器的触发翻转发生在时钟脉冲的触发沿(下降沿)。

(2) 判断触发器次态的依据是时钟脉冲触发沿前一瞬间(下降沿前一瞬间)输入端的

状态。而在 CP 周期的其他时刻,触发器的状态因无触发信号而保持不变。

表 13-4　主从 JK 触发器的真值表

$\overline{S_D}$	$\overline{R_D}$	CP	J	K	Q^n	Q^{n+1}
0	1	×	×	×	×	1
1	0	×	×	×	×	0
1	1	↓	0	0	0	0
			0	0	1	1
			0	1	0	0
			0	1	1	0
			1	0	0	1
			1	0	1	1
			1	1	0	1
			1	1	1	0

表 13-5　JK 触发器的简化真值

J	K	Q^{n+1}	说明
0	0	Q^n	保持
0	1	0	置 0
1	0	1	置 1
1	1	$\overline{Q^n}$	翻转

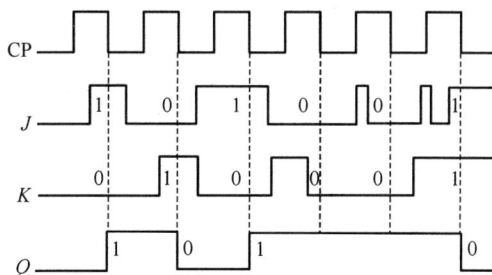

图 13-5　JK 触发器的波形图

13.1.4　D 触发器

1. 电路组成和符号

D 触发器的逻辑电路和逻辑符号如图 13-6 所示。在 JK 触发器的 K 端前面加上一个非门再与 J 端相接,使输入端只有一个就构成了 D 触发器。D 为输入信号,CP 是上升沿触发的时钟信号输入端。

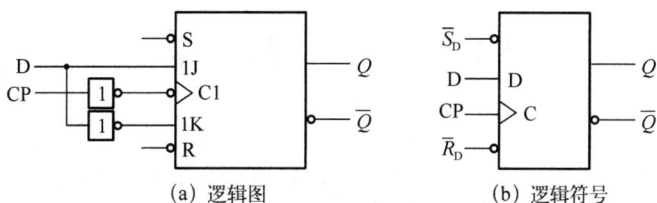

(a) 逻辑图　　　　　　　(b) 逻辑符号

图 13-6　D 触发器的逻辑电路和逻辑符号

2. 工作原理

D 触发器输出端 Q 的状态随着输入端 D 的状态而变化,但总比输入端状态的变化晚一步,即某个时钟脉冲来到之后 Q 的状态和该脉冲来到之前 D 的状态一样。

D 触发器的真值表见表 13-6。

D 触发器的功能是:在 CP 触发后,输出端的状态与输入端相同。由此画出的波形图如图 13-7 所示。设触发器的初始状态为 0。

表 13-6　D 触发器的真值表

D	Q^{n+1}	说明
0	0	置 0
1	1	置 1

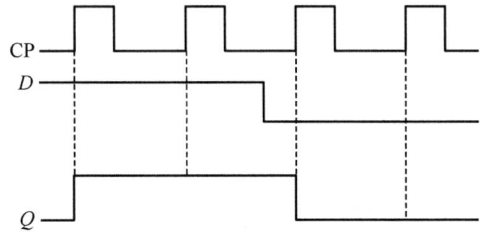

图 13-7　D 触发器的波形图

13.1.5　T 触发器

在 CP 控制下,根据输入信号的不同情况,具有保持和翻转功能的触发器称为 T 触发器。具体的说,当 $T=0$ 时,CP 到达后,触发器的状态保持不变,而当 $T=1$ 时,每来一个 CP 信号,触发器的状态就翻转一次。T 触发器的真值表见表 13-7。图 13-8 为 T 触发器的波形图。

表 13-7　T 触发器的真值表

T	Q^n	Q^{n+1}	说明
0	0	0	保持($Q^{n+1}=Q^n$)
0	1	1	
1	0	1	翻转($Q^{n+1}=\overline{Q^n}$)
1	1	0	

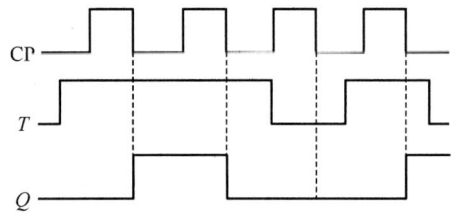

图 13-8　T 触发器的波形图

13.2　计　数　器

具有计数功能的逻辑器件称为计数器。计数器是数字系统中应用场合最多的时序电路,它不仅能用于对时钟脉冲个数进行计数,还可以用于定时、分频及数字运算等。

计数器的种类繁多,按计数器中触发器翻转的时序异同分,有同步和异步计数器。按计数器计数过程中数字的增减分,有加法计数器、减法计数器和可逆计数器。按计数体制分,有二进制计数器、二-十进制计数器、任意进制计数器。

13.2.1　同步二进制加法计数器

1. 电路组成

由 JK 触发器构成的 3 位同步加法计数器如图 13-9 所示。其中 $C=Q_2Q_1Q_0$ 是进位信号。

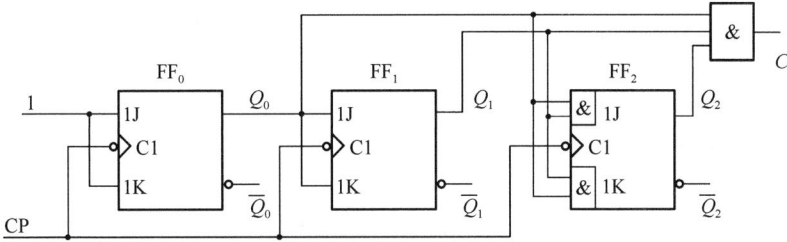

图 13-9　3 位二进制同步加法计数器

2. 工作原理

计数器工作前应清零,则有 $Q_2Q_1Q_0=000$。第一个 CP 脉冲输入后,当该脉冲的下降沿到来时,FF_0 翻转,Q_0 由"0"变为"1",J_1,J_2 均为"0"。这样 FF_1,FF_2 保持不变,计数器的状态为 001。同时,$J_1=K_1=Q_0=1$,$J_2=K_2=Q_1Q_0=0$。第二个 CP 脉冲输入后,FF_0 又翻转,Q_0 由"1"变为"0",FF_1 翻转,Q_1 由"0"变为"1",FF_2 保持不变,计数器的状态为 010。同时,$J_1=K_1=Q_0=0$,$J_2=K_2=Q_1Q_0=0$。第三个 CP 脉冲到来后,FF_0 由"0"变为"1",FF_1,FF_2 保持不变,计数器的状态为 011。同时 $J_1=K_2=Q_0=1$,$J_2=K_2=Q_1Q_0=1$。第四个 CP 脉冲到来后,FF_0,FF_1,FF_2 均翻转,计数器的状态为 100。

按此规律,随着计数脉冲 CP 的不断输入,计数器逻辑功能表如表 13-8 所示,其状态图和时序图如图 13-10、图 13-11 所示。

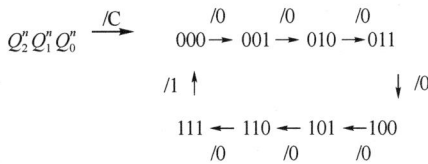

图 13-10　3 位二进制同步加法计数器的状态图

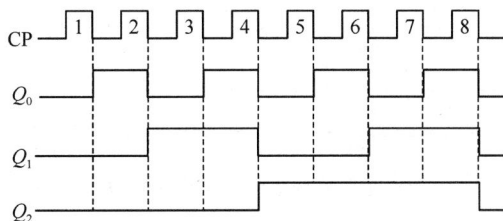

图 13-11　3 位二进制同步加法计数器时序图

表 13-8 3 位二进制同步加法计数器的逻辑功能表

计数脉冲数	二进制			十进制数
	Q_2	Q_1	Q_0	
0	0	0	0	0
1	0	0	1	1
2	0	1	0	2
3	0	1	1	3
4	1	0	0	4
5	1	0	1	5
6	1	1	0	6
7	1	1	1	7
8	0	0	0	8

13.2.2 十进制计数器

二进制计数器虽然简单,运算方便,但人们习惯的是十进制计数器。因此,需要将二进制计数器转换成具有十进制计数功能的计数器。

用 4 个 JK 触发器可组成十进制加法计数器,如图 13-12 所示。计数器的状态转换和普通二进制计数器相同,表 13-9 为十进制加法计数器的状态转换表。CP 是计数脉冲输入,计数数码由 $Q_3Q_2Q_1Q_0$ 并行输出,C 是进位输出端。计数器每个次态的 4 位二进制数代表一个十进制数。例如,次态为 0101,代表十进制数 5,表示计数器已输入了 5 个计数脉冲;第六个计数脉冲输入后,状态转变为 0110,代表十进制数 6;若计数器次态为 1001时,代表十进制数 9;第十个脉冲输入后,状态转变为 0000,同时产生一个进位输出信号 $C=1$,相当于十进制数逢十进一。

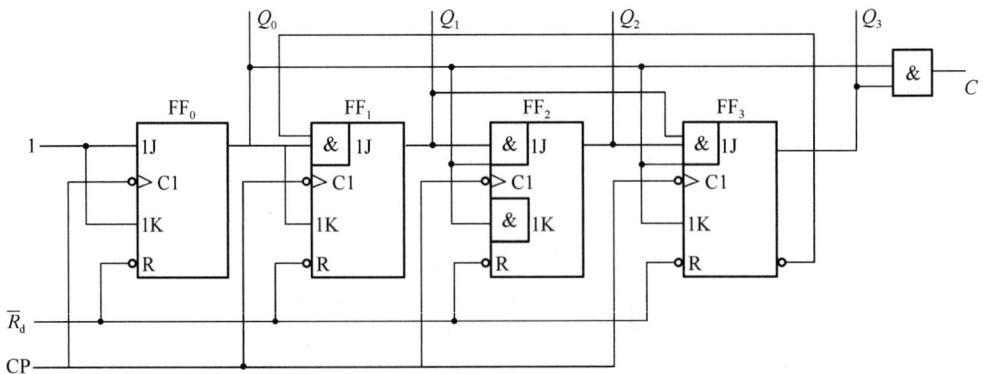

图 13-12 由 JK 触发器构成的 4 位十进制同步加法计数器

表 13-9 十进制加法计数器的状态转换表

CP	Q_3^n	Q_2^n	Q_1^n	Q_0^n	Q_3^{n+1}	Q_2^{n+1}	Q_1^{n+1}	Q_0^{n+1}	C
1	0	0	0	0	0	0	0	1	0
2	0	0	0	1	0	0	1	0	0
3	0	0	b1	0	0	0	1	1	0
4	0	0	1	1	0	1	0	0	0
5	0	1	0	0	0	1	0	1	0
6	0	1	0	1	0	1	1	0	0
7	0	1	1	0	0	1	1	1	0
8	0	1	1	1	1	0	0	0	0
9	1	0	0	0	1	0	0	1	0
10	1	0	0	1	0	0	0	0	1

13.3 寄 存 器

寄存器用于暂时存放二进制代码，它是数字系统中重要的部件之一。寄存器的主要组成部分是具有记忆功能的双稳态触发器。一个触发器可以存储一位二进制代码，所以要存放 n 位二进制代码，就需要 n 个触发器。

寄存器从功能上说，可分为数码寄存器和移位寄存器两种。

13.3.1 数码寄存器

1. 电路组成

如图 13-13 所示的是采用 4 个 D 触发器构成的 4 位数码寄存器，其中 CP 作为接收并行输入数码 $D_0 \sim D_3$ 的控制信号，$Q_0 \sim Q_3$ 是数码寄存器的并行输出端。

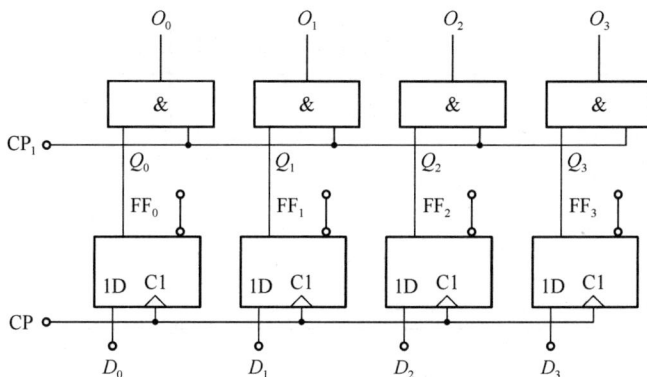

图 13-13 D 触发器构成的数码寄存器

2. 工作原理

(1) 输入数据:无论寄存器中原来的内容是什么,只要送数控制时钟脉冲 CP 上升沿到来,加在并行数据输入端的数据 $D_0 \sim D_3$,就立即被送入寄存器中。

$$即:Q_3^{n+1} Q_2^{n+1} Q_1^{n+1} Q_0^{n+1} = D_3 D_2 D_1 D_0$$

(2) 保持:在 CP 上升沿以外的时间,寄存器内容将保持不变。

(3) 输出数据:当 $CP_1 = 1$,各"与"门开启,输出数码寄存器保持的数据到 $O_3 O_2 O_1 O_0$。

13.3.2　移位寄存器

移位寄存器除了具有存储数据的功能以外,还具有移位功能,即在移位脉冲的作用下将存储的数据逐次左移或右移。移位寄存器可以用于存储数据,也可用于数据的串行-并行转换、数据的运算和处理等。

1. 电路组成

图 13-14 所示的是由 4 个边沿 D 触发器组成的 4 位左移移位寄存器。

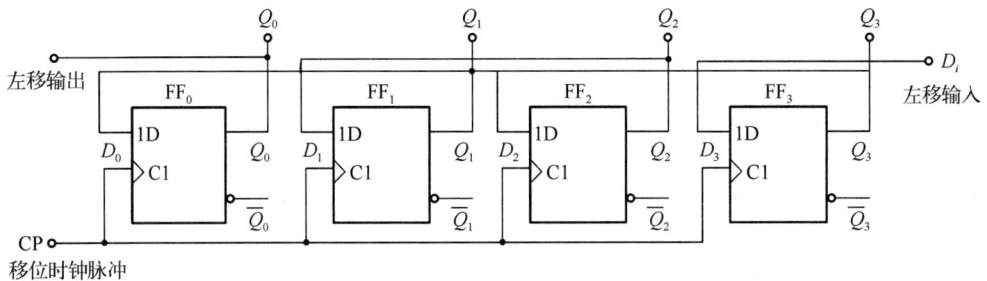

图 13-14　4 位左移单向移位寄存器

2. 工作原理

从电路中可以看:$D_0 = Q_1^n$,$D_1 = Q_2^n$,$D_2 = Q_3^n$,$D_3 = D_i$　　$Q_0^{n+1} = Q_1^n$,$Q_1^{n+1} = Q_2^n$,$Q_2^{n+1} = Q_3^n$,$Q_3^{n+1} = D_i$。假设移位寄存器的初始状态为 0000,现从输入端 D_i 依次输入信号 1101,这样可以得到真值表,如表 13-10 所示。

表 13-10　单向左移移位寄存器真值表

输入		现　　态				次　　态				说明
D_i	CP	Q_0^n	Q_1^n	Q_2^n	Q_3^n	Q_0^{n+1}	Q_1^{n+1}	Q_2^{n+1}	Q_3^{n+1}	
1	↑	0	0	0	0	0	0	0	1	
1	↑	0	0	0	1	0	0	1	1	
0	↑	0	0	1	1	0	1	1	0	输入 1101 信号
1	↑	0	1	1	0	1	1	0	1	

从真值表中可以看出,在输入端依次输入 1101,经过 4 个时钟脉冲信号作用后,$Q_0^{n+1} Q_1^{n+1} Q_2^{n+1} Q_3^{n+1} = 1101$。

单向右移移位寄存器与单向左移移位寄存器工作原理基本相同,如把单向右移移位寄存器与单向左移移位寄存器组合起来,加上相应的左移和右移控制信号,就构成了双向移位寄存器。

13.4　波形产生与变换电路

13.4.1　555 定时器的结构及其工作原理

1. 电路组成

555 定时器电路是一个中规模的集成电路,可以由 TTL 电路或 CMOS 电路构成。它是一种能产生时间延迟和多种脉冲信号的控制电路。只要在外部配上几个适当的电阻元件,就可以构成单稳态触发器、多谐振荡器以及施密特触发器等脉冲产生与整形电路。其电源电压范围为 $+4.5\sim18$ V,输出电流可达 $100\sim200$ mA,能直接驱动 α 型电机,继电器和低阻抗扬声器,因此,在工业自动控制、定时、仿声和防盗报警等方面有广泛的应用。555 定时的电路图如图 13-15 所示。

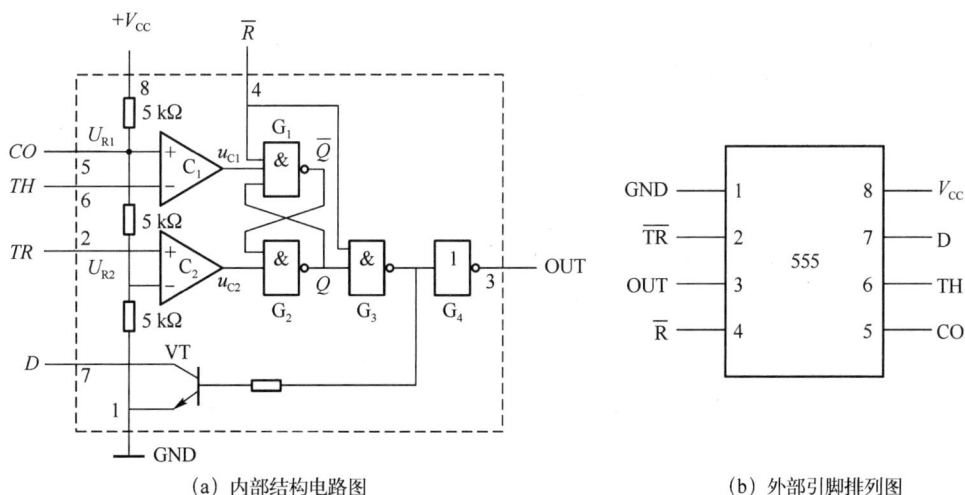

(a) 内部结构电路图　　　　　　　　　　　(b) 外部引脚排列图

图 13-15　555 定时器

(1) 电阻分压器。

由 3 个 5 kΩ 的电阻 R 组成,为电压比较器 C_1 和 C_2 提供基准电压。

(2) 电压比较器。

由 C_1 和 C_2 组成,当控制电压输入端 CO 悬空时(不用时可将它与地之间接一个 0.01 μF 的电容,以防止干扰电压引入),C_1 和 C_2 的基准电压分别为 $\frac{2}{3}V_{CC}$ 和 $\frac{1}{3}V_{CC}$。C_1 的反相输入端 TH 称为 555 定时器的高触发端,C_2 的同相输入端 $\overline{TR}$ 称为 555 定时器的低触发端。

（3）基本 RS 触发器。

由两个与非门 G_1 和 G_2 构成,比较器 C_1 的输出作为置 0 输入端,若 C_1 输出为 0,则 $Q=0$；比较器 C_2 的输出作为置 1 输入端,若 C_2 输出为 0,则 $Q=1$。$\overline{R}$ 是定时器的复位输入端,只要 $\overline{R}=0$,定时器的输出端 OUT 则为 0。正常工作时,必须使 $\overline{R}$ 处于高电平。

（4）放电管 VT

放电管 VT 是集电极开路的三极管,VT 的集电极作为定时器的一个输出端 D,与 OUT 端相比较,若 D 输出端经过电阻 R 接到电源 V_{cc} 上时,则 D 端和 OUT 端具有相同的逻辑状态。

（5）缓冲器。

由 G_3 和 G_4 构成,用于提高电路的带负载能力。

2. 工作原理

（1）当高触发端 $TH>\frac{2}{3}V_{cc}$,且低触发端 $\overline{TR}>\frac{1}{3}V_{cc}$ 时,比较器 C_1 输出为低电平,C_2 输出为高电平；C_1 输出的低电平将 RS 触发器置为 0 状态,即 $Q=0$,使得定时器的输出 OUT 为 0,同时放电管 T 导通；

（2）当高触发端 $TH<\frac{2}{3}V_{cc}$,且低触发端 $\overline{TR}<\frac{1}{3}V_{cc}$ 时,比较器 C_2 输出为低电平,C_1 输出为高电平；C_2 输出的低电平将 RS 触发器置为 1 状态,即 $Q=1$,使得定时器的输出 OUT 为 1,同时放电管 T 截止；

（3）当高触发端 $TH<\frac{2}{3}V_{cc}$,且低触发端 $\overline{TR}>\frac{1}{3}V_{cc}$ 时,定时器的输出 OUT 和放电管 T 的状态保持不变。

根据以上分析,可以得到 555 定时器的功能表见表 13-11。

表 13-11　555 定时器的功能表

输入			输出	
TH	$\overline{TR}$	$\overline{R}$	OUT	T
$\times$	$\times$	0	0	导通
$>\frac{2}{3}V_{cc}$	$>\frac{1}{3}V_{cc}$	1	0	导通
$<\frac{2}{3}V_{cc}$	$>\frac{1}{3}V_{cc}$	1	不变	不变
$<\frac{2}{3}V_{cc}$	$<\frac{1}{3}V_{cc}$	1	1	截止

13.4.2　555 定时器的典型应用

1. 构成施密特触发器

施密特触发器是脉冲波形变换中经常使用的一种电路,它在性能上有两个重要的特点。

（1）输入信号从低电平上升的过程中电路状态转换对应的输入电平，与输入信号从高电平下降过程中电路状态转换对应的输入电平不同。

（2）在电路状态转换时，通过电路内部的正反馈过程使输出电压波形的边沿变得十分陡峭。

利用这两个特点不仅能将边沿变化缓慢的信号波形整形为边沿陡峭的矩形波，而且可以将叠加在矩形脉冲高、低电平上的噪声有效地加以清除。

将高触发端 TH 和低触发端 $\overline{\text{TR}}$ 连在一起作为输入端 u_1，就可以构成一个反相输出的施密特触发器。具体电路如图 13-16(a) 所示。

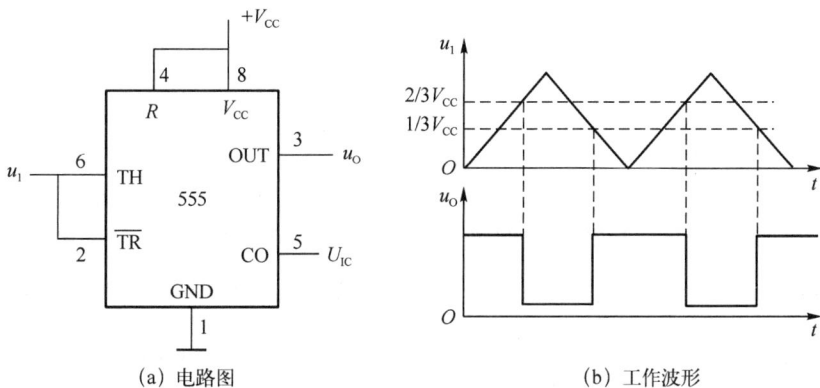

(a) 电路图　　　　　　　　　(b) 工作波形

图 13-16　555 定时器构成的施密特触发器

现设输入信号 u_I 为图 13-16(b) 所示的三角波，结合 555 定时器的功能表 13-11 可知，当 $u_I < \frac{1}{3} V_{\text{CC}}$ 时，两个比较器的输出为 $u_{C1}=1$、$u_{C2}=0$，因而基本 RS 触发器状态为 $Q=1$，输出 $u_0=1$；当 $\frac{1}{3} V_{\text{CC}} < u_I < \frac{2}{3} V_{\text{CC}}$ 时，两个比较器的输出为 $u_{C1}=u_{C2}=1$，基本 RS 触发器保持状态不变，故输出 u_0 也保持不变；当 $u_I \geqslant \frac{2}{3} V_{\text{CC}}$ 时，两个比较器的输出为 $u_{C1}=0$、$u_{C2}=1$，因而基本 RS 触发器状态为 $Q=0$，输出 $u_0=0$。

当 $\frac{1}{3} V_{\text{CC}} < u_I < \frac{2}{3} V_{\text{CC}}$ 时，两比较器的输出为 $u_{C1}=u_{C2}=1$，基本 RS 触发器保持状态不变，仍为 $Q=0$，输出 $u_0=0$；当 $u_I \leqslant \frac{2}{3} V_{\text{CC}}$ 时，两比较器的输出为 $u_{C1}=1$、$u_{C2}=0$，基本 RS 触发器状态被置为 $Q=1$，输出 $u_0=1$；电路的工作波形如图 13-16(b) 所示。

根据以上分析可知，555 定时器构成的施密特触发器的上限触发阈值电压 $U_{T+}=\frac{2}{3} V_{\text{CC}}$，下限触发阈值电压 $U_{T-}=\frac{1}{3} V_{\text{CC}}$，回差电压 $\Delta U_T=\frac{1}{3} V_{\text{CC}}$。如果在 CO 端加上控制电压 U_{IC}，则电路的 U_{T+} 和 U_{T-} 和 ΔU_T 相应改变为 $U_{T+}=U_{IC}$，$U_F=\frac{1}{2} U_{IC}$，$\Delta U_T=\frac{1}{2} U_{IC}$。

2. 构成单稳态触发器

单稳态触发器的工作特性具有如下的显著特点。

（1）它有稳态和暂稳态两个不同的工作状态；

（2）在外界触发脉冲作用下，能从稳态翻转到暂稳态，暂稳态维持一段时间后，自动返回稳态；

（3）暂稳态维持时间的长短取决于电路本身的参数，与触发脉冲的宽度和幅度无关。

由于具备这些特点，单稳态触发器被广泛应用于脉冲整形、延时（产生滞后于触发脉冲的输出脉冲）以及定时（产生固定时间宽度的脉冲信号）等。

将低触发端 $\overline{\text{TR}}$ 作为输入端 u_I，再将高触发端 TH 和放电管输出端 D 接在一起，并与定时元件 R、C 连接，就可以构成一个单稳态触发器。具体电路如图 13-17(a)所示。

当触发器 u_I 的下降沿到来时，由于 $\overline{\text{TR}} < \frac{1}{3}V_{\text{CC}}$，而 $\text{TH} = u_c = 0$，从 555 定时器的功能表可以看出，输出端 OUT 为高电平，电路进入暂稳态，此时放电管 VT 截止。由于 VT 截止，V_{CC} 则通过 R 对 C 充电，当 $\text{TH} = u_c \geqslant \frac{2}{3}V_{\text{CC}}$ 时，输出端 OUT 跳变为低电平，电路自动返回稳态，此时放电管 VT 导通。电路返回稳态后，C 通过导通的放电管 T 放电，使电路迅速恢复到初始状态。电路的工作波形如图 13-17(b)所示。

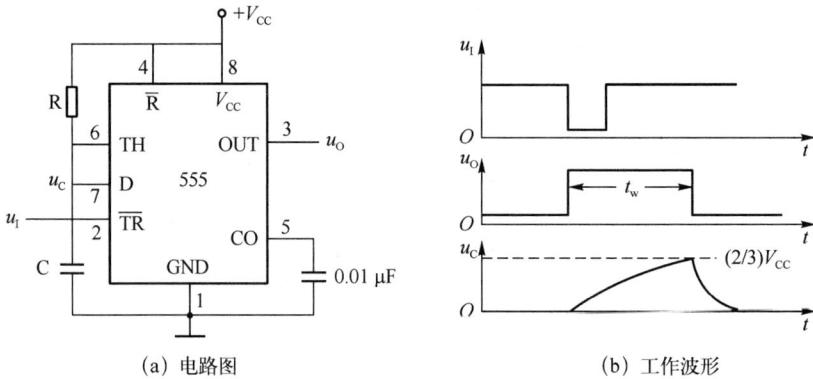

(a) 电路图　　　　　　　　(b) 工作波形

图 13-17　555 定时器构成的单稳态触发器

暂稳态持续的时间又称输出脉冲宽度，用 t_w 表示，可按下式估算：

$$t_w \approx 1.1RC$$

可见，脉冲宽度大小与 R 和 C 大小有关，而与输入信号脉冲宽度及电源电压大小无关。

3. 构成多谐振荡器

多谐振荡器是一种典型的矩形脉冲产生电路，可以由门电路和 R、C 元器件组成。它是一种自激振荡器，在接通电源以后，不需要外加触发信号，便能自动地产生矩形脉冲信号。由于矩形波中含有丰富的高次谐波分量，所以习惯上又把矩形波振荡器叫作多谐振荡器。根据电路结构和性能特点的不同，又可分为对称式多谐振荡器、非对称式多谐振荡器、石英晶体多谐振荡器和环形振荡器。利用 555 定时器构成的多谐振荡器电路和工作波形如图 13-18 所示。

接通电源后，V_{CC} 通过 R_1、R_2 对电容 C 充电，u_C 从 0 开始上升（u_C 的波形应从 0 开

始）。当 u_C 上升到 $\frac{2}{3}V_{CC}$ 时，电路被置为 0 状态，输出端 $u_0 = 0$，同时放电管 VT 导通，此后，电容 C 通过 R_2 和 VT 放电，使得 u_C 下降；当 u_C 下降到 $\frac{1}{3}V_{CC}$ 时，电路被置为 1 状态，输出端 $u_0 = 1$，放电管 VT 处于截止状态，此后，电容 C 被 V_{CC} 通过 R_1 和 R_2 充电，使 u_C 上升，当 u_C 上升到 $\frac{2}{3}V_{CC}$ 时，电路又发生翻转。如此周而复始，电路便振荡起来。电路的工作波形如图 13-18(b) 所示。根据 u_C 的波形可以求出电容 C 的充、放电时间 T_1 和 T_2，从而得到振荡周期的计算公式为

$$T = 0.7(R_1 + 2R_2)C$$

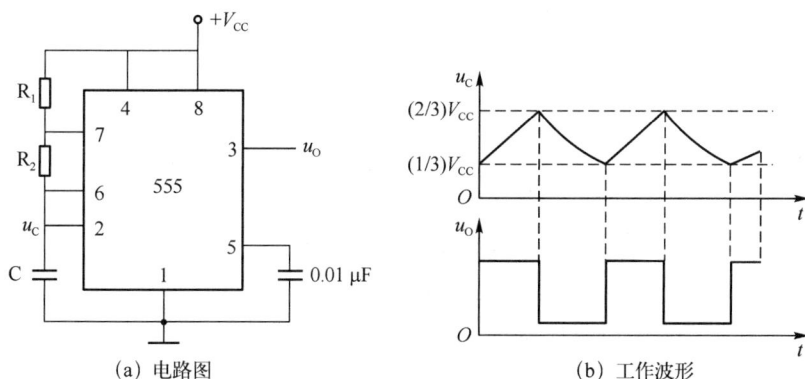

图 13-18　555 定时器构成的多谐振荡器

如图 13-19 所示，是用两个多谐振荡器构成的模拟报警器声响电路。这种模拟声响发生器是由两个多谐振荡器组成，振荡频率较低。第一个多谐振荡器的输出端接在第二个的控制电压输入端，使其输出脉冲的占空比发生变化，那么扬声器就会发出警报声了。

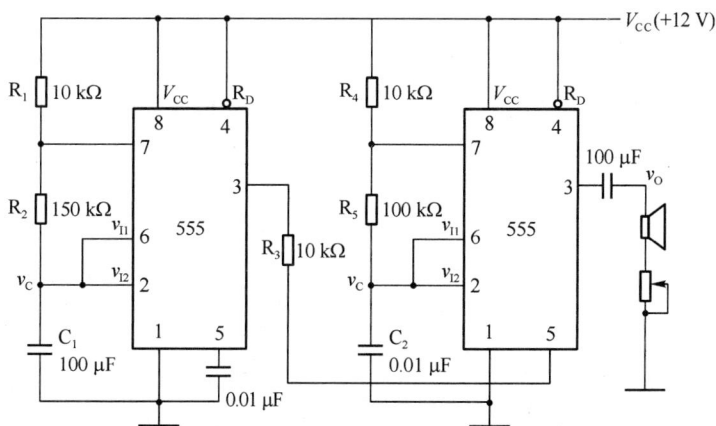

图 13-19　555 定时器构成的报警器发声电路

555 定时器成本低、功能强、使用灵活方便，是非常重要的集成电路器件。由它组成的各种应用电路变化无穷。

习　题

13-1　触发器的主要功能是什么？它有哪几种结构形式？其触发方式有什么不同？

13-2　画出图 13-20 由与非门组成的基本 RS 触发器输出端 Q、$\overline{Q}$ 的电压波形，输入端 $\overline{S_D}$、$\overline{R_D}$ 的电压波形如图中所示。

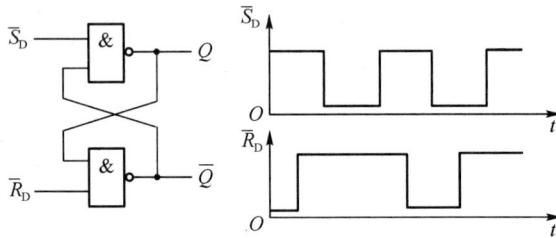

图 13-20　题 13-2 电路

13-3　已知同步 RS 触发器的 R、S、CP 端的电压波形如图 13-21 所示。试画出 Q、$\overline{Q}$ 端的电压波形。假定触发器的初始状态为 0。

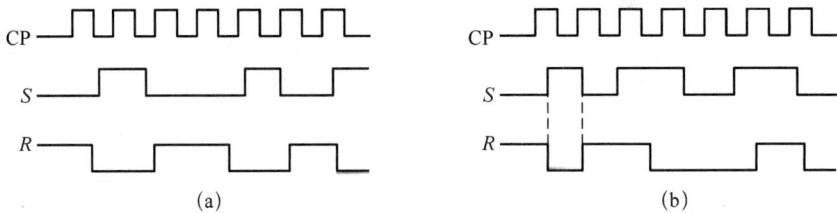

(a)　　　　　　　　　　　　　(b)

图 13-21　题 13-3

13-4　设边沿 JK 触发器的初始状态为 0，CP、J、K 信号如图 13-22 所示，试画出触发器输出端 Q、$\overline{Q}$ 的波形。

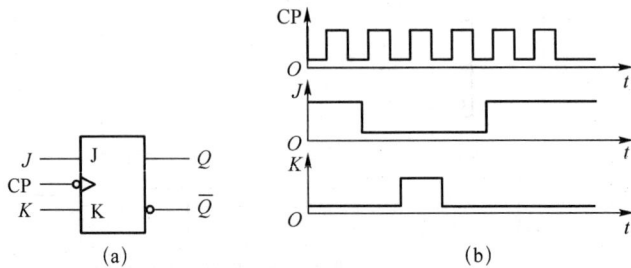

(a)　　　　　　　　　　　　　(b)

图 13-22　题 13-4 图

13-5　电路如图 13-23(a)所示，输入波形如题 13-5 图(b)所示，试画出该电路输出端 G 的波形端，设触发器的初始状态为 0。

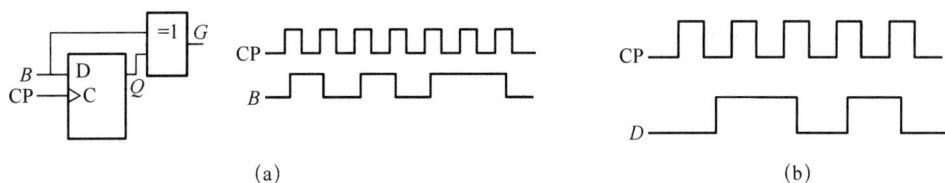

图 13-23　题 13-5 图

13-6　图 13-24 电路是由 D 触发器和或非门组成的脉冲分频电路。试画出 Q_1、Q_2 和 Z 端的输出电压波形。设触发器的初始状态均为 0。

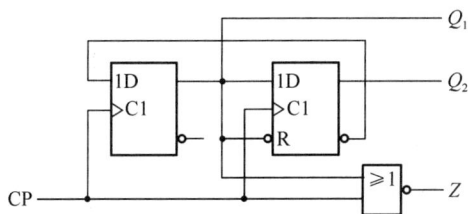

图 13-24　题 13-6 图

13-7　试画出图 13-25 所示 T 触发器的输出信号 Q 的波形。假定触发器的初始状态为 $Q=0$。

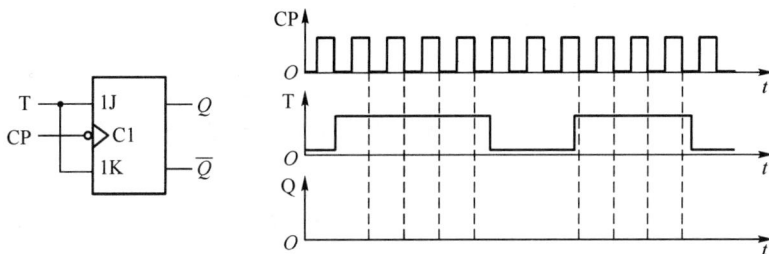

图 13-25　题 13-7 图

13-8　一逻辑电路如图 13-26 所示,试画出在 CP 作用下 $\overline{Y_0}$、$\overline{Y_1}$、$\overline{Y_2}$、$\overline{Y_3}$ 的波形。(74LS139 为 2 线－4 线译码器。)

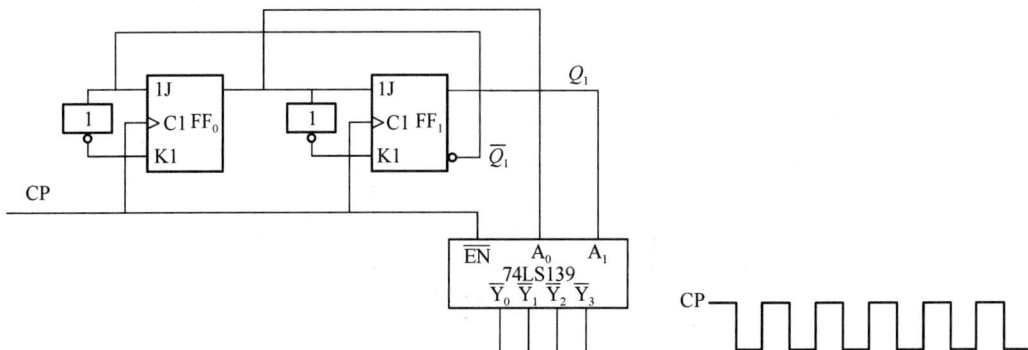

图 13-26　题 13-8 图

13-9　右边沿 D 触发器和边沿 JK 触发器组成图 13-27(a)所示的电路。输入如图

(b)所示的波形,试对应画出 Q_1、Q_2 波形。

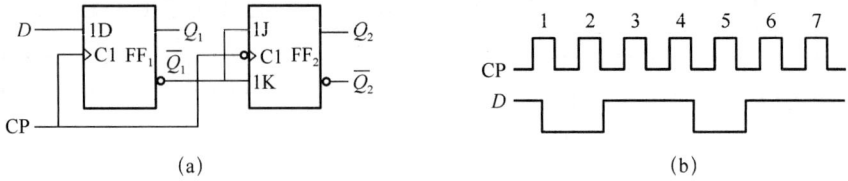

图 13-27　题 13-9 图

13-10　计数器如图 13-28 所示,试分析它们各是几进制计数器,画出计数器的工作波形图(含 CP、Q_0、Q_1 和 Y 的波形)。

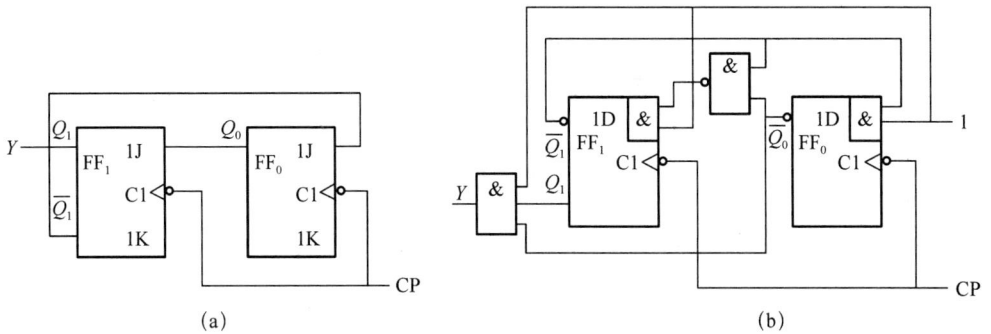

图 13-28　题 13-10 图

13-11　试比较多谐振荡器、单稳态触发器、施密特触发器的工作特点、并说明每种电路的主要用途。

13-12　图 13-29 是用 555 定时器组成的施密特触发电路。试求:

(1) 当 $V_{CC} = 12\text{ V}$,且无外接控制电压时,U_{T+}、U_{T-} 以及 ΔU_T 的值;

(2) 当 $V_{CC} = 9\text{ V}$,且外接控制电压 $U_{IC} = 5\text{ V}$ 时,U_{T+}、U_{T-} 以及 ΔU_T 的值。

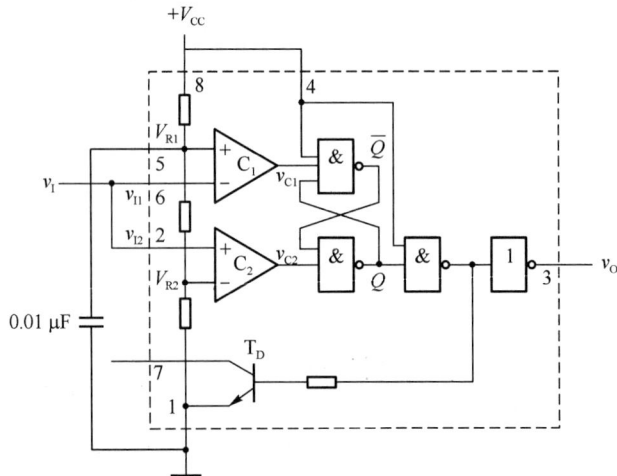

图 13-29　题 13-12 图

13-13　试用 555 定时器构成一个单稳态电路,要求输出脉冲幅度≥10 V,输出脉冲宽度在 1-10 S范围内连续可调。

13-14　图 13-30 是用两个 555 定时器接成的延迟报警器。当开关 S 断开后,经过一定的延迟时间后扬声器开始发出声音。如果在延迟时间内 S 重新闭合,扬声器不会发出声音。在图该定的参数下,试求延迟时间的具有数值和扬声器发出声音的频率。图中的 G_1 是 CMOS 反相器,电源电压为 12 V。

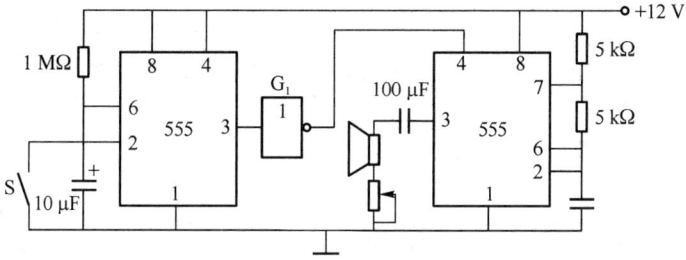

图 13-30　题 13-14 图

附录 A　相关技术数据

表 A-1　用电设备组的需要系数、二项式系数及功率因数值

用电设备组名称	需要系数 K_d	二项式系数 b	二项式系数 c	最大容量设备台数 x①	$\cos\theta$	$\tan\theta$
小批生产的金属冷加工机床电动机	0.16～0.2	0.14	0.4	5	0.5	1.73
大批生产的金属冷加工机床电动机	0.18～0.25	0.14	0.5	5	0.5	1.73
小批生产的金属热加工机床电动机	0.25～0.3	0.24	0.4	5	0.6	1.33
大批生产的金属热加工机床电动机	0.3～0.35	0.26	0.5	5	0.65	1.17
通风机、水泵、空压机及电动发电机组电动机	0.7～0.8	0.65	0.25	5	0.8	0.75
非连锁的连续运输机械及铸造车间整砂机械	0.5～0.6	0.4	0.2	5	0.75	0.88
连锁的连续运输机械及铸造车间整砂机械	0.65～0.7	0.6	0.2	5	0.75	0.83
锅炉房和机加、机修、装配等类车间的吊车($\varepsilon=25\%$)	0.1～0.15	0.06	0.2	3	0.5	1.73
铸造车间的吊车($\varepsilon=25\%$)	0.15～0.25	0.09	0.2	3	0.5	1.73
自动连续装料的电阻炉设备	0.75～0.8	0.7	0.3	2	0.95	0.33
实验室用的小型电热设备(电阻炉、干燥箱等)	0.7	0.7	0	—	1	0
工频感应电炉(未带无功补偿设备)	0.8	—	—	—	0.35	2.67
高频感应电炉(未带无功补偿设备)	0.8	—	—	—	0.6	1.33
电弧熔炉	0.9	—	—	—	0.87	0.57
点焊机、缝焊机	0.35	—	—	—	0.6	1.33
对焊机、铆钉加热机	0.35	—	—	—	0.7	1.02
自动弧焊变压器	0.5	—	—	—	0.4	2.29
单头手动弧焊变压器	0.35	—	—	—	0.35	2.68
多头手动弧焊变压器	0.4	—	—	—	0.35	2.68
单头弧焊电动发电机组	0.35	—	—	—	0.6	1.33
多头弧焊电动发电机组	0.7	—	—	—	0.75	0.88
生产厂房及办公室、阅览室、实验室照明②	0.8～1	—	—	—	1	0
变配电所、仓库照明②	0.5～0.7	—	—	—	1	0
宿舍(生活区)照明②	0.6～0.8	—	—	—	1	0
室外照明,事故照明②	1	—	—	—	1	0

①如果用电设备组的设备总台数 $n<2x$ 时,则取 $x=n/2$,且按"四舍五入"的修约规则取其整数。

②这里的 $\cos\theta$ 和 $\tan\theta$ 值均为白炽灯照明的数值,如为荧光灯照明,则取 $\cos\theta=0.9$,$\tan\theta=0.48$;如为高压汞灯或钠灯,则取 $\cos\theta=0.5$,$\tan\theta=1.73$。

表 A - 2　部分工厂的全厂需要系数、功率因数及年最大有功负荷利用小时参考值

工厂名称	需要系数	功率因数	年最大有功负荷利用小时数	工厂名称	需要系数	功率因数	年最大有功负荷利用小时数
汽轮机制造厂	0.38	0.88	5 000	量具刃具制造厂	0.26	0.60	3 800
锅炉制造厂	0.27	0.73	4 500	工具制造厂	0.34	0.65	3 800
柴油机制造厂	0.32	0.74	4 500	电机制造厂	0.33	0.65	3 000
重型机械制造厂	0.35	0.79	3 700	电器开关制造厂	0.35	0.75	3 400
重型机床制造厂	0.32	0.71	3 700	电线电缆制造厂	0.35	0.73	3 500
机床制造厂	0.20	0.65	3 200	仪器仪表制造厂	0.37	0.81	3 500
石油机械制造厂	0.45	0.78	3 500	滚珠轴承制造厂	0.28	0.70	5 800

表 A - 3　SL7 系列低损耗电力变压器的主要技术数据

额定容量 $S_N/(kV \cdot A)$	空载损耗 $\Delta P_o/W$	短路损耗 $\Delta P_k/W$	阻抗电压 $U_x\%$	空载电流 $I_o\%$	额定容量 $S_N/(kV \cdot A)$	空载损耗 $\Delta P_o/W$	短路损耗 $\Delta P_k/W$	阻抗电压 $U_x\%$	空载电流 $I_o\%$
100	320	2 000	4	2.6	500	1 080	6 900	4	2.1
125	370	2 450	4	2.5	630	1 300	8 100	4.5	2.0
160	460	2 850	4	2.4	800	1 540	9 900	4.5	1.7
200	540	3 400	4	2.4	1 000	1 800	11 600	4.5	1.4
250	640	4 000	4	2.3	1 250	2 200	13 800	4.5	1.4
315	760	4 800	4	2.3	1 600	2 650	16 500	4.5	1.3
400	920	5 800	4	2.1	2 000	3 100	19 800	5.5	1.2

表 A - 4　S9 系列低损耗电力变压器的主要技术数据

额定容量 /(kV·A)	额定电压/kV		连接组标号	损耗/W		空载电流 /%	阻抗电压 /%
	一次	二次		空载	负载		
30	11,10.5,10,6.3,6	0.4	Yyn0	130	600	2.1	4
50	11,10.5,10,6.3,6	0.4	Yyn0	170	870	2.0	4
			Dyn11	175	870	4.5	4
63	11,10.5,10,6.3,6	0.4	Yyn0	200	1040	1.9	4
			Dyn11	210	1030	4.5	4
80	11,10.5,10,6.3,6	0.4	Yyn0	240	1250	1.8	4
			Dyn11	250	1240	4.5	4
100	11,10.5,10,6.3,6	0.4	Yyn0	290	1500	1.6	4
			Dyn11	300	1470	4.0	4
125	11,10.5,10,6.3,6	0.4	Yyn0	340	1800	1.6	4
			Dyn11	360	1720	4.0	4

额定容量 /(kV·A)	额定电压/kV		连接组标号	损耗/W		空载电流 /%	阻抗电压 /%
	一次	二次		空载	负载		
160	11,10.5,10,6.3,6	0.4	Y yn0	400	2 200	1.4	4
			Dyn11	430	2 100	3.5	4
200	11,10.5,10,6.3,6	0,4	Y yn0	480	2 600	1.3	4
			Dyn11	500	2 500	3.5	4
250	11,10.5,10,6.3,6	0.4	Y yn0	560	3 050	1.2	4
			Dyn11	600	2 900	3.0	4
315	11,10.5,10,6.3,6	0.4	Y yn0	670	3 650	1.1	4
			Dyn11	720	3 450	3.0	4
400	11,10.5,10,6.3,6	0.4	Y yn0	800	4 300	1.0	4
			Dyn11	870	4 200	3.0	4
500	11,10.5,10,6.3,6	0.4	Y yn0	960	5 100	1.0	4
			Dyn11	1030	4 950	3.0	4
	11,10.5,10	6.3	Y d11	1 030	4 950	1.5	4.5
630	11,10.5,10,6.3,6	0.4	Y yn0	1 200	6 200	0.9	4.5
			Dyn11	1 300	5 800	1.0	5
	11,10.5,10	6.3	Y d11	1 200	6 200	1.5	4.5
800	11,10.5,10,6.3,6	0.4	Y yn0	1 400	7 500	0.8	4.5
			Dyn11	1 400	7 500	2.5	5
	11,10.5,10	6.3	Y d11	1 400	7 500	1.4	5.5
1 000	11,10.5,10,6.3,6	0.4	Y yn0	1 700	10 300	0.7	4.5
			Dyn11	1 700	9 200	1.7	5
	11,10.5,10	6.3	Y d11	1 700	9 200	1.4	5.5

表 A - 5　10 kV 电力变压器的主要技术数据

型号及容量 /(kV·A)	低压侧额定 电压/kV	连接组	损耗/kW		阻抗电压 /%	空载电流 /%	总重 /t	轧距/mm
			空载	短路				
SJL1-20	0.4	Y/Y 0-12	0.12	0.59	4	8	0.2	
SJL1-30	0.4	Y/Y 0-12	0.16	0.83	4	6.6	0.26	
SJL1-40	0.4	Y/Y 0-12	0.19	0.98	4	4.7	0.3	
SJL1-50	0.4	Y/Y 0-12	0.22	1.15	4	5.4	0.34	
AJL1-63	0.4	Y/Y 0-12	0.26	1.4	4	4.6	0.43	
SJL1-80	0.4	Y/Y 0-12	0.31	1.7	4	4.2	0.48	
SJL1-100	0.4	Y/Y 0-12	0.35	2.1	4	3.8	0.57	
SJL1-125	0.4	Y/Y 0-12	0.42	2.4	4	3.2	0.68	

型号及容量 /(kV·A)	低压侧额定 电压/kV	连接组	损耗/kW		阻抗电压 /%	空载电流 /%	总重 /t	轧距/mm
			空载	短路				
SJL1-160	0.4	Y/Y 0-12	0.5	2.9	4	3	0.81	550
SJL1-200	0.4	Y/Y 0-12	0.58	3.6	4	2.8	0.94	550
SJL1-250	0.4	Y/Y 0-12	0.68	4.1	4	2.6	1.1	550
SJL1-315	0.4	Y/Y 0-12	0.8	5	4	2.4	1.3	550
SJL1-400	0.4	Y/Y 0-12	0.93	6	4	2.3	1.5	660
SJL1-500	0.4	Y/Y 0-12	1.1	7.1	4	2.1	1.82	660
SJL1-630	0.4	Y/Y 0-12	1.3	8.4	4	2	2	660
SJL1-800	0.4	Y/Y 0-12	1.7	11.5	4.5	1.9	2.9	820
SJL1-1000	0.4	Y/Y 0-12	2	13.7	4.5	1.7	3.44	820
SJL1-1250	0.4	Y/Y 0-12	2.35	16.4	4.5	1.6	4	820
SJL1-1600	6.3	Y/△-11	2.85	20	5.5	1.5	4.72	820
SJL1-2000	6.3	Y/△-11	3.3	24	5.5	1.4	5.4	1 070
SJL1-2500	6.3	Y/△-11	3.9	27.5	5.5	1.3	6.3	1 070
SJL1-3150	6.3	Y/△-11	4.6	33	5.5	1.2	7.2	1 070
.	6.3	Y/△-11	5.5	39	5.5	1.1	8.6	1 070
SJL1-5000	6.3	Y/△-11	6.5	45	5.5	1.1	10.2	1 070
AJL1-6300	6.3	Y/△-11	7.9	52	5.5	1	11.85	1 070
SJL1-8000	6.3	Y/△-11	9.4	70	10	0.85	13.7	1 435
SJL1-10000	6.3	Y/△-11	11.2	92	12	0.8	16.7	1 435
SJL-20	0.4	Y/Y 0-12	0.2	0.6	4.5	10	0.25	
SJL-30	0.4	Y/Y 0-12	0.27	0.84	4.5	9	0.32	
SJL-50	0.4	Y/Y 0-12	0.39	1.3	4.5	8	0.43	
SJL-100	0.4	Y/Y 0-12	0.65	2.3	4.5	7.5	0.69	
SJL-1000	0.4	Y/Y 0-12	4.1	14	4.5	5	4.3	
SJL-1000	6.3	Y/△-11	4.1	14	5.5	5	4.2	
SFL-10000	6.3	Y/△-11	12	100	12			
SJL-75	0.4	Y/Y 0-12	0.51	1.7	4.5	7.5	0.46	
SJL-180	0.4	Y/Y 0-12	0.95	3.6	4.5	7	1.07	660
SJL-240	0.4	Y/Y 0-12	1.28	4.5	4.5	7	1.26	660
SJL-320	0.4	Y/Y 0-12	1.4	5.7	4.5	7	1.59	660
SJL-420	0.4	Y/Y 0-12	1.7	7.05	4.5	6.5	1.84	820
SJL-560	0.4	Y/Y 0-12	2.25	8.6	4.5	6	2.33	820
SJL-750	0.4	Y/Y 0-12	3.35	11.5	4.5	6	3.62	820
SJL-1800	0.4	Y/Y 0-12	6	22	4.5	4.5	6.77	1 070

型号及容量 /(kV·A)	低压侧额定 电压/kV	联接组	损耗/kW		阻抗电压 /%	空载电流 /%	总重 /t	轧距/mm
			空载	短路				
SJL-1800	6.3	Y/△-11	6	22	5.5	4.5	6.17	1 070
SJL-3200	6.3	Y/△-11	9.1	34	5.5	4	10.53	
SJL-5600	6.3	Y/△-11	13.6	53	5.5	4	15.5	
SJL-7500	6.3	Y/△-11	9.3	66.1	10	0.9		
SJL-15000	6.3	Y/△-11	14.3	116	10.5	0.8	20.9	

注:1. 8 000、10 000 kV 变压器有 SFL1,SSPL1 两种新型号。

　　2. 10 kV 变压器低压侧额定电压有 0.4、3.15、6.3 kV 三种,3.15、6.3 kV 的变压器参数相同,只写出 6.3 kV 的为代表。

录 A-6　35 kV 电力变压器的主要技术数据

型号及容量 /(kV·A)	低压侧额定 电压/kV	连接组	耗损/kV		阻抗电压 /%	空载电流 /%	总重 /t
			空载	短路			
SJL$_1$-50	0.4	Y/	0.3	1.1	0.5	6.5	0.75
SJL$_1$-100	0.4	Y/	0.43	2.5	6.5	3.53	1.03
SJL$_1$-160	0.4	Y/	0.59	3.6	6.5	2.8	1.3
SJL$_1$-250	0.4	Y/	0.8	4.8	6.5	2.3	1.73
SJL$_1$-400	0.4	Y/	1.1	6.9	6.5	1.69	2.15
SJL$_1$-630	0.4	Y/	1.57	9.7	6.5	1.91	2.76
SJL$_1$-1 000	0.4	Y/	2.2	14	6.5	1.5	4.08
SJL$_1$-1 600	0.4	Y/	2.9	20.3	6.5	1.2	5.15
SJL$_1$-160	10.5	Y/	0.64	3.8	6.5	2.8	1.46
SJL$_1$-200	10.5	Y/	0.76	4.4	6.5	2.5	1.7
SJL$_1$-250	10.5	Y/	0.88	5.0	6.5	2.3	1.9
SJL$_1$-315	10.5	Y/	1.03	6.1	6.5	2.1	2.11
SJL$_1$-400	10.5	Y/	1.2	7.2	6.5	1.89	2.4
SJL$_1$-500	10.5	Y/	1.43	8.4	6.5	1.65	2.91
SJL$_1$-630	10.5	Y/	1.7	9.7	6.5	1.87	3.21
SJL$_1$-800	10.5	Y/	1.9	11.7	6.5	1.58	3.7
SJL$_1$-1 000	10.5	Y/	2.2	14	6.5	1.5	4.17
SJL$_1$-1 250	10.5	Y/	2.6	17	6.5	1.3	4.67
SJL$_1$-1600	10.5	Y/	3.07	20	6.5	1.36	5.47
SJL$_1$-2 000	10.5	Y/	3.6	24	6.5	1.2	6.3
SJL$_1$-2 500	10.5	Y/	4.2	27.9	6.5	1.2	7.04
SJL$_1$-3 150	10.5	Y/	5.0	33	7	1.1	8.33
SJL$_1$-4 000	10.5	Y/	5.9	39	7	0.9	9.56

续 表

型号及容量 /(kV・A)	低压侧额定 电压/kV	连接组	耗损/kV		阻抗电压 /%	空载电流 /%	总重 /t
			空载	短路			
SJL₁-5 000	10.5	Y/	6.9	45	7	0.9	11.2
SJL₁-6 300	10.5	Y/	8.2	52	7.5	0.7	12.82
SFL₁-7 500	10.5	Y/					
SFL₁-8 000	11	Y/	11	57	7.5	1.5	11.75
SFL₁-10 000 Y	11	Y	11.8	68	7.5	1.5	13.65
SFL₁-15 000	11	Y/	16.1	92	8	1.0	20.1
SFL₁-1 600	11	Y					
SJL₁-20 000	11	Y/	22	115	8	1.0	30.1
SJL₁-31 500	11	Y/	30	117	8	0.7	40.5
SSPL₁-10 000	6.3	Y₀/	12	70	7.5	1.5	15.5
SSPL₁-60 000	10.5	Y₀/			8.5		51.5

注：35 kV 变压器低压侧额定电压有 0.4、3.15(3.3)、6.3(6.6)、10.5(11)kV 4 种，3.15(3.3)、6.3(6.6)、10.5 (11)kV 的变压器参数相同，只写出 10.5(11)kV 的为代表。1 600 kV・A 以上容量变压器，高压侧额定电压 有 35 kV(降变压)、38.5 kV(升变压)2 种。

表 A-7 并联电容器的无功补偿率

补偿前的 功率因数	补偿后的功率因数				补偿前的 功率因数	补偿后的功率因数			
	0.85	0.90	0.95	1.00		0.85	0.90	0.95	1.00
0.60	0.713	0.849	1.004	1.333	0.76	0.235	0.371	0.526	0.85
0.62	0.646	0.782	0.937	1.266	0.78	0.182	0.318	0.473	0.80
0.64	0.581	0.717	0.872	1.206	0.80	0.130	0.266	0.421	0.75
0.66	0.518	0.654	0.809	1.138	0.82	0.078	0.214	0.369	0.69
0.68	0.458	0.594	0.749	1.078	0.84	0.026	0.162	0.317	0.64
0.70	0.400	0.536	0.691	1.020	0.86	—	0.109	0.264	0.59
0.72	0.344	0.480	0.635	0.964	0.88	—	0.056	0.211	0.54
0.74	0.289	0.425	0.580	0.909	0.90	—	0.000	0.155	0.48

表 A-8 BW 型并联电容器的主要技术数据

型 号	额定容量/kvar	额定电容/μF	型 号	额定容量/kvar	额定电容/μF
BW0.4-12-1	12	240	BWF6.3	30	2.4
BW0.4-12-3	12	240	BWF6.3	40	3.2
BW0.4-13-1	13	259	BWF6.3	50	4.0
BW0.4-13-3	13	259	BWF6.3	100	8.0
BW0.4-14-1	14	280	BWF6.3	120	9.63
BW0.4-14-3	14	280	BWF10.5-22-1W	22	0.64

续　表

型　号	额定容量/kvar	额定电容/μF	型　号	额定容量/kvar	额定电容/μF
BW6.3-12-1TH	12	0.964	BWF10.5-25-1W	25	0.72
BW6.3-12-1W	12	0.96	BWF10.5-30-1W	30	0.87
BW6.3-16-1W	16	1.28	BWF10.5-40-1W	40	1.15
BW10.5-12-1W	12	0.35	BWF10.5-50-1W	50	1.44
BW10.5-16-1W	16	0.46	BWF10.5-100-1W	100	2.89
BWF6.3-22-1W	22	1.76	BWF10.5-120-1W	120	3.47
BWF6.3-25-1W	25	2.0			

注：1. 额定频率均为 50 Hz；

　　2. 并联电容器全型号表示和含义。

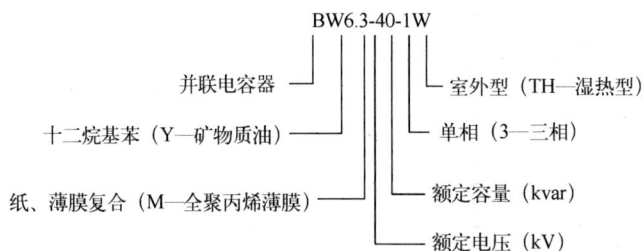

表 A-9　LJ 型铝绞线、LGJ 型钢芯铝绞线和 LMY 型硬铝母线的主要技术数据

LJ 型铝绞线的主要技术数据										
额定截面/mm²	16	25	35	50	70	95	120	150	185	240
50℃时电阻/(Ω·km⁻¹)	2.07	1.33	0.96	0.66	0.48	0.36	0.28	0.23	0.18	0.14
线间几何均距	线路电抗/(Ω·km⁻¹)									
600	0.36	0.35	0.34	0.33	0.32	0.31	0.30	0.29	0.28	0.28
800	0.38	0.37	0.36	0.35	0.34	0.33	0.32	0.31	0.30	0.30
1000	0.40	0.38	0.37	0.36	0.35	0.34	0.33	0.32	0.31	0.31
1250	0.41	0.40	0.39	0.37	0.36	0.35	0.34	0.34	0.33	0.32
1500	0.42	0.41	0.40	0.38	0.37	0.36	0.35	0.35	0.34	0.33
2000	0.44	0.43	0.41	0.40	0.40	0.38	0.37	0.37	0.36	0.35
导线温度	环境温度/℃	允许持续载流量/A								
70℃ （室外架设）	20	110	142	179	226	278	341	394	462	525	641
	25	105	135	170	215	265	325	375	440	500	610
	30	98.7	127	160	202	249	306	353	414	470	573
	35	93.5	120	151	191	236	289	334	392	445	543
	40	86.1	111	139	176	247	267	308	361	410	500
备注	1. 线间几何均距 $a_{av}^3 = a_1 a_2 a_3$，式中 a_1、a_2、a_3 为三相导线的各相之间的线间距离。三相导线正三角形排列时，$a_{av} = a$；三角导线额、等距离水平排列时，$a_{av} = 1.26a$； 2. 铜绞线 TJ 的电阻约为同截面铝绞线 LJ 电阻的 61%；TJ 的电抗与 LJ 同。TJ 的截流量约为同截面 LJ 截流量的 1.29 倍。										

表 A-10 电力电缆的电阻和电抗值

额定截面 /mm²	电阻/(Ω·km⁻¹)								电抗/(Ω·km⁻¹)					
	钢芯电阻				铜芯电阻				纸绝缘电缆			塑料电缆		
	缆芯工作温度/℃								额定电压/kV					
	55	60	75	80	55	60	75	80	1	6	10	1	6	10
2.5	—	14.38	15.13	—	—	8.54	8.98	—	0.098	—	—	0.100		—
4	—	8.99	9.45	—	—	5.34	5.61	—	0.091	—	—	0.093	—	—
6	—	6.00	6.31	—	—	3.56	3.75	—	0.087	—	—	0.091	—	—
10	—	3.60	3.78	—	—	2.13	2.25	—	0.081	—	—	0.087	—	—
16	2.21	2.25	2.36	2.40	1.31	1.33	1.40	1.43	0.077	0.099	0.110	0.082	0.124	0.133
25	1.41	1.44	1.51	1.54	0.84	0.85	0.90	0.91	0.067	0.088	0.098	0.075	0.111	0.120
35	1.01	1.03	1.08	1.10	0.60	0.61	0.64	0.65	0.065	0.083	0.092	0.073	0.105	0.113
50	0.71	0.72	0.76	0.77	0.42	0.43	0.45	0.46	0.063	0.079	0.087	0.071	0.099	0.107
70	0.51	0.52	0.54	0.56	0.30	0.31	0.32	0.33	0.062	0.076	0.083	0.070	0.093	0.101
95	0.37	0.38	0.40	0.41	0.22	0.23	0.24	0.24	0.062	0.074	0.080	0.070	0.089	0.096
120	0.29	0.30	0.31	0.32	0.17	0.18	0.19	0.19	0.062	0.072	0.078	0.070	0.087	0.095
150	0.24	0.24	0.25	0.26	0.14	0.14	0.15	0.15	0.062	0.071	0.077	0.070	0.08/5	0.093
185	0.20	0.20	0.21	0.21	0.12	0.12	0.12	0.13	0.062	0.070	0.075	0.070	0.082	0.090
240	0.15	0.16	0.16	0.17	0.09	0.09	0.10	0.11	0.062	0.069	0.073	0.070	0.080	0.087

注:1. * 表中塑料电缆包括聚氯乙烯绝缘电缆和交联电缆。

2. 1kV 级 4~5 芯电缆的电阻和电抗值可近似的取用地同级 3 芯电缆的电阻和阻抗值(本表为 3 芯电缆值)。

表 A-11 室内明敷和穿管的绝缘导线的电阻和电抗值

导线线芯额定截面/mm²	电阻/(Ω·km⁻¹)				电阻/(Ω·km⁻¹)					
	导线温度				明敷线距/mm				导线穿管	
	50℃		60℃		100		150			
	铝芯	铜芯	铝芯	铜芯	铝芯	铜芯	铝芯	铜芯	铝芯	铜芯
1.5	—	14.00	—	14.50	—	0.312	—	0.368	—	0.138
2.5	13.33	8.40	13.80	8.70	0.327	0.327	0.353	0.353	0.127	0.127
4	8.25	5.20	8.55	5.38	0.312	0.312	0.338	0.338	0.119	0.119
6	5.53	3.48	5.75	3.61	0.300	0.300	0.325	0.325	0.112	0.112
10	3.33	2.05	3.45	2.12	0.280	0.280	0.306	0.306	0.108	0.108
16	2.08	1.25	2.16	1.30	0.265	0.265	0.290	0.290	0.102	0.102
25	1.31	0.81	1.36	0.84	0.251	0.251	0.277	0.277	0.099	0.099
35	0.94	0.58	0.97	0.60	0.241	0.241	0.266	0.266	0.095	0.095
50	0.65	0.40	0.67	0.41	0.229	0.229	0.251	0.251	0.091	0.091

导线线芯额定截面/mm²	电阻/(Ω·km⁻¹)				电阻/(Ω·km⁻¹)					
	导线温度				明敷线距/mm				导线穿管	
	50℃		60℃		100		150			
	铝芯	铜芯	铝芯	铜芯	铝芯	铜芯	铝芯	铜芯	铝芯	铜芯
70	0.47	0.27	0.49	0.30	0.219	0.219	0.242	0.242	0.088	0.088
95	0.35	0.22	0.36	0.23	0.206	0.206	0.231	0.231	0.085	0.085
120	0.28	0.17	0.29	0.18	0.199	0.199	0.223	0.223	0.083	0.083
150	0.22	0.14	0.23	0.14	0.191	0.191	0.216	0.216	0.082	0.082
185	0.18	0.11	0.19	0.12	0.1894	0.181	0.299	0.209	0.081	0.081
240	0.14	0.09	0.14	0.09	0.178	0.178	0.200	0.200	0.080	0.080

表 A‑12　架空裸导线的最小截面

线路类别		导线最小截面/mm²		
		铝及铝合金线	钢芯铝线	钢绞线
35 kV 及以上线路		35	35	35
3～10 kV 线路	居民区	35	25	25
	非居民区	25	16	16
低压线路	一般	16	16	16
	与铁路交叉跨越挡	35	16	16

表 A‑13　绝缘导线芯线的最小截面

线路类别			芯线最小的截面/mm²		
			铜芯软线	铜线	铝线
照明用灯头引下线	室内		0.5	1.0	2.5
	室外		1.0	1.0	2.5
移动式设备线路	生活用		0.75	—	—
	生产用		1.0	—	—
敷设在绝缘支持件上的绝缘导线,(L 为支持点间距	室内	L≤2 mm	—	1.0	2.5
	室外	L≤2 mm	—	1.5	2.5
	室内外	2 m<L≤6 m	—	2.5	4
		6 m<L≤15 m	—	4	6
		15 m<L≤25 m	—	6	10
穿管敷设的绝缘导线			1.0	1.0	2.5
沿墙明敷的塑料护套线			—	1.0	2.5
板孔穿线敷设的绝缘导线			—	1.0(0.75)	2.5
PE 线和 PN 线	有机械保护时		—	1.5	2.5
	无机械保护时	多芯线	—	2.5	4
		单芯干线	—	10	16

表 A‐14 绝缘导线明敷、穿钢管和穿硬塑料管时的允许载流量

1. BLX 和 BLV 型铝芯绝缘线明敷时的允许载流量（导线正常最高温度 65℃）/A

芯线截面/mm²	BLX 型铝芯橡皮线				BLV 型铝芯塑料线			
	环境温度							
	25℃	30℃	35℃	40℃	25℃	30℃	35℃	40℃
3	27	25	23	21	25	23	21	19
4	35	32	30	27	32	29	27	25
6	45	42	38	35	42	39	36	33
10	65	60	56	51	59	55	51	46
16	85	79	73	67	80	71	69	63
25	110	102	95	87	105	98	90	83
35	138	129	119	109	130	121	112	102
50	175	163	15	138	165	151	142	130
70	220	206	190	174	205	191	177	162
95	265	247	229	209	250	233	216	197
120	310	280	268	245	283	266	246	225
150	360	336	311	284	325	303	281	357
185	420	392	363	332	380	355	328	300
240	510	476	441	403	—	—	—	—

2. BLX 和 BLV 型铝芯绝缘线穿钢管时的允许载流量（导线正常最高温度65℃）/A

导线型号	芯线截面/mm²	2根单芯线 环境温度				2根穿管 管径/mm		3根单芯线 环境温度				3根穿管 管径/mm		4～5根单芯线 环境温度				4根穿管 管径/mm		5根穿管 管径/mm	
		25℃	30℃	35℃	40℃	G	DG	25℃	30℃	35℃	40℃	G	DG	25℃	30℃	35℃	40℃	G	DG	G	DG
BLX	2.5	21	19	18	16	15	20	19	17	16	15	15	20	16	14	13	12	20	25	20	25
	4	28	26	24	22	20	25	25	23	21	19	20	25	23	21	19	18	20	25	20	25
	6	37	34	32	29	20	25	34	31	29	26	20	25	30	28	25	23	20	25	25	32
	10	52	48	44	41	25	32	46	43	39	36	25	32	40	37	34	31	25	32	32	40
	16	66	61	57	52	25	32	59	55	51	46	32	32	52	48	44	41	32	40	40	(50)
	25	86	80	74	68	32	40	76	71	65	60	32	40	68	63	58	53	40	(50)	40	—
	35	106	99	91	83	32	40	94	87	81	74	32	40	88	77	71	65	40	(50)	50	—
	50	133	124	115	105	40	(50)	118	110	102	93	50	(50)	105	98	90	83	50	—	70	—
BLX	70	164	154	142	130	50	[50]	150	140	129	118	50	[50]	133	124	115	105	70	—	70	—
	95	200	187	173	158	70	—	180	168	155	142	70	—	160	149	138	126	70	—	80	—
	120	230	215	198	181	70	—	210	196	181	166	70	—	190	177	164	150	70	—	80	—
	150	260	243	224	205	70	—	240	224	207	189	70	—	220	205	190	174	80	—	100	—
	185	295	275	255	233	80	—	270	252	233	213	80	—	250	233	216	197	80	—	100	—

续表

导线型号	芯线截面/mm²	2根单芯线 环境温度				2根穿管 管径/mm		3根单芯线 环境温度				3根穿管 管径/mm		4~5根单芯线 环境温度				4根穿管 管径/mm		5根穿管 管径/mm	
		25℃	30℃	35℃	40℃	G	DG	25℃	30℃	35℃	40℃	G	DG	25℃	30℃	35℃	40℃	G	DG	G	DG
BLV	2.5	20	18	17	15	15	15	18	16	15	14	15	15	15	14	12	11	15	15	15	20
	4	27	25	23	21	15	15	24	22	20	18	15	15	22	20	19	17	15	20	20	20
	6	35	32	30	27	15	20	32	29	27	25	15	20	28	26	24	22	20	25	25	25
	10	49	45	42	38	20	25	44	41	38	34	20	25	38	35	32	30	25	25	25	32
	16	63	58	54	49	25	25	56	52	48	44	25	32	50	46	43	39	25	32	32	40
	25	80	74	69	63	25	32	70	65	60	55	32	32	65	60	56	51	32	40	32	[50]
	35	100	93	86	79	32	40	90	84	77	71	32	40	80	74	69	63	40	[50]	40	—
	50	125	116	108	98	40	50	110	102	95	87	40	[50]	100	93	86	79	50	[50]	50	—
	70	155	141	134	122	50	50	143	133	123	113	40	[50]	127	118	109	100	50	—	70	—
	95	190	177	164	150	50	[50]	170	158	147	134	50	—	152	142	131	120	70	—	70	—
	120	220	205	190	174	50	[50]	195	182	168	154	50	—	172	160	148	136	70	—	80	—
	150	250	233	216	197	70	[50]	225	210	194	177	70	—	200	187	173	158	70	—	80	—
	185	285	266	246	225	70	—	255	238	220	201	70	—	230	215	198	181	80	—	100	—

3. BLX 和 BLV 型铝芯绝缘线穿硬塑料管时的允许载流量（导线正常最高温度 65℃）/A

导线型号	芯线截面/mm²	2根单芯线 环境温度				2根穿管 管径/mm	3根单芯线 环境温度				3根穿管 管径/mm	4～5根单芯线 环境温度				4根穿管 管径/mm	5根穿管 管径/mm
		25℃	30℃	35℃	40℃		25℃	30℃	35℃	40℃		25℃	30℃	35℃	40℃		
BLX	2.5	19	17	16	15	15	17	15	14	13	15	15	14	12	11	20	25
	4	25	23	21	19	20	23	21	19	18	20	20	18	17	15	20	25
	6	33	30	28	26	20	29	27	25	22	20	26	24	22	20	25	32
	10	44	41	38	34	25	40	37	34	31	25	35	32	30	27	32	362
	16	58	54	50	45	32	52	48	44	41	32	46	43	39	36	32	40
	25	77	71	66	60	32	68	63	58	53	32	60	56	51	47	40	40
	35	95	88	82	75	40	84	78	72	66	40	74	69	64	58	40	50
	50	120	112	103	94	40	109	100	93	86	50	95	88	82	75	50	50
	70	153	143	132	121	50	135	126	116	106	50	120	112	103	94	50	65
	95	184	172	159	145	50	165	154	142	130	65	150	140	129	118	65	80
	120	210	196	181	166	65	190	177	164	150	65	170	158	147	134	80	80
	150	250	233	215	197	65	227	212	196	179	75	205	191	177	162	80	90
	185	282	263	243	223	80	255	238	220	201	80	232	216	200	183	100	100
BLV	2.5	18	16	15	14	15	16	14	13	12	15	14	13	12	11	20	25
	4	24	22	20	18	20	22	20	19	17	20	19	17	16	15	20	25
	6	31	28	26	24	20	27	25	23	21	20	25	23	21	19	25	32
	10	42	39	36	33	25	38	35	32	30	25	33	30	28	26	32	32
	16	55	51	47	43	32	49	45	42	38	32	44	41	38	34	32	40
	25	73	68	63	57	32	65	60	56	51	40	57	53	49	45	40	50
	35	90	84	77	71	40	80	74	69	63	40	70	65	60	55	50	65
	50	114	106	98	90	50	102	95	88	80	50	90	84	77	71	65	65
	70	145	135	125	114	50	130	121	112	102	50	115	107	99	90	65	75
	95	175	163	151	138	65	158	147	136	124	65	140	130	121	110	75	75

参 考 文 献

[1] 秦曾煌. 电工学[M]. 5 版. 北京:高等教育出版社,1999.

[2] 沈裕钟. 电工学[M]. 4 版. 北京:高等教育出版社,1999.

[3] 唐介. 电工学:少学时[M]. 北京:高等教育出版社,1999.

[4] 颜伟中. 电工学:土建类[M]. 北京:高等教育出版社,2005.

[5] 童大至. 电工电子技术基础[M]. 北京:解放军出版社,1988.

[6] 潘兴源. 电工电子技术基础[M]. 上海:上海交通大学出版社,1999.

[7] 何焕山. 工厂电气控制设备[M]. 北京:高等教育出版社,1993.

[8] 刘介才. 工厂供电[M]. 北京:机械工业出版社,2004.

[9] 周元兴. 电工与电子技术基础[M]. 2 版. 北京:机械工业出版社,2008.

[10] 张南. 电工学[M]. 2 版. 北京:高等教育出版社,2005.

[11] 许建国. 电机与拖动基础[M]. 北京:高等教育出版社,2005.